透过**AI**
认知世界

[美] 乔治·F.卢格尔 ◎著
（George F. Luger）

王慧娟 刘雪丽 袁全波 ◎译

KNOWING
OUR WORLD

An Artificial Intelligence
Perspective

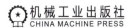

机械工业出版社
CHINA MACHINE PRESS

图书在版编目（CIP）数据

透过 AI 认知世界 /（美）乔治·F. 卢格尔（George F. Luger）著；王慧娟，
刘雪丽，袁全波译 . —北京：机械工业出版社，2023.11
书名原文：Knowing Our World: An Artificial Intelligence Perspective
ISBN 978-7-111-74660-7

I. ①透⋯　II. ①乔⋯②王⋯③刘⋯④袁⋯　III. ①人工智能　IV. ① TP18

中国国家版本馆 CIP 数据核字（2024）第 001451 号

机械工业出版社（北京市百万庄大街 22 号　邮政编码 100037）
策划编辑：曲　熠　　　　责任编辑：曲　熠
责任校对：杨　霞　梁　静　责任印制：常天培
北京铭成印刷有限公司印刷
2024 年 3 月第 1 版第 1 次印刷
147mm × 210mm · 11.625 印张 · 248 千字
标准书号：ISBN 978-7-111-74660-7
定价：99.00 元

电话服务　　　　　　　　　网络服务
客服电话：010-88361066　　机 工 官 网：www.cmpbook.com
　　　　　010-88379833　　机 工 官 博：weibo.com/cmp1952
　　　　　010-68326294　　金 书 网：www.golden-book.com
封底无防伪标均为盗版　　　机工教育服务网：www.cmpedu.com

　　出于对人工智能研究的兴趣，我阅读了许多人工智能方面的优秀书籍，对理解计算机和大脑的类似行为并创建对人类进步至关重要的程序有了深刻的认识。我第一次读乔治·F.卢格尔的书，就立刻被书中生动的示例和丰富的知识所吸引。本书与其他介绍人工智能的书籍不同，卢格尔试图从认识论的研究领域和范畴展开对人工智能的探索，更专注于通过描述科学和计算方法的成功使用，探索人类如何理解并操控世界。卢格尔从心理学、哲学、物理学、数学和计算机科学的视角，在经验主义、理性主义和实用主义的基础上提出建构主义和解，对如何认识我们的世界展开了积极的探索，从而为深入开展人工智能研究，以及使用计算技术来更好地理解人类的问题求解能力奠定了重要的基础。

　　本书内容非常丰富：从将欧拉在解决哥尼斯堡七桥问题时创造的图论作为状态空间的起源，到井字棋的"最大赢面"策略、机械臂移动积木块和使用专家系统确定火花塞是否存在问题的状态空间搜索，再到机场客服使用框架语义向客户查询飞行的日期和时间、AlphaZero将深度学习与强化学习算法相结合从而学会熟练技术的表现以及人类使用进化计算技术创造人工生命来扩展对自己和世界的理解，直到对当前的人工智能技术进行概率推理和动态建模、引入贝叶斯信念网络与隐马尔可夫模型技术以及通过对世界的积极探索来构建和适应世界的模型。在阅读的过程中，我不仅对当代人工智能解决复杂问题的结构和策略有了深刻的认识，也对主动的、务实的、模型修正的现实主义认识论立场有了更深入的理解。可以说，这是一本不可多得的、综合运用多学科知识来认识人工智能技术及其发展历程、前景与挑战的科普类书籍。

翻译这本著作，在补充自己的知识体系的同时，也希望更多相关专业的高校教师、学生及工程师能通过阅读这本书有所收获。

限于译者的水平和经验，译文中难免存在不当之处，恳请读者提出宝贵意见。

王慧娟
2023 年 12 月

如同一位几何学家专心致志地测量圆周，为了把圆化为等积正方形，反复思索都找不出他所需要的原理，我对于我所看到的新的形象也是这样……

——但丁，《神曲：天国篇》

为何写这本书

像我们中的许多人一样，我生来就是一个天真的现实主义者，相信感官为我们提供了对真实物体直接的认识和接触。包括让·皮亚杰、汤姆·鲍尔、艾莉森·高普尼克和克拉克·格利莫尔在内的心理学家和哲学家，都记录了正常儿童了解自己和世界的发展过程。通过实验、探索以及仅仅是活着，我们发现，当物体从我们的视线中消失时，它们仍然存在，意图、欲望和情感都是很重要的，从高脚椅上扔食物不仅可以教会我们感知父母的沮丧程度，还可以教会我们简单的物理知识，例如，有些东西会反弹。

在宗教环境中长大也是了解世界的一个组成部分。神、公认的神话、圣人，这些信念贯穿了我早期性格的形成。家庭的爱和亲密的朋友圈支撑着我不断成熟的世界观。

然而，在某些时候，关键的问题会成为必要的焦点，就像水果成熟一样：你如何知道什么是真实的？你如何对另一种事实做出判断？在这个复杂的世界里，你如何解释别人迥然不同的"忠诚的信仰"？如果一个人要过成熟的生活，是否需要对某件事有所承诺？苏格拉底曾说过，未经审视的人生不值得过。

在学习数学课程时，会出现一些合理的质疑。根号 2 到底是多少？ π 到底是多少？很容易证明根号 2 不是有理数，也就是不是分数。（假设根号 2 是分数，并且用整数 p/q 表示，其中 p 和 q 没有公因数，这时两边同时平方，$2=p^2/q^2$，或 $2q^2=p^2$，或 q^2 是 p^2 的 1/2，这与没有公因数的假设相矛盾。）如果根号 2 不是分数，那它是什么？为什么分数被称为"有理数"？"无理数"意味着我们不明白这个数字是什么吗？根号 2 是一个非常重要的抽象概念，我们创建出这个抽象概念是因为它很有用。

在我所经历的十多年的耶稣会教育中，哲学课程也是认识世界的一个重要组成部分。阅读柏拉图和亚里士多德是非常有趣的，在柏拉图《理想国》第七卷中的洞穴实验之后，理性主义显然成为一种值得推崇的世界观。但是，怀疑论者和伊壁鸠鲁派（享乐主义者）的观点总是作为背景噪音的一部分萦绕在我们的脑海中。奥古斯丁、阿奎纳和笛卡儿仅仅确认了理性主义者的观点，同时认为上帝在人的精神/身体构成中起着至关重要的作用。

启蒙运动就是这样的。它开始于笛卡儿的冥想——*我思故我在*。但是伯克利、休谟、斯宾诺莎和康德很快改变了整个哲学论述。当然，正如马图拉纳和维拉所说，任何对世界的看法必须通过感官，甚至观看和触摸都是通过物理逻辑和情感约束来调节的。也许随着时间的推移，条件作用使得连接感知的某些关联成为可能？在我们的"外面"是什么，我们如何感知它？当然，同时存在的问题是，我们的"内在"是什么，我们又如何感知它？休谟的论证推翻了对因果关系的天真理解，以及对上帝存在的任何可能的连贯证明。

海德格尔、胡塞尔和存在主义传统提出通过在时空中实现自我来创造自我。正如萨特所说，**存在先于本质**，这意味着，我们首先是个体、独立行动和负责任的智能体。我们总是处在过程中，从迷茫和困惑的状态开始，走向自由和真实。在许多重要的方面，这些哲学立场，伴随着爱、责任和拥抱社会，开始开辟一条通向智力和情感成熟的可能之路。

美国实用主义者也发挥了核心作用。尽管除了**有用的东西**外，实用主义者缺乏任何认识论基础，但他们指出，生活、学习和判断总是有意义的。正如威廉·詹姆斯所说，如果宗教能为修行者带来更好的生活，那它就是好的。实用主义者为理性主义的世界观提供了重要约束：纯粹而独特的思想本身是一种善，还是必须被视为某些有用目的的组成部分？

但是效用本身是判断真实性的一个非常模糊的标准，一个人的有用目标很容易和其他人的有用目标相矛盾。在实用主义作家中，查尔斯·桑德斯·皮尔士尤为突出，尤其是他关于诱因推理或"最佳解释推理"的讨论。尽管皮尔士本人对于什么算法可能支持诱因、贝叶斯推理和朱迪亚·珀尔的见解并不十分一致，但他提供了一个令人信服的开端，正如我们将在第7章和第8章中看到的那样。

这里有一些重要的挑战。存在主义传统，加上美国实用主义缺乏我所认为的认识论基础，支持了后现代主义和后结构主义怀疑论。基于这一观点，西方文化建立在知识、真理和意义观念基础上的基石受到了审视。虚无主义的相对论似乎渗透到了人文主义和启蒙运动的观念和承诺中。

与此同时，卡尔纳普、罗素、弗雷格等人的逻辑实证主义传统出现了。这一传统为逻辑和哲学的建立奠定了基础。除了逻辑实证主义的数学成分之外，还有包括波普尔和库恩在内的哲学家提出的建议，即科学方法作为一种媒介来理解我们自己和世界的效用及重要性。

在完成数学研究生课程时，我偶然读到了诺伯特·维纳的《控制论》，虽然当时我并不完全理解这本书，但我正朝着计算世界的愿景迈进。之后不久，我开始在宾夕法尼亚大学攻读博士学位，我很高兴能够参加文理学院的跨学科项目。我的兴趣领域包括数学、计算机科学、语言学和心理学，我与我的导师一起选择了一个博士委员会和一个跨学科的研究项目。

托马斯·库恩的《科学革命的结构》是研究生最喜欢的书之一。我们探索库恩的思想，不仅仅是因为凭借年轻人的活力和思想我们可能会成为这场革命的一部分，更重要的是因为，库恩清楚地描绘了科学的过程。在宾夕法尼亚大学接受教育期间，我还是赫伯特·西蒙和艾伦·纽维尔在卡内基·梅隆大学的研究项目的粉丝，该项目专注于研究使用计算技术来更好地理解人类的问题求解能力。他们的书《人类问题求解》仍然在我的书架上。在早期的研究岁月里，我也有幸多次参观了他们的研究实验室。我自己的学位论文涉及使用状态空间技术来描述人类问题求解行为的各个方面，这些技术来源于计算中使用的表示。

宾夕法尼亚大学以及纽维尔和西蒙的研究使我完全进入了人工智能领域。1974年，我获得了苏格兰爱丁堡大学人工智能系为期四年半的博士研究职位。爱丁堡大学在当时，甚至到现在也是欧洲人工智能研究的中心。爱丁堡大学人工智能系的一个优势是它的跨学科特色。我能够与心理学系、语言学系和认知学系的教师和研究生以及世界级人工智能系的同事积极配合工作。

1979年，我们搬到了阿尔伯克基，在那里我成为新墨西哥大学的计算机科学教授，并在语言学系和心理学系任职。20世纪80年代初，心理学教授佩德·约翰逊和我在新墨西哥大学开设了认知科学研究生课程。20世纪90年代中期，语言学教授卡罗琳·史密斯和我在新墨西哥大学开设了计算语言学研究生课程。我们的跨学科研究包括来自认知和计算神经科学研讨会中的讲座，这些讲座是由新墨西哥大学神经科学系和心理学系主办的。

在新墨西哥大学担任教职的一个令人兴奋的好处是有机会学习多门学科的研究生课程，包括在物理系学习神经成像知识，在心理学系研究神经科学相关问题，在哲学系参加关于路德维希·维特根斯坦、理查德·罗蒂的研讨会和其他关于现代认识论的研讨会。

我现在是新墨西哥大学的荣休教授。我的简历可在 https://www.cs.unm.edu/~luger/ 上查看。我目前从事咨询工作，所关注的领域是自然语言处理、构建网络智能体以及使用深度学习技术来分析大量数据中的信息。

本书主要内容

本书分为三个部分，每个部分包含 3 章。第 1 章介绍程序设计的艺术，阿兰·图灵的机器和计算的基础，并提出了如何在机器上最有效地表示复杂世界情境的问题。

第 2 章描述支持科学方法、现代认识论的哲学背景，以及现代计算和人工智能的基础。这些主题对于思考现代认识论至关重要。

第 3 章介绍 1956 年达特茅斯夏季研讨会，该研讨会标志着人工智能事业的开始。第 3 章还介绍了早期人工智能研究和认知科学研究的起源。前三章还讨论人工智能编程作为迭代优化的本质，并介绍支持人工智能应用程序构建的非常高级的语言工具。

第二部分（第 4 章、第 5 章和第 6 章）介绍支持人工智能领域研究和发展的四种主要范式中的三种：基于符号的、神经网络或联结主义的、遗传的或涌现的。这部分的每一章都给出初始的"项目"并描述它们的应用。包括这些示例是为了演示人工智能的不同表示方法。这些章节还介绍了该领域中的一些新研究和高级项目。每一章最后都对相关范式的优势和局限性进行了讨论。

第三部分（也就是最后三章）是这本书存在的理由，主要介绍当前人工智能的第四个重点：概率推理和动态建模。在第 7 章中，对人工智能采取的不同方法提出了一种哲学和解，这些方法被视为建立在理性主义、经验主义和实用主义哲学传统的基础上。基于这种建构主义的综合，第 7 章以一系列假设和后续猜想结束，这些假设和猜想为当前的人工智能研究和现代认识论提供了基础。

第 8 章介绍贝叶斯定理,并给出了一个在简单情况下的证明。引入贝叶斯以及后续的贝叶斯信念网络和隐马尔可夫模型技术的主要目的是证明人类主体的**先验**知识与任何特定时间感知的**后验**信息之间的数学联系。我们将这种对均衡的认知追求视为认识世界和在世界中运作的基础。第 8 章的后半部分描述了一些由贝叶斯传统支持的项目,通过这些项目可以进一步理解这些认识论见解。

第 9 章总结全书,并描述了通过在世界上的积极探索来构建和适应世界的模型。这章描述了人工智能充满希望的前景,因为它继续使用科学传统来扩展视野,探索我们不断发展的环境,并构建智能人工制品。这章还探讨了维特根斯坦、普特南、库恩和罗蒂的当代实用主义思想,以及认知神经科学的见解,所有这些都在探索知识、意义和真理的本质。这本书的结尾是对后现代相对主义的批判,并提出了一种主动的、务实的、模型修正的现实主义认识论立场。

乔治·F. 卢格尔

2020 年 12 月 1 日

新墨西哥州阿尔伯克基

·· 致　　谢 ··

　　本书的一个重要主题是个人和社会如何通过受环境影响的一致的和基于生存的辩证法，创造符号、关联和一系列关系，这些关系后来成为信念体系的一部分。对于我自己的精神生活和支持本书创作的见解来说，这当然是真实的。要想脱离多年来所享有的知识和社会支持的网络，往往是不可能的。

　　当然，首先要感谢陪伴我50多年的妻子凯瑟琳·凯利·卢格尔，以及我的孩子萨拉、戴维和彼得。我一直很幸运，有家人和朋友无条件的支持。

　　在宾夕法尼亚大学时，我的导师是杰拉尔德·A.戈尔丁——普林斯顿大学的物理学博士。给我提供建议的还有约翰·W.卡尔三世，他是一位人工智能领域的早期实践者。如前所述，对于当时在卡内基·梅隆大学的艾伦·纽维尔和赫伯特·西蒙，我亏欠良多。

　　在爱丁堡大学的人工智能系，我在伯纳德·梅尔泽和艾伦·邦迪手下工作。我也很感激唐纳德·米奇和罗德·波斯托在那些年里的支持。在爱丁堡大学时期的其他同事包括迈克·鲍尔、汤姆·鲍尔、丹尼·科佩克、鲍勃·科瓦尔斯基、戴维·麦奎恩、布伦登·麦戈尼格尔、蒂姆·奥谢、玛莎·帕尔默、费尔南多·佩雷拉、戈登·普洛金、迈克尔·斯蒂恩、戴维·沃伦、詹妮弗·维什特、理查德·杨。在那段时间里,重要的研究访客包括迈克尔·阿比布、乔治·莱考夫、艾伦·罗宾逊和约里克·威尔克斯。

本书中介绍的许多人工智能研究都是在新墨西哥大学进行的,非常感谢我的博士研究生,包括查扬·查克拉巴蒂、保罗·德帕尔马、桑尼·福盖特、本·戈登、克山蒂·格林、比尔·克莱恩、约瑟夫·路易斯、琳达·梅斯、丹·普莱斯、罗山·拉莫汉、尼基塔·萨哈年科、吉姆·斯金纳、卡尔·斯特恩和比尔·斯塔布菲尔德。查扬、卡尔和比尔是我的书籍和论文的重要合著者,也是我的老朋友。

感谢我的朋友,国际公认的艺术家托马斯·巴罗,感谢他设计的封面。几位同事和朋友阅读了本书的早期版本。其中包括伯特伦·布鲁斯、托马斯·考德尔、查扬·查克拉巴蒂、罗素·古德曼、戴维·麦奎恩、基思·菲利普斯、唐·沃格特和兰斯·威廉姆斯。感谢他们所有人的批评、建议和鼓励。感谢马特·亚历山大和雷·宇恩在图形设计方面的出色协助。还要感谢Springer的编辑保罗·杜洛加斯,感谢他对完成这项工作提供的支持。最后,感谢丹尼尔·凯利多年来的建议和支持。

本书中的许多图形和程序来自我早期的教学,并在我的人工智能教科书《人工智能:复杂问题求解的结构和策略》中使用。该书现已出版至第 6 版。一些描述现代人工智能的哲学支持的材料来自我的书《认知科学:智能系统的科学》。其中的许多项目来自我自己的研究小组以及与同事的合作。这些项目是那些有才华的、勤奋的研究生的直接成果。我真心感谢他们的付出。

·· 目　　录 ··

第二部分 现代人工智能：复杂问题求解的结构和策略

第三部分 走向主动的、务实的、模型修正的现实主义

第一部分

开　始

第一部分包含三章。第1章介绍编程的艺术、阿兰·图灵的机器、计算的基础，并提出了如何用机器有效表示复杂世界情境的问题。

第2章描述支持科学方法的哲学背景、现代认识论以及计算和人工智能的基础。这些话题对于支持现代认识论立场尤为重要。

第3章介绍1956年达特茅斯夏季研讨会，这场研讨会标志着人工智能事业的开始。第3章还介绍了早期人工智能研究和认知科学研究的起源。前三章还讨论了人工智能编程作为迭代优化的本质，并介绍了支持人工智能应用程序构建的非常高级的语言工具。

第1章

创建计算机程序：一个认识承诺

桑切曾经说过，万事皆有开头时；而事情的开头又必然与其前面的事情相联系。印度人曾给这个世界带来一头大象以助其一臂之力，可他们却让大象站在一只乌龟上。我们必须老老实实地承认，发明创造是在混乱无序中诞生的，而决不会在虚无空白中产生。发明者必须首先具备各种物质材料……

——玛丽·雪莱，《弗兰肯斯坦》

1.1　导言和本书重点

关于自动化的人类智能行为的历史，已经有许多优秀的书籍可供查阅。这些书的作者常常指出计算机和大脑的类似行为，利用计算机科学和人工智能技术来更好地理解人脑支持的许多心理活动，并创建对人类进步至关重要的程序。

本书却不一样。我们描述了科学和计算方法的成功使用，以探索人类如何理解并操控世界。虽然人类表达思想和制造能够复制人类大脑活动的机器的历史令人印象深刻，但我们更专注于理解和建模实现这些目标的实践。

本书通过回顾科学史和人类创造力来探索知识、意义和真理的本质，以产生支持智能反应的计算机程序。这一探索属于**认识论**的领域和范畴。

认识论。这个研究领域是什么？为什么它很重要？认识论与人工智能的关系如何？人工智能的创造和认识论有什么关系？这些问题及其答案构成了这本书的基础，并将在第 1 章中进行介绍。

认识论是研究人类如何认识世界的学科。"认识论"一词就像"心理学"或"人类学"一样，起源于希腊语。这个词有两个词根：επιστεμε，意思是"知识"或"理解"；λογος，意思是"探索"或"研究"。因此，认识论可以被描述为对理解、知识和意义的研究。斯坦福哲学百科全书对认识论的描述如下：

狭义地说，认识论是对知识和正当信念的研究。作为对知识的研究，认识论关注以下问题：知识的必要条件和充分条件是什么？它的来源是什么？它的结构是什么？它的限制是什么？作为对正当信念的研究，认识论旨在回答以下问题：我们如何理解正当性的概念？是什么使正当的信念有合理的解释？正当性是内在的还是外在的？更广泛地理解，认识论是与特定研究领域的知识创造和传播有关的问题。

有趣的是，希腊语 λογοσ 及其拉丁文翻译 verbum 的意思都是"支配和发展宇宙的理性原则"。基于这一观点，认识论具有更深刻和更重要的含义：关于知识、意义、目的和真理的研究。

认识论科学是什么样子的？是否有一些基本假设，可以据此得出进一步的结论？这些假设是什么？也许对一个假设的否定或改变会支持另一种认识论，正如我们在现代几何学中看到的那样。是人类目的还是实用意图塑造了意义？什么是真理？可以有多重真理吗？什么是因果关系？如何寻找解释来证明信念？连贯的认识政策是可能的吗？还是我们注定要陷入怀疑主义、主观性和偶然性的后现代立场？在解决这些问题之前，我们提出了一个普遍的基于计算机的解决问题的认识视角，特别是人工智能。

认识论与人工智能有什么关系？知识、意义和目的对于构建一个运行时产生"智能"性能的计算机程序无疑是至关重要的。认识论和构建产生智能结果的程序的重要结合点是这本书的一个重要主题。此外，我们认为，反思计算机编程的艺术可以洞察人类如何探索和理解自然世界。

为一台计算机创建任何程序都需要选择符号和程序指令——称为**算法**——去"捕捉"手头的任务，还需要一个不断完善程序的过程，直到结果产生所需的解决方案。我们将这种任务驱动的符号和程序指令选择称为**认识承诺**或**立场**。当该程序旨在反映人类智能的各个方面时，程序的隐式认识立场变得至关重要。我们认为，明确这一程序／认识立场关系为我们人类如何在世界中发现、探索和生存提供了相当多的参考。

除了选择符号和算法，程序设计者还选择"容器"——称为**数据结构**——去组织这些符号；程序的算法将处理符号和数据结构。例如，符号 C_n 可以表示特定待售物品库存中编号为 n 的物品的成本，N_n 可以反映库存中剩余的物品 n 的数量。类似地，ST

可能表示所有库存物品的当前销售税百分比。

在这个例子中，符号可以包含在一个*数组*中，该数组是描述库存中所有零件的编号列表。数组中的每个元素都是一条*记录*。数据结构是一个*记录数组*，可以用来建立索引，给出当前成本和库存中每个物品的数量。该记录甚至可以提供重新排序信息。最后，需要一系列指令——算法——来识别库存中的所需物品。（算法是转移到数组的每个元素，还是直接转到适当的数组元素来检查它是不是所需的项呢？）然后，该算法将需要减少库存中剩余商品的数量，并为客户计算包括销售税在内的该商品的成本。

工程质量软件通常需要逐步逼近期望的解决方案，并持续进行程序修订，以便更好地满足任务目标。例如，当我们提出的程序试图从库存中删除一件商品时，必须告诉它，如果库存中没有剩余的商品，它就不能向客户出售这件商品，也不允许用负数表示库存中商品的数量。对库存算法的持续改进可能会将这两个"守卫"放在客户成本程序中，还可能添加使用供应商信息的指令，以便在库存达到某个值时自动对商品进行重新排序。这里的关键点是，在使用程序时，一个新修订和完善的程序能够更好地完成任务，从而可以帮助我们更好地理解其局限性。

大多数程序，特别是人工智能程序，比这个简单的库存维护示例更复杂，并且在运行程序时发现的大多数问题（有时称为*漏洞*）比使用负数表示库存中的物品更难确定。尽管如此，符号、数据结构和程序指令的选择，以及迭代程序细化过程，在成功的程序构建过程中保持不变。

为计算机编写程序是对表示法和算法的运用，必须从这个角度来看待编程经验。由此可见，符号、数据结构和算法的选择是一个认识实验和承诺。这些选择可以解释大多数编程工作的优势和局限性。从这个角度来看，我们认为，探索构建成功的计算工件的经验为研究认识论的本质提供了一个重要的视角。我们将在第二部分和第三部分进一步探讨这一主题。

选择符号、数据结构和算法来捕捉现实的各个方面也可以被视为对程序员的挑战。较新的计算机语言和具有相关控制算法的数据结构的稳步发展，使程序员能够更好地捕获和操纵环境中的有用组件。人工智能算法和数据结构的进一步发展，包括逻辑、规则系统、语义和面向对象网络、深度学习结构和随机建模工具的使用，都是成功编程的组成部分。第二部分和第三部分详细地描述了这些人工智能工具和技术。

在本章的其余部分中，我们将讨论几个基本问题，包括在 1.2 节中询问计算的含义。然后在 1.3 节中讨论计算机语言的作用以及我们如何在计算中表示信息和人类知识。这些问题的答案引导我们讨论第二部分和第三部分的计算模型及其在人工智能和科学中的作用。

1.2 计算基础

正如我们将在第 2 章中看到的，从有记录的时间开始，对数学家、工程师甚至哲学家来说，构建能够显示时间、自动匹配算术运算、模拟太阳系的运行甚至试图计算出神的全部属性的机械系统，这些目标都是很重要的。

构建这种"智能"人工制品的概念有着悠久的传统，主要体现在改善人类状况的努力中。中国人制造了早期的水钟，当然还有轮子——用来支撑移动的重物。早期关于构建机器人的一个说法是，据说希腊神赫菲斯托斯制造了三脚架，可以往返于奥林匹斯山，也可以为神奉上花蜜和特别美味的食物。后来，亚里士多德提到，如果这些机器人真的是可能的，奴隶制就不会出现了。

随着智能机器的制造，还出现了一种文化恐惧症，即"窃取只属于神的知识"。普罗米修斯从赫菲斯托斯那里偷走了火，也偷走了人类的药物治疗方法，由于他的勇敢，埃斯库罗斯把他绑在一块巨石上，让他永远被鸟儿咬着。人类敢于理解和创造反映知识和人类智能本质的算法，然后将这些算法构建到计算设备中，这仍然被许多人视为对特定人类或神的属性的威胁和削弱。

尽管挑战了神的领域，但纵观历史，随着时钟、天文仪器、算术计算器等的建造，人类智能的各个方面的自动化仍在继续。19 世纪早期生产了一些可灵活编程的设备，包括 1804 年的提花织机，该织机由一系列用于产生不同编织图案的穿孔卡片控制。

查尔斯·巴贝奇是第一个提出是否可以构建并重新配置通用计算机器以解决任意数量的代数问题的人。1822 年，巴贝奇提出并开始构建他的差分机，这台机器通过有限差分法，旨在计算出多项式函数的值。当时的工程技术并不支持巴贝奇建造一种更通用的计算设备，即分析机的愿望。幸运的是，巴贝奇和他的工作人员，包括 19 世纪的数学家和作家阿达·洛芙莱斯（1961），绘制出了差分机的详细图纸。我们将在 2.9 节中进一步讨论巴贝奇的技术和目标。

直到 20 世纪初，数学家才最终明确通用计算机这个概念的含义。在 20 世纪 30 年代到 50 年代，哥德尔（1930）、图灵（1936，1948）、丘奇（1941）、波斯特（1943）和其他人创造了通用计算的抽象规范。这些规范包括波斯特风格的产生式系统、通用递归函数、谓词演算和阿兰·图灵的有限状态机，该状态机可以读取和写入可移动存储磁带。图灵的发明（1936）被称为**图灵机（TM）**。后来他对该机器进行了扩展，将其编码程序作为磁带的一部分，被称为**通用图灵机（UTM）**。接下来，我们将介绍图灵机，并将其描述为**自动化形式系统**的一个实例。

1.2.1　图灵机

图 1.1 所示的图灵机的组件包括一组记号或符号，一组用于操作这些符号的规则，以及一种使用符号和规则来实际操作符号的算法。符号是离散的实体，因为它们可以被唯一地标识、计数，并与其他符号一起配置为符号模式。符号的差异性允许对它们进行比较，并在符号模式中寻找等价物。符号模式是指，符号在内存设备上以某种顺序彼此相邻：图灵的数据结构是可移动磁带。操作符号模式的规则集包括添加、删除或以任何明确定义的方式更改磁带上这些符号的模式。

要让这个自动化形式系统能解决问题，就必须保证有一组符号来表示这个问题，同时还必须有操作这些符号来解决问题的指令。关于符号表示和计算搜索算法的演变，我们将在 1.3 节中给出更完整的描述，接下来先给出一个使用图灵机解决问题的表示方案和算法的示例。

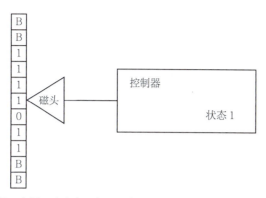

图 1.1　图灵机，包括一个本身具有"状态"的控制器，以及一个可以读写符号并沿
　　　　着可能无限长的磁带移动的磁头

　　多年来，对图灵机的"描述"有很多种形式，所有形式都是等价的。对我们来说，图灵机将由三个部分组成。用于编码符号的潜在无限磁带：在我们的示例中，符号为 1、0 和 B（空白），"空白"表示磁带上没有任何符号的空间。图灵机还有一套程序化的指令，以及一个被称为"控制器"的机械装置，用于将程序规则应用到磁带的符号上。图 1.1 显示了该图灵机。表 1.1 给出了指令或程序集。在我们的示例中，有限状态控制器本身有一个状态，即一个从 1 到 4 的整数和"停止"（停止计算）。

表 1.1　将图 1.1 的图灵机程序表示为一个从左到右的指令列表

状态	读	写	移动	下个状态
1	1	1	R	1
1	0	0	R	1
1	B	B	L	2
2	1	B	L	3
2	0	B	N	停止

（续）

状态	读	写	移动	下个状态
3	0	0	L	3
3	1	1	L	3
3	B	B	R	4
4	1	B	R	1

　　接下来我们考虑一个叫作一元减法的简单问题。一元减法的一个例子是有两堆东西，如硬币或铅笔。问题的任务是看哪一堆更大，大多少。我们在图灵机上实现的一个简单算法是，每次从每一堆中移走一件物品，直到其中一堆被移完。在我们的示例中，考虑图 1.1 中 0 上方的一堆（左边）和 0 下方的一堆（右边）。我们要确定哪一堆铅笔多。B 用于被 0 分隔的 1 的集合的前面和后面，以分隔磁带上的问题。

　　我们将以三种方式简化一元减法问题。首先，在图 1.1 的磁带上，我们数量较大的物品放在左边的堆中或 0 的上方。其次，我们假设控制器的"磁头"位于磁带最上面（最左边）的 1 上。最后，当机器停止时，我们将不计算堆中剩余物品的数量。所有这些约束都可以用另一个更复杂的图灵机程序来代替，但是这个示例的目的是理解图灵机的操作，而不是编写一个更复杂的程序。

　　在应用程序规则（算法）从 0 的每侧取下相等的 1 后，结果就是问题的答案。图灵机运行其程序的结果的三个示例如下：

　　BB1111011BB 产生 BBBB11BBBBB，左边的堆还有两个物品。

　　BB111101BB 产生 BBB111BBBBB，左边的堆还有三个物品。

　　BB11011BB 产生 BBBBBBBBBB，左边的堆和右边的堆物品相等。

如前所述，当程序停止时，程序不计算剩余的物品数（1 的数量）。

下面将描述构成一元减法程序的一组规则（有时称为有限状态机）的表示，完整程序如表 1.1 所示。每一条规则（表 1.1 中的每一行）由五个符号的有序列表组成。

1. 有限状态机的当前状态：1、2、3、4 或停止。

2. 磁带上的磁头或读取设备看到的当前符号：1、0 或 B。

3. 要写在磁带上的新符号：1、0 或 B。

4. 将磁头移动到磁带上的下一个位置的指令：向左（L）、向右（R）或不移动（N）(这是机器停止时发生的情况)。

5. 有限状态机的新状态：1、2、3、4 或停止。

在表 1.1 中，每一条指令以列表的形式呈现，每一行从左到右，告诉机器要做什么。每个列表（行）中的前两个符号匹配时，执行最后三条指令。例如，表 1.1 的第一行表示，如果控制器处于状态 1，并在其正在查看的磁带位置看到一个 1，则在该位置写入一个 1，在磁带上向右移动一个位置，并使控制器的下一个（新）状态为 1。

运行程序的轨迹如表 1.2 所示。最上面一行的字符串 BB1111011BB 反映了机器开始看到序列最左边的 1，其中"_"表示磁头当前在磁带上看到的字符。表 1.1 的图灵机指令最终会从模式 BB1111011BB 生成模式 BBBB11BBBBB，见表 1.2。

正如我们在一元减法中看到的，以及在后面的章节中将再次看到的，对一个问题的表示需要与操纵该表示的规则相结合。问题的表示结构与相关"搜索"算法之间的这种关系，是人工智能企业——实际上是任何编程企业——成功的关键。

表 1.2 使用表 1.1 的编程指令所做出的图 1.1 的图灵机的运动轨迹

状态	磁带	状态	磁带
1	BB1111011BB	1	BBB11101BBB
1	BB1111011BB	1	BBB11101BBB
1	BB1111011BB	1	BBB11101BBB
1	BB1111011BB	1	BBB11101BBB
1	BB1111011BB	1	BBB11101BBB
1	BB1111011BB	2	BBB11101BBB
1	BB1111011BB	3	BBB1110BBBB
1	BB1111011BB	3	BBB1110BBBB
2	BB1111011BB	3	BBB1110BBBB
3	BB111101BBB	3	BBB1110BBBB
3	BB111101BBB	3	BBB1110BBBB
3	BB111101BBB	4	BBB1110BBBB
3	BB111101BBB	1	BBBB110BBBB
3	BB111101BBB	1	BBBB110BBBB
3	BB111101BBB	1	BBBB110BBBB
3	BB111101BBB	1	BBBB110BBBB
4	BB111101BBB	2	BBBB110BBBB
1	BBB11101BBB	停止	BBBB11BBBBB

注:"状态"给出了控制器的当前状态。

我们在这里提出几种观点。首先,如本例所示,程序或有限状态机独立于磁带。机器的规则被应用于产生新的结果,同时记录在磁带和状态机中。当图灵(1936)创建通用图灵机时,这一限制得到了解决,其中程序本身(表 1.1)与数据一起放在磁带上。因此,在一条指令被执行后,读/写头将移动到磁带的该区域,那里有一组指令,即计算下一个操作的程序。它将确定下一条指令并返回磁带的数据部分来执行该指令。

关于图灵机的最后一个问题是拥有"无限磁带"的想法，这在技术上是不可能的。这个问题有两个答案：第一，每台计算机实际上都是一个有限状态机，经常因为错误的程序或对某一问题的错误思考，收到计算机内存不足的消息；第二，对图灵机或任何其他计算机的实际要求是，只需要有足够的内存供机器运行其当前程序。对于现代计算来说，自动回收已经使用但不再需要的内存，有助于解决有限状态机上的计算问题。这种对内存的实时回收通常称为垃圾回收。

1.2.2　波斯特产生式系统和一元减法

接下来我们从另一个关于表示的和机器指令的角度来考虑一元减法问题。假设将两个"对象堆"表示为两个包含 1 的列表。不是把它们按顺序放在用符号隔开的磁带上，而是将它们作为两个列表并行考虑。该列表将是一个用括号"[ ]"分隔的结构，其中用 1 来表示堆中的每个元素。

代表左侧堆的列表位于顶部，代表右侧堆的列表位于其下方。如下面的例子所示。这个例子的算法可让任何一堆有更多的物品。一元减法的例子现在看起来像这样：

[1111]

[11]

在上面产生 [11]，左边的一堆多"11"

[11]

[11]

产生两个 [ ]，并确定这两堆是数量相等的

[11]

[111]

在底部产生 [1]，右边的一堆多 "1"

接下来，我们指定一套规则来操作这些列表。我们将这些规则描述为 "模式→动作" 对，并以四个 "如果→那么" 规则来呈现。

1. 如果每个列表的最左边都有一个 1，那么去掉这两个 1。

2. 如果顶部列表最左边的元素是 1，而底部列表是空的，即 []，那么就写入 "左侧堆有这么多："，写出顶层列表的 1，然后停止。

3. 如果顶部列表是空的，而底部列表最左边的元素是 1，那么就写入 "右侧堆有这么多："，写出底部列表的 1，然后停止。

4. 如果顶部的列表是空的，底部的列表也是空的，那么就写入 "这两堆数量正好相等"，然后停止。

我们现在创建另一种类型的有限状态机，称为*波斯特产生式系统*，来处理这些模式。图 1.2 是这个产生式系统的示意图，包括三个组成部分。第一部分是*产生式记忆*，包含处理模式的规则，这些规则包含在第二部分即*工作记忆*中。还有一个*识别 – 行动控制循环*，它接受工作记忆中包含的模式，并将它们呈现到产生式记忆的一套规则中。然后，应用规则的结果作为新工作记忆的一部分返回。

识别 – 行动循环持续进行，直到没有匹配的模式，或者（在我们的例子中）某个特定的规则导致循环停止。我们的示例假设规则是按顺序测试的，尽管对于非常大的规则集和复杂的模式，按顺序测试每个规则显然非常低效。表 1.3 列出了一元减法问题的产生式系统解决方案的轨迹，其中，左侧堆（顶部列表）中有四项，右侧堆（底部列表）中有两项。

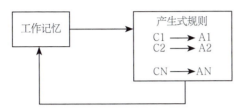

图 1.2   波斯特产生式系统由三个部分组成：包含规则的产生式记忆，包含代表问题当前状态的模式的工作记忆，以及识别 – 行动循环，即箭头

表 1.3   解决一元减法问题的一个产生式系统的轨迹，左侧堆中有四项，右侧堆中有两项

问题从工作记忆模式开始：
[1111]
[11]
激活规则 1 以产生新的工作记忆模式：
[111]
[1]
再次激活规则 1 以产生新的工作记忆模式：
[11]
[ ]
激活规则 2 以产生新的工作记忆模式：
左侧堆有这么多：11 和停止

我们刚刚用两种不同的表示法演示了一元减法问题，并用两台不同的计算机解决了这个问题。如前所述，在 20 世纪 30 年代到 50 年代，许多数学家为计算的含义提供了抽象的规范，包括：阿兰·图灵，我们描述过他的图灵机；埃米尔·波斯特（1943），

我们刚刚讨论过他的产生式系统机器；使用 λ 微积分的阿伦佐·丘奇，以及安德烈·马尔可夫、库尔特·哥德尔等人。

阿伦佐·丘奇（1935）猜想，任何可能的可计算函数都可以转化为图灵机计算。后来，丘奇－图灵论文证明了当时所有已知的计算模型实际上是等价的，而且同样强大。证明的方法是利用其他机器的技术来建立每一个抽象机器。丘奇－图灵还猜想，这些机器中的任何一台都可以计算它可能计算的任何东西（戴维斯，1965）。

在第 5 章和第 6 章中，我们将考虑另外两种计算规范：神经网络或联结主义网络，以及有限状态自动机。研究人员（西格曼和桑格塔，1991）已经证明，循环神经网络是计算上完整的，也就是说，等同于图灵机的类别。这种图灵等价性扩展了早期的结果。柯尔莫哥罗夫（1957）表明对于任何连续函数，都存在一个计算该函数的神经网络。也有研究表明，一个单隐层的反向传播网络可以近似任何一类更有限的连续函数（赫特－尼尔森，1989）。同样，我们将在第 6 章看到，冯·诺依曼创建了图灵完备的有限状态自动机。因此，联结主义网络和有限状态自动机似乎只是另外两类能够计算几乎所有可计算函数的机器。

近年来，出现了更多令人兴奋的新计算模型，包括伦纳德·阿德尔曼（1994）提出的分子或 DNA 计算，以及由理查德·费曼（1982）在 20 世纪 50 年代末最初提出的量子计算概念。这些计算方法提供了有趣的、更灵活的表示以及更快的算法，然而，它们是否能够计算图灵机无法计算的东西还有待观察。最后，认知科学家（卢格尔，1995）经常问，人类的思维，作为一个计算设备，是否能够计算出丘奇－图灵假设的可计算之外的任何结果？

　　阿兰·图灵（1936）和其他人也演示了没有可计算解的算法。这类计算的一个例子是**停机问题**，即计算机是否总是能够确定发送给它的任何程序都会完成或结束计算。

　　对停机问题的证明是**不完全性证明**的一个例子。不完全性表明了形式化系统的内在局限性。对于任何至少像算术一样强大的形式化系统来说，总有一些关于该系统的陈述是正确的，但是在系统本身内是无法证明的。在数学中，关于这种证明的历史可以追溯到图灵、哥德尔、康托尔和大卫·希尔伯特。

　　图灵的证明假定存在一个程序，称为**退出**，它可以判断给它的任何程序是否真的会完成计算并停止。然后，图灵创建了第二个程序，它的作用与退出程序相反，例如，指示新的程序，如果停止程序真的停止了，那么第二个程序应该继续运行。然后将退出的程序作为数据交给第二个程序来运行。

　　计算机工程师和程序设计者对不同计算模型的承诺支持不同的实用和认识立场。例如，认知科学家经常遵循波斯特的方法，他们把产生式系统的规则记忆看作人类长期记忆的代表，而工作记忆则是人类短期记忆或注意力，是人类前额叶皮层的一种属性。然后，产生式系统控制算法将工作记忆的当前内容呈现给在长期记忆中发现的知识和过程（纽维尔和西蒙，1972，1976）。根据这个模型，学习被视为使用一种基于工作记忆和长期记忆之间相互作用的强化学习，形成永久记忆的新规则（纽维尔，1990；莱尔德，2012）。

1.3 计算机语言、表示法和搜索

幸运的是，现代程序员不需要使用图灵机或波斯特机来完成他们的任务。尽管计算机在机器层面上确实以 0/1 或开 / 关处理方式运行，但自从第一台计算机诞生以来，大量的精力都用在了更高级别的编程语言开发中。历代计算机科学家和工程师的这种努力创造了当代的编程语言，其中高级语言的指令产生了相称的机器级执行。

设计这些用于计算的高级语言还有其他几个原因。原因之一是为计算机设计一种更像人类语言的语言，程序员可以更容易地构建解决方案，例如"从一个列表中取最大的元素，看看它是不是一个可能的解决方案"。计算机语言越能反映人类的思维，往往就越有用。我们将在讨论表示法时再次印证这一点。

高级语言的另一项任务是保护程序员不必在计算机本身上进行内存管理。当然，熟练的程序员不会滥用有限状态机的内存去创建不适合手头任务或机器限制的数据结构或算法。但从相反的角度来看，程序员不应该担心所使用的是什么特定的内存寄存器，而应该专注于构建反映解决问题的思维过程的算法。高级语言实现本身应该处理支持程序员的工作所必需的内存管理。

目前的高级计算机语言可以被看作属于两组语言。第一组语言，有时被称为应用性语言，提供了在传统计算机体系结构上操作数据结构的有效工具。这种方法可以被看作将数据元素和控制算法隔开，编程工作的目标是使用基于命令的控制语言来逐步操作数据，告诉计算机在一个特定的数据集上调用特定的算法。运行中的程序将基于程序的指令应用到数据上。目前，Java、Python 和 C# 等语言都属于这一组。

第二组语言，包括**声明性语言**和**功能性语言**，为程序员提供了用基于数学的支持系统解决问题的机会。为编程提供数学基础的想法是，该语言和由该语言提供的算法可以帮助控制结果程序中的意外错误和副作用。一个例子是试图将一个数字乘以一串字母。使用数学系统也可以帮助证明程序的答案在数学上（逻辑上）是正确的，而不仅仅是计算机随机产生的一些结果。基于数学的语言主要有两类：一类是基于谓词演算的语言，如 Prolog，它是声明性语言的一个实例；另一类是基于函数式的语言，如 λ 演算。Lisp、Scheme、ML、Haskell 和 OCaml 都属于这一组。

然而，任何一种特定语言的选择都有其局限性，既包括为计算机表达复杂关系的难易程度（有时也被称为语言的**表达能力**），也包括在应用领域中捕捉适当关系和进行交互的能力。最后，编程语言的确是一种语言。在基于计算机的问题求解中，语言提供了与机器本身的交流和联系。它还提供了一种与其他程序员交互的媒介，帮助完成解决问题的任务，扩展先前的解决方案，或者仅仅是维护已完成的程序。

如前所述，在解决问题时，程序员选择符号和数据结构以表示问题的突出方面。任何这样的表示方案都是为了捕捉——通常是通过抽象——问题领域的关键特征，使算法能够获得这些信息。**抽象**是管理复杂性的一个基本工具，也是确保结果程序计算效率的重要因素。

表达性（抽象特征的透明度）和**效率**（用于抽象特征的算法的

计算复杂度）是评价表示信息的语言的主要维度。有时，为了提高算法的效率，必须牺牲表达性。这必须在不限制表示法获取解决问题的基本知识的能力的情况下完成。优化效率和表达性之间的权衡是智能程序设计者的一项主要任务。接下来，我们将介绍几种表示方法，并演示它们如何帮助程序设计者捕捉解决特定问题的关键部分。

表1.4介绍了数字 π 的不同表示方法。实数 π 是一个有用的抽象概念：圆的直径与其周长之间的关系。没有一个有限的十进制数字序列可以描述 π，所以不能在一个有限状态的设备上精确地将其表示出来。解决这一难题的一个办法叫作浮点表示法，就是把数字分成两个部分来表示：最重要的数字和小数点在这些数字中的位置。虽然不是精确的 π，但这种惯例使得在实际应用中用 π 进行计算成为可能。

表 1.4　实数 π 的不同表示

实数	π
十进制数	3.1415926…
浮点表示法	指数：1；尾数：31416
计算机存储器中的表示	11100010…

浮点表示法牺牲了全部的表达能力，以使这种表示法既有效又可行。这种表示法也支持多精度算术的算法，通过限制近似误差（称为四舍五入），使其小于任何预先指定的值，从而有效地提供无限精度。在所有表示法中，结果只是一种抽象，一种指定所需实体的符号模式。它不是实体本身。

数组是计算机科学中常见的另一种表示结构。对于许多问题，它既真实又有效。在本章开头介绍的库存问题就是一个用数组表示的好例子。为了表示库存，我们创建了一个记录数组。我们的记录包含四个部分：零件编号、零件价格、当前库存的零件数量、重新订购的公司地址。该记录可以被扩展以携带更多的数据。

使用数组的第二个例子是图像处理应用。图 1.3 是一幅处于中期阶段的人类染色体的数字化图像。图像处理的目的是确定辐射对染色体的损伤。对该图像进行处理以确定染色体的数量和结构，寻找断裂、缺失和其他异常情况。

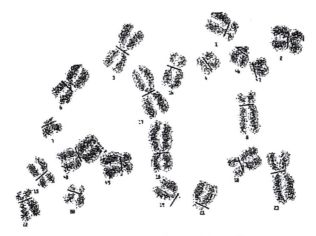

图 1.3 中期人类染色体的数字化图像

视觉场景是由许多图片点组成的。每个图片点或像素都有一个位置和一个代表其强度或灰度的数字。那么，我们可以很自然地将整个场景收集到一个二维数组中，其中行地址和列地址给出了像素的位置，即 X 坐标和 Y 坐标，数组元素的内容是该点图像的灰度等级。

然后设计算法来对这些灰度图像进行操作。这些操作包括寻找孤立的点以消除图像中的噪声，并找到阈值以确定目标及其边缘。算法还可以对染色体的相邻元素进行求和，以确定其大小，并通过各种其他方式将图像点数据转换为可理解的信息。FORTRAN 和相关语言对数组处理是很有效的。如果使用其他表示法，如谓词演算、记录或汇编代码，这项任务就会很烦琐。

当我们将图像表示为像素点的数组时，通常会牺牲分辨率的质量，例如，报纸上的照片与同一张照片的原版之间会存在质量差异。此外，像素数组不能表达图像更深层次的语义关系，例如，表示单个细胞核中染色体的组织、它们的遗传功能或（细胞）中期在细胞分裂中的作用。使用谓词演算或语义网络等表示法更容易获取这些知识，稍后将对此进行讨论。总之，一种表示法应该支持一个自然的系统来表达解决问题以及有效计算所需的所有信息。

通常，人工智能领域所解决的问题并不适用于由更传统的形式主义（如记录和数组）所提供的表示。人工智能通常更关注定性关系而不是定量度量，更关注面向目的的推理而不是数值计算，更关注组织大量不同的知识而不是实现单一的、定义明确的算法。

例如，观察图 1.4 中桌子上的积木排列。在早期的人工智能中，这个领域被称为*积木世界*。假设我们希望获取控制机械臂所需的属性和关系。我们必须确定哪些积木是堆放在其他积木上的，哪些积木的顶部是清晰可见的，以便可以捡起它们。**谓词演算**提供了一个捕捉这种描述性信息的媒介。每个谓词表达式的第一个词，如 on、ontable、clear 等，都是谓词，表示其参数之间的属性或关系，即括号中的对象的名称。

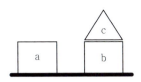

clear (c), clear (a), ontable (a), ontable (b),
on (c, b), cube (b), cube (a), pyramid (c)

图 1.4　用于机器人操作的积木配置和描述积木的一组谓词。立方体 a 和 b 位于桌子上，而金字塔 c 位于立方体 b 的顶部

　　谓词演算为人工智能程序员提供了一种定义明确的语言，用来描述和推理系统的定性方面。假设在图 1.4 的例子中，我们想定义一种测试来确定一个积木的顶部是否清晰可见，也就是说，没有任何东西堆放在上面。如果机器人的手臂要拿起它或在它上面堆放另一个积木，这就很重要。我们可以定义一个一般规则：

$$\forall X \neg \exists Y \, on\,(Y, X) \Rightarrow clear\,(X)$$

　　这个规则是这样的："对于所有的对象 X，如果不存在对象 Y，使 Y 位于 X 上方，那么 X 就是清晰可见的。"通过用 a、b、c 等不同的积木名替换 X 和 Y，这条通用规则可以应用于各种情况。通过支持这种通用推理规则，谓词演算允许表示简约，以及设计足够灵活和通用的系统以智能地应对各种情况。在 4.1.2 节中，我们将进一步讨论机器人解决方案的谓词演算设计。

　　谓词演算还可以用于表示单个项目和群组的属性。例如，简单地列出一辆汽车的零部件往往是不够的，我们可能想要描述这些部分的组合方式以及它们之间的相互作用。这种结构视角对一系列情况都是至关重要的，包括分类学信息，如按属和种对植物进行分类，或对复杂物体进行描述，如柴油发动机或人体的组成部分。例如，对蓝鸟的描述可能是"蓝鸟是一种蓝色的鸟"和"鸟是一种有羽毛的飞行脊椎动物"，它们可以被表示为逻辑谓词的集合：

hassize (bluebird, small), hascovering (bird, feathers), hascolor (bluebird, blue), hasproperty (bird, flies), isa (bluebird, bird), isa (bird, vertebrate)

这种谓词描述可以用图形的方式表示，在图中使用弧线或链接而不是谓词来表示如图 1.5 所示的关系。这种**语义网络**是一种表示关系含义的技术。

图 1.5 对蓝鸟及其特性的语义网络描述

因为关系是在语义网络中显式表示的，所以推理一个问题情境的算法可以按照链接来建立相关的关联。例如，在蓝鸟的例子中，程序只需要遵循一个链接就可以确定蓝鸟会飞，而两个链接就可以确定蓝鸟是一种脊椎动物。也许语义网络最重要的应用是表示旨在理解人类语言的程序的意义。当需要理解一个孩子的故事、一篇期刊文章的细节或者一个网页的内容时，可以使用语义网络对反映知识的信息和关系进行编码。我们将在 5.1.2 节中进一步讨论语义网络表示。

另一个例子是概率网络。假设你知道自己经常经过的路线的交通模式。你知道，如果有道路施工，可能会增加 30% 的时间，与往常一样，20% 的时间车辆将继续前进。如果没有施工，你仍然可能有 10% 的时间遇到交通堵塞。最后，在大约 40% 的时间里，可能不会有任何施工和交通堵塞。你也知道类似的事故发生的可能性，包括闪烁的警示灯或救护车警示灯，以及高速公路上摆放的橙色锥桶。

图 1.6 所示的**贝叶斯信念网络**（BBN）是对这种交通状况的适当表示。BBN 是一个**无环有向图**，如图 1.6 所示，有向图中箭头的头部表示状态之间的联系。有向箭头的目的是反映情况之间的因果关系，例如，结构 C 有 0.4 的概率导致交通堵塞 T。此外，任何状态都不可能具有依赖箭头指向该状态本身的环。图 1.6 中左边是 BBN 的表示，右边是概率关系子集的表示。在表中，真为 t，假为 f，概率为 p。每一行都表示刚才描述的一种概率情况。

刚刚描述的 BBN 可以动态地反映世界在不同时间段的变化。例如，如果你在某一时刻开车时看到了警示灯，那么 L 的值就变成了真，剩余的概率必须改变以反映这个新的事实，这使得发生事故（A）的可能性更大，而存在施工（C）的可能性更小。这种随时间变化的信念网络称为**动态贝叶斯网络**（DBN），我们将在第 8 章中做进一步的讨论。

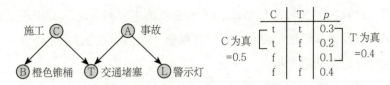

图 1.6 表示驾驶示例的 BBN。BBN 位于左侧，网络的部分概率表位于右侧

我们目前只是简单地接触了支持人工智能领域当前许多工作的网络表示系统，其中还没有考虑神经网络和深度学习网络（见第 5 章），以及遗传算法和人工生命的结构（见第 6 章）。

为智能解决问题而选择的每一种表示法都有一个补充，即**搜索算法**。人类在解决一个问题时通常会考虑多种策略。国际象棋棋手会根据对手可能的反应或各种走法对全局策略的支持程度等标准来评估棋步，从而选择"最佳"走法。棋手也会考虑短期收益，如吃掉对手的骑士，牺牲一个棋子以获得位置上的优势，或以此来猜测对手的性格和棋力。智能行为的这个方面是被称为**状态空间搜索**的表示技术的基础。

例如，我们探讨一下井字棋游戏，即英国的"tic-tac-toe"九宫格游戏。如图 1.7 所示，在大多数棋盘情境中，玩家只有有限的走法。从空棋盘开始，第一个棋手在九个地方的任何一个地方放一个 ×。每一步棋都会产生一个不同的棋盘，允许对手做出八种可能的反应，以此类推。我们通过将每个棋盘的配置视为图中的一个节点或状态来表示这个可能的移动和反应的集合。图中各节点之间的链接代表从一个棋盘位置到另一个棋盘位置的合法棋步。由此所产生的结构用图 1.7 的状态空间图来描述。

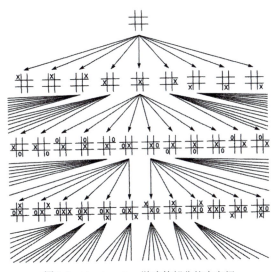

图 1.7 tic-tac-toe 游戏的部分状态空间

　　状态空间表示法支持将井字棋的所有可能情况视为通过状态空间的不同路径。鉴于这种方法，一种有效的游戏策略是在空间中搜索导致胜利可能性最大和损失最小的路径，即总是试图迫使游戏沿着这些最优路径中的一条前进。我们将在第 4 章中进一步介绍构建图的搜索策略的技术，并在 4.2 节中演示使用图搜索的计算机学习。

　　作为使用搜索来解决更复杂问题的一个例子，我们讨论诊断汽车机械故障的任务。虽然这个问题最初看起来不像象棋或国际象棋那样适用于状态空间搜索，但是它实际上非常适合这种情况。我们没有让图的每个节点代表棋盘状态，而是让它代表关于汽车机械问题的部分知识的状态。诊断搜索的状态空间通常是动态产生的，正如我们在 4.1.3 节中看到的基于规则的专家系统。

　　检查可能的故障并找出其原因的过程可以被认为是通过不断增长的知识状态进行搜索。图的起始节点为空，表示对问题的原因一无所知。修理工会问客户的第一个问题可能是什么汽车部件导致了故障，比如发动机、变速器、转向器、刹车等。如图 1.8 所示，这是一个从起始状态到表示关注不同子系统的状态的弧线集合。

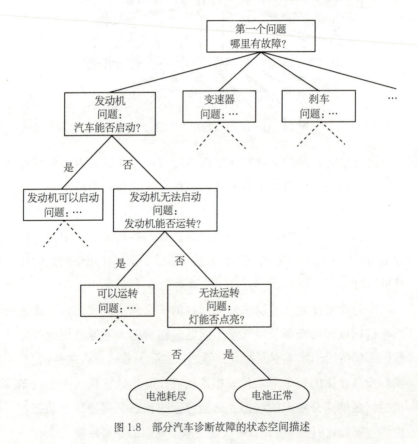

图 1.8　部分汽车诊断故障的状态空间描述

图中的每一个状态都有代表不同诊断检查的弧线，这些弧线会通向在诊断过程中描述进一步知识积累的状态。例如，"发动机"节点有弧线指向标有"发动机可以启动"和"发动机无法启动"的节点。从"发动机无法启动"节点，我们转移到标有"可以运转"和"无法运转"的节点。如图1.8所示，"无法运转"节点有弧线连接到标有"电池耗尽"和"电池正常"的节点。修理工可以通过在这个图中寻找一条与特定症状相一致的路径来诊断汽车故障。尽管这个问题与寻找井字游戏或国际象棋的最佳策略大相径庭，但正如我们将在4.1.3节看到的，它同样适用于用空间状态搜索来解决。

尽管存在这种明显的普遍性，状态空间搜索本身并不足以实现智能问题求解的行为，相反，它是设计智能程序的重要工具。如果状态空间足够，那么编写一个程序，通过搜索整个可能的棋步空间来寻找帮助获胜的棋步序列就相当简单了，这种方法被称为**穷举搜索**。

尽管穷举搜索可以应用于任何状态空间，但对于许多有趣的问题来说，空间的巨大规模使得这种方法在实际中是不可能的。因此，这种方法实际上是不可能实现的。例如，国际象棋有大约10^{120}种不同的棋盘状态。这个数字比宇宙中的分子数量或大爆炸以来经过的纳秒数都要大。对这一空间的搜索超出了任何计算设备的能力。计算设备的维度必须局限于已知的宇宙，同时计算设备的执行必须在宇宙屈从于熵的暴虐之前完成。

人类使用智能搜索：游戏玩家考虑许多可能的走法，医生专注于几种可能的诊断，计算机科学家在开始编写程序之前考虑不同的设计。人类通常不使用穷举搜索：棋手只检查经验证有效的走法，医生也不需要进行与当前症状无关的测试。人类解决问题似乎是基于判断规则，引导搜索到状态空间中那些看起来最有希望的部分。

这些人类的判断规则被称为**启发式方法**，取自希腊动词*ευρισκο*，意思是**发现**。它们构成了人工智能研究的核心课题之一。启发式方法是一种用于有选择地搜索问题空间的策略。它引导搜索沿着成功概率高的路线进行，同时避免移动到人类专家称之为浪费或者不支持获胜机会的状态。

状态空间搜索算法为程序员提供了一种将问题求解过程形式化的方法，以及使程序员能够智能地搜索该形式体系的启发式算法。启发式技术构成了现代人工智能的一个重要组成部分。总之，状态空间搜索是一种独立于特定问题或搜索策略的表示形式，它被用作智能问题求解的许多不同实现方式的出发点。我们将在4.1.2节中详细描述启发式搜索。

第 2 章是关于现代认识论和人工智能的哲学先驱的简史。第3 章介绍了人工智能领域早期的研究工作和成功示例。第二部分描述了人工智能领域在其短暂的历史中所采取的 3 种主要的问题求解方法。第三部分描述了人工智能问题求解中的概率技术。本书其余部分介绍的许多人工智能表示方法和编程技术也为理解人类解决问题的重要方法和为认识论科学提出约束条件提供了足够的模型。

1.4　总结

一个解决任务的计算机程序对理解其应用领域做出了认识承诺：符号代表应用中的实体，符号的结构捕捉领域中的关系，搜索策略寻找解决方案。在本章的例子中，记录数组代表库存中所有物品的数量和成本，而搜索策略产生客户对某一物品以及更新的库存成本的预期结果。

我们看到，计算不是单一的机器或一种应用于机器的语言，而是一种抽象，由不同但等价的有限状态机的定义来表示。计算不是一个特定的架构：不是图灵的、波斯特的、冯·诺依曼的，也不是对修补匠玩具的复杂使用，而是一个具有一定复杂性的有限状态系统。这使我们可以使用不同的计算模型来捕捉人类解决问题的不同方面。

在本章中，我们还考虑了几种表示法和搜索算法，作为对模型构建和模型修正过程的介绍，这体现了人工智能程序员的贡献。这些将在后面的章节中进一步阐述。当计算机科学家看到当前程序的局限性并对其进行修改时，他们也修改了理解我们不断变化的世界的模式和期望。

延伸思考和阅读。创造基于计算机的表示法和捕捉智能的新型搜索算法，有时被视为人工智能的基本定义。

在 2016 年的论文《从阿兰·图灵到人工智能：实际解决方案和隐含的认识论立场》(发表于 Springer 期刊《人工智能与社会》)中，卢格尔和查卡巴提更深入地描述了认识论问题如何支持和限制人工智能研究项目的成功。

维基百科有许多关于本章所讨论的可计算性问题的描述。欲知更多详情，可搜索以下主题：

- 计算的理论
- 图灵与波斯特产生式机器
- 丘奇 – 图灵论
- 可计算性理论

本章的几个例子摘自我的教科书《人工智能：复杂问题求解的结构和策略（第6版）》(卢格尔，2009a)。

图灵机与波斯特产生式的例子摘自《认知科学：智能系统的科学》(卢格尔，1995)。

第 2 章

历 史 基 础

等你听见了其余的话，知道我发明了一些什么技艺和方术，你会更称赞我呢。人一害病就没有救，没有药吃，没有药喝，也没有膏子敷，因为没有药医治，就渐渐衰弱了。后来，我教他们配制解痛的药，驱除百病……

我还使他们看清了火焰的信号，这在从前是朦胧的。这些事说得够详细了。至于地下埋藏的对人类有益的宝藏，金银铜铁，谁能说是他在我之前发现的？谁也不能说——我知道得很清楚——除非他信口胡说。请听我一句话总结：人类的一切技艺都是普罗米修斯传授的。

——埃斯库罗斯，《被缚的普罗米修斯》

每一个人在本性上都想求知……

——亚里士多德，《形而上学》的第一句话

本章追溯了认识论、现代科学以及科学方法在西方思想演变中的起源。这种演变是有机的、无缝的，因为在过去三千年里，哲学家、科学家和工程师的观点汇聚在一起，产生了我们在 1.2 节中看到的计算的规范，以及支持和扩大其使用的数学系统。这一传统也产生了认知科学，见 3.5 节，并为现代认识论提供了基础，详见第三部分。

在西方思想和文化的演变过程中，有几个重要的主题。第一，尝试通过不断的**模型改进**来建立模型。这可以从早期的希腊思想家身上看到，他们提出了诸如**万物皆水**的观点，因为水可以在不同的条件下进行"转化"。后来的思想家提出，**所有实体都是由水、土、火和空气这四种基本元素组成的**。虽然这样的想法现在看起来相当天真，但对我们来说，重要的是实际提出了对现实的解释（模型）这一过程，然后，当新的观察结果不再适合数据时，随着对更好的解释的需求而修改这些模型。

在西方思想的演变中，第二个不变的主题是与哲学和科学过程交织在一起的各种形式的怀疑主义。我们讨论两种不同形式的怀疑论，第一种是质疑人类感知和观察的真实性，第二种是对建立具有结论性的、任何形式的所谓**真理**的能力提出质疑。即使在今天，当我们在应对后现代主义的相对真理和价值观时，也能看到这种倾向。我们在 7.4 节和 9.5 节中将再次探讨怀疑论的问题。

本章首先讨论埃斯库罗斯和普罗米修斯给人类的礼物（在 1.2 节介绍过），以及对世界的智能探索这一最重要的天赋。2.2 ～ 2.8 节描述了西方思想的演变，它使我们对科学有了现在的理解，也支持了计算的诞生。最后三节描述了计算的数学基础、智能的图灵测试以及人工智能的出现。

2.1 玛丽·雪莱、弗兰肯斯坦和普罗米修斯

普罗米修斯谈到了他违背奥林匹斯众神的结果：他的目的不仅仅是为人类盗取火种，也是通过智慧或者理性思维的天赋来启迪人类。这种智慧构成了所有人类技术和最终所有人类文明的基础。

希腊古典戏剧学家埃斯库罗斯的作品说明了对知识的非凡力量的一种深刻而古老的认识。人工智能，直接关系到普罗米修斯的天赋，已经被应用到他的遗留问题的所有领域——医学、心理学、生物学、天文学和地质学——以及许多埃斯库罗斯无法想象的科学领域。尽管普罗米修斯的行动开始将人类从无知的病态中解放出来，但也引起了宙斯的愤怒。宙斯对普罗米修斯这种窃取以前只属于奥林匹斯山诸神的知识的行为感到愤怒，下令将普罗米修斯锁在一块岩石上，让他永远受苦。

有种观念在西方思想中根深蒂固，即认为人类获取知识的努力是对神或自然法则的违背。它是伊甸园故事的基础，也出现在但丁和弥尔顿的作品中。莎士比亚和古希腊的悲剧作家都把知识分子的野心描绘成灾难的根源。关于对知识的渴望最终一定会导致毁灭的信念已经贯穿了整个历史，经受了文艺复兴、启蒙时代的考验，甚至挑战了当前的科学、哲学和政治的进步。"人工"智能的概念在学术领域和大众领域引发了如此多的争议，对此我们不应感到惊讶。

事实上，现代技术并没有消除这种对智力野心的后果的古老恐惧，只是让这些后果看起来有可能，甚至迫在眉睫。普罗米修

斯、夏娃和浮士德的传说被人们用一种技术性的语言重新进行了讲述。玛丽·雪莱在《弗兰肯斯坦》——毫不奇怪，副书名是"现代普罗米修斯"——的导言中写道：

> 拜伦和雪莱多次进行长谈，在他们交谈时，我只是一个虔诚的听众，几乎一言不发。有一次，他们讨论了各种学说观点，其中一点便是生命起源的本质，以及能否发现这一本质以创造生命。他们讨论了达尔文博士的实验（我并不是说博士先生真的做了这些实验，我以前也没这样说过；我只是说，当时人们曾传说他做过这些实验。我这样说也许更能表达我的意思）。他将一段细面条放置于一个玻璃容器中，直至它以某种特殊方式开始做自发运动。然而，这样做并不能创造生命。也许一具尸体可以死而复生，流电学已显示出这类事情成功的可能性；也许一个生命体的各组成部分可以制造出来，再将它们组合在一起，赋予其生命，使之成为温暖之躯。

玛丽·雪莱向我们展示了科学的进步（包括达尔文的著作和电的发现）有多大程度可以说服科学的"门外汉"，使他们相信自然的运作不是神圣的秘密，而是可以被破解和理解的。弗兰肯斯坦的怪物不是萨满教咒语的产物，也不是与冥界不可告人的交易的产物。它是由单独"制造"的部件组装而成的，并注入了电的生命力。尽管19世纪的科学不足以实现理解和创造一个完全智能的智能体的目标，但它肯定了这样的一个概念，即生命和智力的奥秘可以通过科学分析揭示出来。

2.2 早期希腊思想

当玛丽·雪莱将现代科学与普罗米修斯的神话结合起来时，理解我们这个世界的哲学基础已经发展了几千年。西方哲学起源于公元前 6 世纪左右的地中海东部地区。爱奥尼亚群岛的希腊居民位于主要的贸易路线上，这使他们接触到各种文化和文明，包括巴比伦、波斯、印度、埃及和克里特人。这些接触涉及思想和贸易的交流。在这种文化视角的多样性中，聪明的人们不再假设他们自己继承的信仰体系是正确的。第一批哲学家面临的挑战是发现一种比他们个人的、文化的或宗教的观点更普遍的知识来源。

这些早期的哲学家受到他们对自然过程和天文事件的观察的强烈影响。据说米利都的泰勒斯在大约公元前 585 年成功预测了一次日食。他提出了一种理论，认为**万物都是水**，而现象的多样性可以用水在不同情况下的不同形态来解释。他的追随者阿那克西曼德和米利都的阿那克希门尼斯也研究天文学，并开发了非常清晰和精确的几何模型。像泰勒斯一样，他们也根据一些简单的原理构建了对物理宇宙的解释，如冷热分离和空气冷凝。关键问题不在于他们得到的答案有多少是错的，而在于他们开始了一种观察、产生解释和根据进一步的观察修改解释的科学传统。

毕达哥拉斯、赫拉克利特和巴门尼德驳回了迈尔斯学派对现象的解释。他们每个人都提出了解释自然界变化现象的理论，这些理论是肤浅的或虚幻的。大约公元前 570 年，萨默斯的毕达哥拉斯在数学和音乐中发现了终极启示的源泉。他认为，音乐和数学揭示了宇宙万物亘古不变的和谐，这是隐藏在感知现象表面之下的奥秘。

公元前 500 年左右，以弗所古城的赫拉克利特认为，外观的变化是由一个隐藏的结构或理法控制的，只有那些训练自己"倾听"的人才能接触到。这个结构的一个重要方面是对立面的统一，即对立的事物相互需要，并不断地流入和取代彼此。公元前 450 年左右，意大利埃利亚的巴门尼德认为，存在是单一的、不可改变的，多样性和变化性是虚幻的。他的学生芝诺发展了一套论证或悖论，旨在证明运动的概念是自相矛盾的。贯穿这一时期的一条主线是现象与现实之间的抽象分裂：前者以多样性和变化为特征，后者以统一和永恒为特征。

怀疑论者和诡辩家对这种理论的冲突做出了不同的回应。怀疑论者从各种各样的观点中得出的教训是，真理是不可知的。公元前 575 年左右，科洛芬的色诺芬尼认为，即使充分阐明了真理，它也可能无从得知。也就是说，如果真理出现在各种不同的意见中，就没有任何东西能将它与其他观点区分开，因此也就没有理由去选择它。

塞克斯托斯·恩皮里库斯是后来怀疑论的编纂者，他将色诺芬尼的主张阐述为一种被称为批判性回归的论证。假如你提出一个命题并声称这个命题是真的，然后我可以问你，我应该用什么标准来判断这个命题是真的。如果你向我提供了一个真理标准，我就可以要求你提供另一个标准——我可以据此判断你对真理的认定标准。如果你提供给我一个判断该真理标准的标准，我可以再问，为什么我应该接受它？根据什么标准，它是一个有效的标准？以此类推。在我问完问题之前，你就会用完所有的标准。因此，如果一个人曾经接受一个命题为真，这种接受就绝不可能建立在有效的认识论基础上。

2.3 后期希腊人：柏拉图、欧几里得和亚里士多德

苏格拉底和他的学生柏拉图承认这种怀疑论的力量，但对其最终结论提出质疑。苏格拉底同意怀疑论者的观点，认为宇宙的知识和事物的终极本质是无法获得的。他认为，智慧恰恰在于我们对自己的无知有一个准确的看法，同时有一种批判性的能力来解构他人和自己的错误信念。苏格拉底建议"认识你自己"（希腊语 γνοθι σε αυτον）。他声称，这种批判性的自我渗透的自知之明，将引导人们追求美德。深刻认识到我们自己对物质目标的结果的无知，就只剩下将美德本身作为一个值得追求的目标。

柏拉图（1961，译本）承认怀疑论者所定义的真理验证问题。但是，通过反驳怀疑论者的观点，柏拉图同意学习或获得新知识是不可能的。如果我们还不知道呈现在我们面前的一个命题是真的，我们就没有理由接受它；它最多只能作为一种基于他人权威的信念来获得。

但在某种意义上，学习是可能的。在柏拉图《美诺篇》的对话中，我们看到了一个学生的例子。他是《美诺篇》中的一个奴隶，他被引导着理解了一个几何学定理的证明。《美诺篇》以怀疑论者的身份开始了讨论，问道：

> 但是你连它是什么都不知道，又如何去寻找呢？你
> 会把一个你不知道的东西当作探索的对象吗？换个方式

来说，哪怕你马上表示反对，你又如何能够知道你找到的东西就是那个你不知道的东西呢？

在回答了一系列精心挑选的问题后，《美诺篇》中的奴隶最终学会了几何定理。他不仅记住了这个定理，而且毫无疑问地承认它是真理。鉴于真理验证的问题，这怎么可能呢？

柏拉图的回答是，这只有在某种知识的情况下才有可能：关于本质的形式属性的知识。有了这样的知识，在适当的条件下，我们就有了光辉的自证经验。柏拉图继续说，只有当学习实际上是回忆时，才能解释这一点：它是一种我们已经模糊地拥有的知识的回忆。如果这就是学习的本质，那么真理验证的问题就解决了。

作为回忆的学习理论具有非凡的影响：我们最初是什么时候获得这些现在被回忆的知识的？既然不在今生，就一定在前世。此外，它一定是在另一种存在中；否则，同样的真理验证问题会使学习成为不可能。基于这一点和相关的论点，柏拉图假设我们每个人都有一个不同于肉体的灵魂，这个灵魂一生一世都存在。柏拉图并没有说知识是无法获得的，而是说我们每个人在自己的一生中都在不断地为获得知识而奋斗。

为了解释回忆的过程，我们必须承认，灵魂曾一度与一个形式或本质的世界直接联系着。的确，柏拉图认为，只有这些形式或本质才能被真正认识，只有它们才有真正的存在。我们通过感官认识的世界是一个"朦胧的世界"，在这个世界里，形式只是被模糊地反映出来。即使是在我们的爱人身上感知到的美，也不过是对美的形式本身的朦胧反映。（这幅朦胧的、暗淡的画面来自柏拉图《理想国》中的洞穴场景。)

柏拉图对感官对象的真实性的否定，以及他将终极现实归因于形式或本质的做法，被称为唯心主义。他对感官知觉的摒弃以及将数学和形式推理确定为知识的主要来源被称为理性主义。他认为灵魂是一个独立的个体，不同于并独立于其身体的体现，这被称为二元论。尽管柏拉图的这些立场在我们现代人看来是极端的、难以置信的，但在整个西方思想史上，每个立场都以不同的形式和表现反复出现。

在埃及，亚历山大的数学家欧几里得，据说曾与柏拉图的几个学生合作过，在公元前290年描述了他的所谓的几何原理。《几何原理》也许是第一个建立在一系列关于世界现象的公理或假设基础上的数学体系。然后，欧几里得用这些公理来支持一个由定理和证明组成的复杂的数学系统，我们现在称之为欧几里得几何。在19世纪，其他数学家从不同的基本公理集合中创造了新的几何学，通常被称为非欧几里得几何。欧几里得建立数学系统的公理/定理方法对现代数学的发展是至关重要的补充。

亚里士多德是柏拉图的学生，但他拒绝了柏拉图关于完美形式世界的假设。亚里士多德的认识论融合了理性主义和经验主义的立场。作为一个经验主义者，亚里士多德认为感知和观察在获得知识的过程中起着至关重要的作用。然而，亚里士多德强调理性方法的作用，如数学和逻辑在组织和解释观察方面的作用，这使他的立场成为一种高度复杂的经验主义形式。

亚里士多德认为，知识不可能仅仅来自感官。有些感知，如彩虹和海市蜃楼，是具有欺骗性和误导性的。如果知识仅仅依赖于感知，那么当感知发生冲突时，我们该怎么办？我们如何识别哪种感知是真实的？这个问题类似于色诺芬尼和柏拉图的怀疑论难题：如果真相真的呈现出来，我们将如何识别它？如何将它与各种各样的意见区分开来呢？

系统知识的发展（即 επιστεμε，或科学）需要理性的贡献。亚里士多德提出了一种科学方法：有组织地收集观察和测量，然后建立一个关系网或"分类学"分类。合理的方法，包括分类、解释和在数据被适当地进行分类之后的推理。通过逻辑的运用，特定的概念和规律被归入更一般的概念和规律之下，而它们的内容或结果仍然可以通过推演重新获得。

亚里士多德教导说，物理对象既有物质又有形式。因此，一尊大理石雕像可能有某个统治者的形式。艺术家赋予雕像的物质实体以形式。只有形式是可知的，但形式需要物质来体现它。通过感知，物质的形式被传递到我们的感觉器官中，它在这些器官中成为真正的存在。这种物质／形式的区分为诸如符号计算和数据抽象等现代概念提供了哲学基础。

在计算中，我们操纵的模式是电磁材料的形式，这种材料的形式变化代表求解过程的各个方面。将形式从其表示的媒介中抽象出来，不仅允许对这些形式进行计算操作，而且还提供了数据结构理论的预示，这是现代计算机科学的核心，而且正如我们将看到的，这也支持一种"人工"智能的创造。

在《形而上学》中，亚里士多德以每一个人在本性上都想求知的陈述开始，发展了一门关于事物亘古不变的科学，包括他的宇宙学和神学。在《逻辑学》中，亚里士多德把演绎推理称为他的工具，即**推理法**，因为他认为对思维本身的研究是所有知识的基础。

亚里士多德研究了某些命题是否可以被说成是"正确"的，因为它们与其他已知为"正确"的事物有关。例如，如果我们知道"所有的人都是会死的"，而"苏格拉底是人"，那么我们就可以得出结论"苏格拉底是会死的"。这个论证是亚里士多德所说的使用演绎形式肯定前件式的三段论的一个例子。尽管逻辑推理的全面正式公理化还需要 2000 年的时间才能在戈特洛布·弗雷格、伯特兰·罗素、库尔特·哥德尔、阿兰·图灵、阿尔弗雷德·塔斯基等人的作品中开花结果，但其根源可以追溯到亚里士多德。

最后，亚里士多德的经验主义妥协包含了理性主义和二元论的残余。亚里士多德的本体论，即他关于现存事物的科学，提出了存在链的概念，完美展现了我们的世界，从最物质的、最不完美的、可改变的到非物质的、最完美的、不可改变的。亚里士多德的宇宙论反映了这种本体论，从地球和人类领域向外，通过一连串的同心球体，到第五个球体，即**第五元素**，也就是纯粹存在的境界——思想思维本身，无物质的形式。

2.4 后中世纪或现代哲学

文艺复兴时期的思想建立在希腊传统的基础上，延续了科学传统的发展。假设－测试－修正的方法论被证明是思考人类及其与自然界关系的一种强有力的方式。科学开始在化学、生物学、医学、物理学、天文学等方面蓬勃发展：科学革命开始了！大多数现代社会科学和物理科学都起源于这样一个概念，即无论是自然过程还是人工过程，都可以用数学方法进行分析和理解。特别是，科学家和哲学家意识到，即使是思想以及知识如何在人的头脑中表现和操作，也是科学研究的一个困难但重要的课题。

也许现代世界观发展的主要事件是哥白尼革命，即用地球和其他行星实际上是在围绕太阳运行的观点取代古代以地球为中心的宇宙模型。经过几个世纪的"显而易见"的秩序——对宇宙本质的科学解释与宗教教义和常识相一致——之后，一个截然不同的、一点也不显眼的模型被提出来以解释天体的运动。同样，正如许多早期的哲学家所建议的那样，我们对世界的看法被视为与世界的表象有本质区别。

人类思维与周围现实之间以及关于事物的观念与事物本身之间的这种分裂，对于现代思维及其组织的研究至关重要。伽利略的著作进一步扩大了这一裂痕，他的科学观察进一步反驳了关于自然界的"显而易见"的真理。伽利略将数学作为描述世界的工具，强调世界和我们关于世界的想法之间的区别。正是从这种突破中进化出了现代思维的概念：内省成为文学作品中常见的主题，数学和科学方法的系统应用与感官相抗衡，成为人类理解世界的工具。

1620 年，弗朗西斯·培根的《新工具》为这种新兴的科学方法论提供了一套搜索技术。根据亚里士多德和柏拉图的观点，即一个实体的形式等同于其必要和充分特征的总和，培根阐述了一种确定实体本质的算法。首先，他对实体的所有实例进行了有组织的收集，在一个表格中列举了每个实例的特征。然后，他收集了一个类似实体的负面实例列表，特别关注那些近似的实例，也就是那些因单一特征偏离实体形式的实例。然后，培根试图（这一步并不完全清楚）系统地列出一个实体的所有基本特征，也就是实体的所有正面实例所共有的、负面实例所缺少的特征。

尽管中国人在公元前就发明了第一台计算机器——算盘，但代数过程的进一步机械化还需要等待 17 世纪欧洲人的技能。1614年，苏格兰数学家约翰·纳皮尔创造了对数。这些数学上的转变使得对乘法和指数的使用简化为加法和乘法。纳皮尔还创造了他的**剔骨**，用来表示算术运算的"溢出值"或"进位值"。威廉·希尔德（1592—1635），德国图宾根的数学家和神职人员，在他发明的用于执行加减法的计算钟中使用了纳皮尔的骨头。这台机器通过时钟的报时声来记录其计算的溢出。

另一台著名的计算机是法国哲学家和数学家布莱斯·帕斯卡在 1642 年创造的**加法机**。尽管施卡德和帕斯卡尔的机制仅限于加减法——包括进位和借位。他们表明，以前被认为需要人类思维和技能的过程可以完全自动化。正如帕斯卡后来在他的《思想录》（1670）中所说，"算术机器产生的效果比动物的所有行为更接近于思想"。

帕斯卡在计算机方面的成功启发了戈特弗里德·威廉·冯·莱布尼茨，使他在 1694 年完成了一台工作机器，该机器被称为**莱布尼茨轮**。它集成了可移动的小车和手摇柄，以驱动轮子和气缸进行更复杂的乘法和除法运算。莱布尼茨也对用于命题的机械证明的自动化逻辑的可能性深深着迷。

莱布尼茨利用弗朗西斯·培根早期的实体规范算法，即将概念描述为其必要和充分特征的集合，猜想创造出一种机器，这种机器可以用这些特征进行计算，产生逻辑上正确的概念。莱布尼茨（1887）还设想了一种机器，反映了演绎推理和证明的现代思想，通过这种机器，科学知识的生产可以实现自动化，即创造一种推理的演算法。

勒内·笛卡儿（1680），通常被称为现代哲学之父。他是一位数学家，和柏拉图一样，也是个理性主义者。对笛卡儿来说，只有数学概念，即他的清晰而独特的思想，才被认为是真实的，可以被接受的，是理解现实的基础。

笛卡儿在1637年出版了《沉思录》，在书中他确立了现代认识论研究项目：从他的悬置（或怀疑）和完全暂停判断开始，重建知识的基础。笛卡儿问道："我怎么能知道我对世界的信念是正确的呢？"笛卡儿关于特定信仰的"悬置"和怀疑之间有一个重要区别。进一步的观察或找来更多的证据往往可以解决一个特定的疑问。普遍性的怀疑（即悬置）对所有证据的价值提出了质疑，包括感知的和理性的。笛卡儿让我们设想一个聪明但邪恶的上帝，他动不动就欺骗我们。鉴于这种可能性，有没有什么信仰或见解是我们不会搞错的？

笛卡儿提出了这样的问题：在接受系统性的怀疑时，我可以坚持什么？什么是不容置疑的？他的回答是，只有他自己的存在是不能被怀疑的。*我思故我在*。然而，这种认识后退的一个后果是，他所意识到的唯一的存在是一个没有实体的思维存在。只有存在的这一方面在他的自我意识中得到了呈现和证实。

从这个最低限度的基础上，笛卡儿试图重构所有的知识和现实。然而，他的重建是不可信的，这种重建取决于一系列关于神的存在的"证明"。笛卡儿的证明是演绎性的，但却是循环的，他的*清晰而独特*的观念被用于证明清晰而独特的观念的真实性。在确立了神的存在后，笛卡儿恳求神的仁慈和诚实，以挽救他以前的一部分信仰。他认为，一个仁慈的神不会允许他对一些观念产生误解，而这些观念像数学一样可以被清晰地感知到。因此，最后，笛卡儿对外部世界的信仰是通过数学和解析几何的思想来重新建构的。

对笛卡儿来说，正如对柏拉图一样，理性主义导致了二元论。笛卡儿的思维存在（即他的*思维体*），是无实体的，与外部和物质世界（即*广延物*）的互动被切断了。那么，他的问题就是要重新建立精神/物理相互作用的可能性。笛卡儿认为这种"联系"在某种程度上与*脑下垂体*有关，而脑下垂体是大脑皮层的一部分，其功能在当时还不清楚。自笛卡儿以来，哲学研究的一个重要组成部分集中在如何将人类系统的物质和非物质部分重新组合在一起。

在这里我们可以得出两点言论：第一，心灵和物质世界之间的分裂已经非常彻底，以至于可以脱离任何具体的感官输入或世俗的主题来讨论思维过程；第二，心灵和物理世界之间的联系是如此脆弱，以至于需要一个仁慈的神的干预来支持对物理世界的可靠认识。

为什么我们要在一本从人工智能角度分析认识论的书中加入关于心灵/身体的讨论？对我们来说，有（至少）三个至关重要的后果：

第一部分 开 始

1. 通过将心灵与物理世界分离，笛卡儿和相关的思想家猜想，关于世界的观念结构不一定与它们的主题结构相同。这种分裂是许多人工智能从业者、认识论者和心理学家以及许多现代文学的方法论的基础。根据笛卡儿的观点，心理过程有其自身的存在，遵守其自身的规律，并且可以对其自身进行研究。

2. 一旦心灵和身体分离，哲学家发现有必要找到将两者重新连接起来的方法。笛卡儿的"思维体"和"广延物"之间的相互作用对人类的存在至关重要。这是旨在反映"智能"的所有程序的一个重要问题。

3. 笛卡儿的心灵／身体假设也支持将认知主体从认知者群体中分离出来，并将个人从社会环境中分离出来。在这个意义上，个体被看作一个超然的观察者，通过理解和批评来"观察"现实的发展。正如我们将在第7章中指出的，思想的框架和根基的概念本身就是共同语言和传统的一部分。个人无法逃避知识和真理的主体间方面和社会性方面。

戈特弗里德·威廉·冯·莱布尼茨代表理性主义世界观中的极端立场。像之前的笛卡儿一样，莱布尼茨将数学作为知识的唯一模型和理想。他与艾萨克·牛顿是微积分的共同发明者。莱布尼茨提出了一种普遍的特性，一种基元语言，他认为所有的概念和属性都可以从这种语言中得到定义。莱布尼茨进一步提出了一种用这种语言构造真命题的数学演算。有趣的是，包括罗杰·尚克（1980）在内的几位人工智能研究者都采用了类似的语义或意义系统来理解人类语言。

像笛卡儿一样，莱布尼茨质疑现实的物理因果关系和世界上物体之间的相互作用。对世界事件的最终描述是以非相互作用的单体为基础的：每个单体只受其自身内部发展规律的支配。相互作用是由创世神的真实性和仁慈来解释和支持的。不过，需要神的干预来支持一个具体化的世界。莱布尼茨将这种联系描述为**预设的和谐原则**。

对于理性主义事业中隐含的问题，被广泛接受的回应是心灵和身体根本不是完全不同的实体，这也为人工智能的研究提供了必要的基础。从这个观点来看，心理过程确实是由大脑或计算机等物理系统实现的。心理过程像物理过程一样，可以通过正式的规范来描述。正如 17 世纪英国哲学家托马斯·霍布斯在《利维坦》中所说，"我所说的推理，指的是计算"。

2.5 英国经验主义者：霍布斯、洛克和休谟

英国经验主义者，从约翰·洛克（1689）的《人类理解论》开始，便拒绝将理性主义作为一种知识理论。与笛卡儿和莱布尼茨不同的是，洛克认为我们没有与生俱来的思想，就像白板一样。然后，洛克认为，所有的思想都来自我们在世界上的经历。经验主义传统认为，知识必须通过内省但以经验为依据的心理学来解释。经验主义者区分了两种不同类型的心理现象：一方面是直接的感知经验，另一方面是思想、记忆和想象。当然，每个经验主义思想家都用稍微不同的术语来表示这种区别。

例如，18 世纪的苏格兰哲学家大卫·休谟就区分了**印象**和**观念**。印象是活泼的、生动的，不受自动控制。这种自然而然的特

性表明，它们可能在某种程度上反映了外部对象对主体意识的影响。而观念则不那么生动和详细，更容易受到主体的自动控制。

既然印象和观念之间有这样的区别，那么，知识是如何产生的呢？对于霍布斯、洛克和休谟来说，基本的解释机制是关联。在我们的印象中，某些属性被反复地共同体验。这种重复的关联在头脑中形成了一种倾向，使其联想到相应的观念。大卫·休谟的怀疑论揭示了这种认识论的根本局限性。休谟自己也承认，他对观念起源的纯粹描述性解释不能证明他对因果关系的信仰是正确的。事实上，在这种经验主义的认识论中，即使逻辑和归纳法的运用也不能得到理性的支持。

将知识定性为关联在人类记忆组织的现代理论中发挥了重要作用。我们将在创建语义网络、记忆组织模型、人类语言理解的数据结构等人工智能研究中看到这一点（第 5 章）。机器学习的关联性方法可以在神经网络的不同架构和支持深度学习的算法中看到。经验主义者试图将知识解释为基于重复某些经验要素的习惯性关联，这也影响了心理学中的行为主义传统。

2.6　跨越经验主义/理性主义的鸿沟：巴鲁赫·斯宾诺莎

1632 年，巴鲁赫·斯宾诺莎出生在阿姆斯特丹的犹太人社区。由于 15 世纪对犹太人的驱逐和随后的宗教裁判所的设立，这群人离开了葡萄牙和西班牙。在斯宾诺莎出生的十年里，约翰·洛克和艾萨克·牛顿也出生了，笛卡儿正在写《沉思录》，伽利略则因为他的宇宙学观点而被软禁在家。尽管斯宾诺莎是受笛卡儿启发的理性主义者，但他不同意笛卡儿的"心灵-身体二元论"。他认为，上帝或自然是具有无限属性的存在，而思想和延伸只是其中的两个属性。斯宾诺莎认为，物质世界和精神世界在因果关系上是相互关联的，是一种物质的属性。

斯宾诺莎的哲学方法被称为**中性一元论**，因此他是最早将经验主义和理性主义传统的组成部分融合在一起的现代思想家之一。斯宾诺莎否定了人类灵魂的存在和不朽。思想和身体，也就是笛卡儿的思维体和广延物必须相互协作和相互作用；事实上，他认为，它们是一个统一系统中有因果关系的相互联系的组成部分。斯宾诺莎用一个泛神论的上帝扩展了他的物质理论，他不是通过天意来统治世界，也不是通过祈祷或祭祀来改变世界。相反，上帝是一个决定性的系统，自然界中的一切事物都是它的组成部分。

斯宾诺莎 1670 年出版的《神学政治论》提出，哲学研究及其认识论基础支持虔诚与和平共处。他谴责那些利用无知和宗教迷信来控制国民的现行政治机构。由于这些观点，以及他认为《圣经》只不过是人类的创造物的论点，斯宾诺莎被驱逐出了犹太社区，并受到了基督教徒的谴责。他的大部分作品都是在死后出版的。

也许斯宾诺莎最重要的哲学作品《伦理学》是在 1677 年出版的。《伦理学》是以一套公理的形式写成的，为他的哲学立场以及这套公理基数所支持的后续定理和推论提供了基础。我们在第 7 章采取了类似的方法，提出了一系列假设和猜想，作为现代认识论的基础。

2.7 跨越经验主义 / 理性主义的鸿沟：伊曼努尔·康德

伊曼努尔·康德是一位在理性主义传统中接受训练的德国哲学家，他受到英国经验主义者的强烈影响。康德（1781/1964）说，阅读大卫·休谟的作品将他从*教条的沉睡*中唤醒。作为对休谟的回应，康德发展了他的批判哲学：试图将理性主义和经验主义综合起来。对康德来说，知识包含两个组成部分，一个是来自先前经验和理解的先验部分，一个是来自现在的后验部分。经验本身只有通过主体的积极贡献才对主体有意义。如果没有一个由主体所强加的统一形式，世界只会提供转瞬即逝的感觉。

在康德看来，主体的贡献始于感官层面。康德认为，空间和时间是经验的形式，它统一了感知表征，并赋予它们彼此有意义的关系。空间和时间的框架不可能从经验中学到，因为这个框架是经验的可能性的一个条件。

根据康德的说法，人类主体在判断的层面上做出了第二个贡献。经过的图像或表征被捆绑在一起，并被当作一个对象的不同表象。如果没有表征的主动合成，对象的经验就不可能存在。这种将转瞬即逝的感觉转化为对象表象的综合，赋予了精神生活充满意图的特征。它所表现的不仅仅是心灵的表象，它能让人联想到心灵之外的事物。例如，康德说：

> 假设有一个人正从远处向我走来。我体验到一系列越来越大的图像。首先，也许，我辨别出了这个人的年龄和性别。然后，当他足够近时，我看到他的头发和眼睛的颜色。终于，我认出了这个人，一个偶然相识的人。

　　要把这一系列的图像变成一个我所熟悉的人的经验，需要什么？康德认为，需要的是把它们都当作同一个可重新识别的对象的图像，这个对象也许我昨天经历过，明天也可能会经历。请注意，这种综合需要付出努力和积极的建设性判断。同一个对象实际上会由于感知因素（如距离、轮廓和灯光）而在外观上发生变化，也会由于发型、戴眼镜、情绪状态的变化甚至年龄的增长等原因，在较长一段时间内发生变化。

　　康德反对纯粹的经验主义，主张经验有先验的成分。空间和时间的框架、可重新识别的对象和属性的概念不可能从经验中学习，因为它们是经验的先决条件。如果没有这些统一的结构，就不可能产生有意义的体验。

　　按照康德的说法，"理解"利用了构建对象经验所需的综合。理解使知识的更高层次的综合成为可能，构建跨越对象和领域的概括，产生科学规律和科学理论的结构。理性贡献了这些综合的先验形式，而这些综合的内容则来自经验。理性和理解最终都依赖于相同的先验原则。

　　康德指出，感知经验是客体在空间和时间上的先验经验，不需要主体的任何自愿行为或意识干预。他对此的解释是，同样的先天综合原则，赋予意识反思层面上的理解，也必须在无意识层面上的感知中起作用。他把这归功于超验的想象力，这是一种主动的能力，受他所谓的图式的支配，也就是说，受先天模式的支配，这种模式决定了感知元素是如何聚集和组织起来的。

　　康德关于活动主体的概念以及图式组织经验，对 20 世纪和 21 世纪的思想产生了重要影响。包括皮尔士、胡塞尔、库恩等在内的哲学家，以及巴特利特和皮亚杰等心理学家，都受到了康德的主动认识主体概念的影响。他们同意康德的观点，即经验是按照某些组织形式或图式建构的，这种有建设性的活动发生在有意识的认识水平之下。

这些现代思想家在这种建构过程的形式是否固定的问题上与康德有分歧。对康德来说，只有一套组织形式或图式是可能的，它的性质是由一种先验逻辑所决定的。对现代思想家来说，不同的图式是可能的，考虑到它们在组织个人或团体的实践以及与自然和社会环境的相互作用方面的有效性，它们的形式至少在某种程度上是可以比较的。

康德对信息的先验图式和后验感知将为我们以后的论述提供重要内容。在第 8 章中，我们描述了贝叶斯的和珀尔的概率推理模型，特别是人类目前对世界的理解如何使他们能够对新信息进行解释。正如我们将看到的，结合珀尔算法的贝叶斯表示法提供了一个充分的认知模型，即在先验期望的世界背景下，如何在当前动态地、跨越时间地解释新信息。

2.8 美国实用主义：皮尔士、詹姆斯和杜威

可以将实用主义描述为一种哲学，它依据理论或信仰在实际应用中的成功来评估其真理或意义。由威廉·詹姆斯（1902）和查尔斯·桑德斯·皮尔士（1931～1958）提出的美国实用主义扩大了构成认识论所需的参数。可以将经验主义和理性主义看作对认识的自我定性，尤其是认识论似乎是内化的思想实验的产物。

实用主义问的是一个行动或立场在特定情况下会产生什么"效果"或"影响"。简而言之，实用主义主张，一个词或行为的意义以及伦理价值取决于它在一个活跃的、情境的世界中的外化。

在《实用主义》一书中，詹姆斯（1981）认为，"27"可能意味着"一美元太少"，或者同样意味着"一块木板一英寸太长"……他断言：

> 我们应该如何称呼一个事物呢？这似乎很随意，因为我们把一切都刻画出来了。就像我们刻画星座一样，以满足我们人类的目的。

此外，詹姆斯称：

> 于是，我们随心所欲地把可感觉到的现实之流分解成一个个的事物。我们创造了真命题和假命题的主体。我们也创造了谓词。许多事物的谓词只表示事物对于我们和我们的感觉的关系。当然，这样的谓词是人类添加的。

皮尔士（1931～1958，第 1 卷，第 132 段）在《如何形成清晰的观点》一书中，将他的实用主义格言描述为：

> 考虑一个我们已经有了概念的事物时，要看它会产生什么实际结果，对现实世界有什么影响。这些影响就是概念的全部。

皮尔士（1931～1958，第 1 卷，第 138 段）还阐明了他所说的真理和现实的含义：

> 我们所说的真理，实际就是指那些注定让所有研究者都达成绝对共识的观点，该观点代表的对象就是真实的。这就是我对于真实的解释。

詹姆斯（1909）对真理有类似的理解：

> 思想只有在帮助我们与我们的经验的其他部分建立令人满意的关系时，才会成为真实的。

因此，实用主义主张把所有的思想、言语和行动都建立在其预期结果的基础上。这种认识论立场的一个例子，来自詹姆斯（1902）的《宗教经验之种种》，即真理以及特定宗教立场的任何归属价值是该立场对个人生活的影响。例如，性格是否有助于解决成瘾问题或鼓励慈善行为？

然而，这种形式的实用主义几乎不允许批评，因为一个人的宗教价值观可能直接与其他人的价值观相矛盾。例如，各种"审讯"或"原教旨主义行动"经常以某种宗教的名义进行辩护。实用主义哲学的一个重要结果来自约翰·杜威（1916），他的著作对20世纪美国和全世界的教育产生了重要影响。

美国实用主义对认识论以及现代人工智能进行了重要的批判。对于认识论：

1. 理性主义和经验主义的认识论传统倾向于个人或自我责任的问题，例如，我的想法与我的认知有什么关系？（我的）真理是什么？实用主义者迫使意义和真理需要一个外部维度，成为解释语境中结果的一个功能。

2. 实用主义的弱点是，在这个外部解释的语境中没有普遍接受的意义或真理的概念。一个智能体的操作可以根据语境产生多种效果，多个智能体对单个操作可以有不同的解释。

现代人工智能的许多方面都有一个实用的重点：智能程序是关于它们在其所处环境中能做什么。斯图尔特·罗素（2019）在讨论智能的本质时声称：

> 在我们了解如何创造智能之前，了解智能是什么是有帮助的。答案不在智商测试中，甚至不在图灵测试中，而在我们的感知、我们的欲望和我们的行为之间的简单关系中。粗略地说，一个实体的智能程度，取决于在给定它已经感知到的东西的情况下，其所做的事情能否达到其意图。

罗素对智能的描述属于上述第 2 点的范围。当一个正在运行的人工智能程序的"成功"是衡量其"质量"的主要标准时，其他重要的方面就很容易被忽视：人工智能程序如何推广到新的相关情况？对于程序的结果，是否有量化的方法来衡量其成功，例如在数学上保证最优收敛？程序的反应是否解决了用户所关心的所有问题？

旨在与人类交流的计算机程序展示了反映实用主义立场的困难，即理解人类为什么要求特定的信息。若问一个由航空公司赞助的网络机器人"你去西雅图吗"，聪明的回答不是简单的"是"。一个更合适的回答可能是"你想哪天飞往西雅图"。对询问者来说，完全的"成功"可能包括购买一张机票。

与人类用户互动时，程序必须理解对话的实际意图。许多回答问题的机器人正逐渐对客户的询问有越来越复杂的理解，例如，航空公司的机票销售机器人和银行的财富管理服务机器人。对于 IBM 的超级电脑"沃森"，一旦将公司的具体信息添加到它的知识库中，它就可以执行面向目标的交易。在 8.3 节中，我们演示了如何使用概率有限状态机技术实现这样的对话系统。

美国的实用主义，致力于通过其行动的结果在某种背景下的外化而使行动具有"意义"，也抓住了欧洲存在主义传统的克尔凯郭尔、尼采和萨特的精神。从这个角度来看，一个人在内部和外部活动中"实现"了自己。在詹姆斯 1902 年出版的《宗教经验之种种》中就有这方面的直接表述：

> 在我们的认知和我们的积极生活中，我们是有创造力的……世界确实是可塑的，等待着在我们手中接受它最后的润色。像天国一样，它心甘情愿地承受着人类的暴力。人类在它身上创造了真理。

在存在主义标准和缺乏普遍接受的"客观"约束的驱动下，实用主义接近后现代版本的偶然性、怀疑论和相对论。7.3 节和 7.4 节中提出的我们自己对知识、意义和真理的猜想，是实用主义者对这些问题所采取的方法的延伸。美国实用主义在 20 世纪末出现了强劲的复兴，这一时期涌现的哲学家包括希拉里·普特南、威拉德·冯·奥曼·奎因和里查德·罗蒂。我们将在 9.5 节中再次讨论实用主义传统。

2.9 计算的数学基础

逻辑实证主义，有时被称为"科学哲学"，是 19 世纪末和 20 世纪前几十年出现在欧洲的另一个传统。逻辑实证主义受到维特根斯坦（1922）的《逻辑哲学论》、卡尔纳普（1928）的《世界的逻辑构造》以及其他著作的影响，产生了许多为计算和人工智能科学奠定基础的哲学家和数学家。这些人包括罗素、怀特海德、弗雷格、哥德尔、塔斯基、波斯特和图灵。

一旦思维被视为计算的一种形式（霍布斯），其形式化和最终的机械化显然就是下一步。如前所述，继亚里士多德之后，戈特弗里德·威廉·冯·莱布尼茨（1887）在他的《哲学微积分》中，引入了第一个形式逻辑体系。莱布尼茨还提出了一种自动完成任务的机器。这种机器解决方案的步骤和阶段可以表示为树或图的状态运动。莱昂哈德·欧拉（1735）通过对连接柯尼斯堡市河岸和岛屿的桥梁的分析，引入了图论，这是一种可以捕捉世界上许多结构和关系的表示方法。

图论的形式化也为状态空间搜索提供了支持，而状态空间搜索是人工智能的一个主要概念工具。正如我们在 1.3 节中所看到的，状态空间图中的节点代表问题解决方案的可能阶段，弧线代表决策、游戏中的动作或解决方案中的其他步骤。通过描述问题解决方案的整个空间，状态空间图为测量问题的结构和复杂性以及分析解决方案的效率、正确性和通用性提供了一个强大的工具。关于图论和状态空间搜索的介绍，包括欧拉对哥尼斯堡桥问题的解，见 4.1 节。

查尔斯·巴贝奇，这位 19 世纪的数学家是运筹学的创始人之一，也是第一台可编程机械计算机的设计者。巴贝奇也是人工智能的早期实践者（莫里森和莫里森，1961）。巴贝奇的差分机是一种特殊用途的机器，用于计算某些多项式函数的值，是其分析机的前身。分析机是一种通用的可编程计算机器，预示了现代计算机基础上的许多架构假设。但在巴贝奇生前，这种机器没有成功建造出来。

第一部分 开 始

阿达·洛芙莱斯（1961）是巴贝奇的朋友、支持者和合作者，她这样描述分析机：

> 毫不夸张地说，分析机编织代数图案就像提花织机编织花朵和树叶一样。在我们看来，在这一点上，分析机的原创性远远超过了差分机所能宣称的。

巴贝奇的灵感来自他希望应用当时的技术将人类从繁重的算术计算中解放出来。巴贝奇的这种想法，以及他将计算机视为机械设备的概念，完全是在用 19 世纪的术语思考问题。然而，他的分析机也包括许多现代概念，如存储器和处理器的分离——巴贝奇术语中的仓库和工厂，数字机器而非模拟机器的概念，以及基于在穿孔纸板上编码的一系列操作的执行的可编程性。

阿达·洛芙莱斯的描述以及巴贝奇的工作中最引人注目的特点是对代数关系"模式"的处理。这些实体可以被研究，被表示，最后被机械地实现和操作，而无须关心最终通过计算机器的工厂的特定值。这是"形式的抽象和操纵"的一个例子，最早由亚里士多德描述，后来由莱布尼茨描述。

为思想创造一种正式语言的目标也出现在乔治·布尔（1847，1854）的著作中，他是另一位 19 世纪的数学家，任何关于人工智能的根源的讨论都必然引用他的著作。尽管他对数学的许多领域都有贡献，但他最有名的著作是在逻辑定律的数学形式化方面，这一成就构成了现代计算机科学的核心。

尽管布尔在创造布尔代数和设计逻辑电路方面的影响是众所周知的，但在开发其系统时，布尔自己的目标似乎更接近许多当代人工智能研究者的目标。他的《逻辑与概率的数学理论》是在

《思维规律的研究》的基础上建立起来的。布尔（1854）在《思维规律的研究》的第 1 章中描述了他的目标：

> ……研究那些进行推理的思维操作的基本规律：用微积分的符号语言来表达它们，并在此基础上建立逻辑科学和指导逻辑科学的方法；……最后从这些研究过程中所看到的各种真理元素中，收集一些关于人类思维的性质和结构的可能暗示。

布尔的成就的重要性在于他所设计的系统具有非凡的力量和简单性："与"，用 * 或 ∧ 表示；"或"，用 + 或 ∨ 表示；"非"，用 ¬ 或 "不" 表示。这三个操作构成了他的逻辑微积分的核心。这些操作一直是形式逻辑所有后续发展的基础，包括现代计算机的硬件设计。

在保持这些符号的含义与相应的代数运算几乎相同的同时，布尔指出："逻辑的符号还受制于一个特殊的定律，而数量的符号则不受制于此。"这一定律指出，对于任何 X，即代数中的一个元素，$X*X=X$，或者说，一旦知道某件事情为真，重复并不能增加该知识。这导致了布尔值的特征限制，只有两个数字可以满足这个等式：1 和 0。布尔乘法和加法的标准定义就来自这一见解。

布尔的系统不仅为二进制算术提供了基础，而且证明了一个极其简单的形式化系统足以掌握逻辑的全部力量。这一假设以及布尔为证明这一假设而开发的系统构成了所有现代逻辑形式化努力的基础，从罗素和怀特海德的《数学原理》（1950），到图灵和哥德尔的著作，直至现代自动推理系统。

戈特洛布·弗雷格在他的《算术基础》（弗雷格，1879，1884）

一书中创造了一种数学规范语言，以清晰和精确的方式描述了算术的基础。通过这种语言，弗雷格形式化了亚里士多德的《逻辑学》中首先提出的许多问题。弗雷格的语言，现在被称为**一阶谓词演算**，为描述构成数学推理元素的命题和真值赋值提供了工具，并描述了这些表达式的"意义"的公理基础。

谓词演算包括谓词符号、函数理论和量化的变量，旨在成为一种描述数学基础的语言。如 1.3 节所述，它在创建人工智能的表示理论方面也发挥了重要作用。一阶谓词演算为自动推理提供了必要的工具：一种用于表达式的语言，一种用于与表达式意义相关的假设的理论，以及一种逻辑上合理的、用于推断新的真实表达式的演算。它还创建了一种语言，用于表达现代专家系统的知识和推理，正如我们将在 4.1 节看到的那样。

阿弗烈·诺夫·怀特海德和伯特兰·罗素（1950）的研究对人工智能的基础尤为重要，因为他们的既定目标是通过对一系列公理的形式运算来推导出整个数学。虽然许多数学系统都是由基本公理构建的，但有趣的是罗素和怀特海德将数学视为纯粹的数学系统。这意味着公理和定理将被视为字符串：证明将仅仅通过应用明确定义的规则来操作这些字符串而进行，不会依赖直觉或将定理的可能"意义"作为证明的基础。

与某些人工智能应用领域相关的系统的定理和公理可能具有的"意义"是独立于它们的逻辑推导的。这种对数学推理的纯形式化处理，也就是机械化处理，为在物理计算机上实现自动化提供了重要基础。罗素和怀特海德开发的逻辑语法和正式推理规则仍然是自动定理证明系统的基础，也是人工智能的理论基础。当然，自动推理是对莱布尼茨的"数学微积分"的回答。

阿尔弗雷德·塔斯基（1944，1956）是另一位数学家，他的研究工作对人工智能的基础至关重要。塔斯基创造了一个**关联理论**，在这个理论中，弗雷格、罗素和怀特海德的公式可以精确地描述一个物理世界。这一见解奠定了大多数形式语义学理论的基础。在他的论文《真理的语义概念与语义学基础》中，塔斯基描述了参考值和真实值之间的关系。现代计算机科学家将这一理论与编程语言和其他计算规范联系起来。

在 18、19 和 20 世纪初，科学和数学的形式化为人工智能的研究创造了智力上的先决条件。然而，直到 20 世纪中期数字计算机的引入，人工智能才成为一门可行的科学学科。到 20 世纪 40 年代末，电子数字计算机已经证明了它们在提供构建智能程序所需的内存和处理能力方面的潜力。于是，就可以在计算机上实现形式化的推理系统，并通过经验测试它们在展示智力方面的充分性。人工智能科学的一个重要组成部分就是致力于用计算机来创建、测试和修改"智能"程序。

数字计算机不仅仅是一个测试智能理论的工具。它们的结构也为这种理论提供了一个特定的范式：智能是一种信息处理的形式。例如，搜索作为一种解决问题的方法的概念，更多地归因于计算机操作的顺序性质，而不是任何智能的生物模型。大多数人工智能程序用某种形式化的语言来表示知识，然后由算法来操作，尊重数据和程序的分离，这是冯·诺依曼式计算风格的基础。

形式逻辑已经成为人工智能研究的一种重要的表示技术。正如图论在分析问题空间方面发挥着不可或缺的作用，并为语义网络和语义的类似模型提供了基础。这些工具和形式化方法将在第 4 章和第 5 章中详细讨论，我们在这里提到它们是为了强调数字计算机和人工智能的数学基础之间的共生关系。

我们常常忘记，我们为实现自己的目的而创造的工具往往通过其结构和局限性来塑造我们关于世界的概念。这种互动是人类知识进化的一个重要方面：工具（程序只是工具）是为解决特定问题而开发的。在使用和改进它的过程中，该工具本身会暗示出其他的应用，从而导致新的问题，并最终导致了新工具的开发。

2.10 图灵测试和人工智能的诞生

1950 年，英国数学家阿兰·图灵发表了《计算机器与智能》，这是最早探讨利用数字计算机技术是否可能实现"智能"的论文之一。图灵的想法仍然是及时的，因为他对后来人工智能研究界的成功做出了预示，同时也因为他对反对创造智能计算机制的争论进行了评价。

图灵主要以他设计的通用计算机和他对可计算性理论的贡献而闻名，他探讨了机器是否真的可以被制造出来并进行思考。图灵指出，这个问题本身存在着基本的模糊性：什么是思考？什么是机器？由于这些担忧排除了任何理性的答案，图灵提议用一个定义更明确的经验性测试来取代"机器智能"的问题。

图灵测试将所谓的智能机器的性能与人类的表现进行对比，这可以说是我们针对智能行为的最好的也是唯一的标准。这项测试被图灵称为**模仿游戏**，它将机器和人分别放在不同的房间里，并且与审讯者分开，如图 2.1 所示。审讯者无法看到机器或人，也不能与其直接进行交谈。审讯者不知道哪个实体实际上是机器，只能通过使用基于文本的设备（如终端）与其交流。审讯者被要求仅根据他们使用该设备提出问题所得到的回答来区分计算机和人类。图灵认为，如果审讯者都不能把机器和人区分开来，那么就必须认为这个机器是智能的。

图 2.1　图灵测试的形式，审讯者提出问题，然后被要求判断回答者是计算机还是人

通过将审讯者与机器和其他人类参与者隔离开来，该测试确保了审讯者不会因为机器的外观或其声音的任何机械属性而产生偏见。然而，审讯者可以自由地提出任何问题，无论多么迂回或间接，都是试图揭开计算机的身份。例如，审讯者可能会要求两个受试者进行相当复杂的算术计算，假设计算机比人类更有可能做对。为了对付这种策略，计算机将需要知道什么时候它应该在这类问题上故意得到错误的答案，以便看起来更像人类。为了发现人类的身份，审讯者可能会问他对一首诗的感受，这一策略将要求计算机拥有关于人类情感构成的知识。

图灵测试的重要特征包括：

1. 它试图给出一个客观的智能概念，即一个已知的智能实体在回答一组特定问题时的反应。这为确定智能提供了一个标准，避免了对其"真实"性质的不可避免的争论。

2. 它可以防止我们被令人迷惑的、目前无法回答的问题分心，例如计算机是否使用了适当的内部处理程序，或者机器是否真正意识到它的行为。

3. 它通过迫使审讯者将注意力完全集中在对问题的回答上，消除了任何有利于生物体的偏见。

由于这些优点，图灵测试为许多实际用于评估现代人工智能程序的方案提供了基础。对于一个在某一专业领域具有潜在智能的程序，可以将其在一组特定问题上的表现与人类专家的表现进行比较，从而对其进行评估。这种评估技术只是图灵测试的一种变体：一组人被要求在一组特定问题上盲目地比较计算机和人类的表现。这种方法已成为现代专家系统开发和验证的重要工具（卢格尔，2009a）。

尽管图灵测试具有直观的吸引力，但也容易遭受批评。其中最重要的批评是针对其对纯符号问题求解任务的偏见。它并不对感知技能或手工灵敏性所需要的能力进行测试，尽管这些是人类智力的重要组成部分。

从另一个角度来看，有人认为图灵测试不必要地限制了机器智能，使之符合人类的模式。也许机器智能只是与人类智能不同，试图用人类的术语来评价它是一个根本性的错误。我们真的希望机器做数学时像人一样慢和不准确吗？难道智能机器不应该利用自己的资产，比如一个大型的、快速的、可靠的存储器，而不是试图模仿人类的认知能力？我们将在 9.5 节再次讨论这些问题。

许多人工智能从业者认为，应对图灵测试的全面挑战是一个错误，是对当前更重要的工作的重大干扰。当前工作的重点应该是发展一般理论来解释人类和机器的智能机制，并将这些理论应用到工具的开发中，以解决具体的、实际的问题。尽管我们同意这些担忧，但我们仍然认为图灵测试是现代人工智能软件验证和确认的一个重要组成部分。

图灵还提出了在数字计算机上构建智能程序的可行性问题。通过对一个特定的计算模型——电子离散状态计算机的思考，他对这样一个系统所需的存储容量、程序复杂性和基本设计理念提出了一些有根据的猜想。最后，他从道德、哲学和科学的角度阐述了对构建这样一个程序的可能性的反对意见。读者可以参考图灵（1950）的文章，以获得关于智能机器可能性这一辩论的有洞察力的和至今仍不过时的观点。

图灵引用的两个反对意见值得进一步探讨。*洛芙莱斯女士的反对意见*是由阿达·洛芙莱斯首先提出的，它认为计算机只能按指令行事，因此不能执行原始的也就是智能的行为。这一反对意见已经成为当代技术领域一个令人安心的部分，尽管有些令人怀疑。4.1节中介绍的专家系统，特别是在诊断推理领域，已经得出了其设计者意想不到的结论。许多研究者认为，人类的创造力可以在计算机程序中表达出来，正如我们将在第二部分详细看到的那样。

第二种反对意见，即*行为的非正式性论证*，声称不可能创建一套规则，告诉一个人在每一种可能的情况下应该做什么。当然，这种灵活性使生物智能能够以合理但不一定最佳的方式对几乎无限范围的情况做出反应，这是智能行为的一个标志。

尽管大多数传统计算机程序中使用的控制结构确实没有表现出极大的灵活性或独创性，但并不是说所有的程序都必须以这种方式编写。现代人工智能的大部分工作都致力于开发编程语言、表示法和工具，如产生式系统、基于对象的模型、神经网络表示法和深度学习机制——这些都将在本书后面讨论，从而试图克服这一缺陷。

许多现代人工智能程序由模块化组件或行为规则的集合组成，它们不是按照严格的顺序执行，而是根据需要对特定的问题实例进行调用。模式匹配器允许在一系列实例上应用通用规则。这些系统具有极大的灵活性，使相对较小的程序在应对不同的问题和情况时表现出大量可能的行为。

这些系统最终是否能表现出生物体所表现出的灵活性，仍然是许多争论的主题。诺贝尔经济学奖得主、ACM图灵奖获得者赫伯特·西蒙认为，生物所表现出的行为的独创性和可变性，在很大程度上是由于它们所处环境的丰富性而不是由于它们自身内部程序的复杂性。

在《人工科学》一书中，西蒙（1981）描述了一只蚂蚁在一片不平整且杂乱的地面上迂回前进。虽然蚂蚁的路径看起来相当复杂，但西蒙认为，蚂蚁的目标非常简单：尽可能快地返回领地。西蒙声称，蚂蚁路线上的曲折是由它在路上遇到的障碍物造成的。西蒙的结论是：

> 一只蚂蚁，作为一个行为系统来看，是相当简单的。随着时间的推移，蚂蚁行为的明显复杂性在很大程度上反映了它所处环境的复杂性。

这个想法，如果最终被证明适用于高等智力的生物体，以及像昆虫这样的简单生物，那么它就构成了一个强有力的论点，即这些系统是相对简单的，因此也是可以理解的。如果将这一观点应用到人类身上，它就成为文化在智力形成中的重要性的有力论据。智力不是在黑暗和孤立中成长的，而是依赖于在适当丰富环境中的相互交流。

2.11 总结

早期希腊的哲学立场和科学探究方法的出现，预示着后来更复杂的科学推理方法。怀疑论传统对于向思维世界注入系统性的怀疑是很重要的：人们所感知到的并不总是真实的。真理是一个难以捉摸的目标。经验主义、理性主义和实用主义的根源为我们现代人工智能的大部分工作提供了认识论上的支持。

此外，尽管在过去的几个世纪里，我们见证了哲学、科学和数学的出现及形式化，但直到计算机的诞生，人工智能才成为一门切实可行的科学学科。到 20 世纪 40 年代末，电子数字计算机已经证明了它们在提供构建智能程序所需的内存和处理能力方面的潜力。现在有可能实现正式的推理系统，并根据经验测试它们是否足以逐步逼近智能。

延伸思考和阅读。大多数支持人工智能工作的哲学传统是非常容易理解的。要阅读重要的文章，请考虑（全部参考资料详见书末的参考文献）：

❏ 柏拉图的《对话录》（1968，译本），特别是《理想国》

（2008，译本），以及苏格拉底的《申辩篇》。

- 笛卡儿的《沉思录》（1680）。
- 休谟的著作（1739/1978，1748/1975）。
- 霍布斯的《利维坦》（1651）。
- 斯宾诺莎的《伦理学》（1677）。
- 康德的《纯粹理性批判》（1781/1964）。
- 詹姆斯（1981）、杜威（1916）和皮尔士（1931～1958）的著作。皮尔士的参考文献是在他去世后出版的著作集。
- 阿兰·图灵（1950）的论文《计算机器与智能》。

我很喜欢读安东尼·戈特利布对西方哲学传统的总结。他的一些见解已经在本章中得到了体现：

- 《理性之梦：古希腊到文艺复兴时期哲学史》（2000）。
- 《启蒙之梦：现代哲学的兴起》（2016）。

感谢罗素·古德曼教授以及比尔·斯图布菲尔德和卡尔·斯特恩博士对本章创作的协助。其中许多观点在《认知科学：智能系统的科学》（卢格尔，1995）中提出。

第3章

现代人工智能，以及我们如何走到今天

  我们建议 1956 年夏天在新罕布什尔州汉诺威的达特茅斯学院进行为期 2 个月、10 人（原文如此）的人工智能研究。这项研究将在以下猜想的基础上进行：学习的每一个方面或智能的任何其他特征原则上都可以被精确地描述出来，以至于可以制造出一台机器来模拟它。我们将试图找到如何使机器使用语言，形成抽象和概念，解决目前留给人类的各种问题，并提升自我。我们认为，如果一个精心挑选的科学家小组用一个夏天的时间共同开展研究，就可以在这些问题中的一个或多个方面取得重大进展。

1955 年 8 月 31 日

J. 麦卡锡，达特茅斯学院

M. L. 明斯基，哈佛大学

N. 罗彻斯特，IBM 公司

C. E. 香农，贝尔电话实验室

1956 年达特茅斯夏季人工智能研究项目的提案

在第 2 章中，我们对一些哲学、数学和工程问题进行了简要的历史回顾，正是这些问题通向了数字计算机的创造、人工智能的诞生以及现代认识论的前景。在第 2 章的最后，我们介绍了阿兰·图灵关于确定计算机程序何时可被视为智能的测试。由于这个测试和他早期在计算科学方面的基础性工作，阿兰·图灵被视为人工智能之父。在本章中，我们讨论了 1956 年夏天在达特茅斯学院举办的关于人工智能的第一次研讨会，总结了几个早期的人工智能研究项目，并描述了认知科学学科的起源。在这一章的开头，我们将介绍现代人工智能最近的几个成功案例。

3.1　人工智能的三个成功案例

最近的几个项目大大增强了人工智能企业的道德意识。然而，用这三个众所周知的故事来限定人工智能是具有欺骗性的。人工智能比这些项目所暗示的要大得多，也更普遍。IBM 和谷歌项目的恶名也是具有欺骗性的，因为仅靠大量的曝光和广告并不能衡量它们的科学有效性。尽管如此，这些结果既令人印象深刻，又很重要。

3.1.1　IBM 的深蓝

IBM 在 20 世纪 80 年代末和 90 年代初开发了国际象棋程序深蓝。1996 年 2 月，深蓝与世界冠军加里·卡斯帕罗夫首次对阵，但以 2 比 4 落败。1997 年 5 月，深蓝完成了一场完整的国际象棋比赛，也是对阵卡斯帕罗夫，以 3.5 比 2.5 获胜。这些比赛是在正常职业象棋比赛的限制下进行的。

游戏技术的研究从一开始就是人工智能的一部分，包括亚瑟·塞缪尔的跳棋游戏程序，我们将在 3.2.3 节中进一步描述这个程序。IBM 公司支持塞缪尔的早期工作以及汉斯·伯利纳的早期国际象棋研究。卡内基理工学院，即现在的卡内基·梅隆大学，也是计算机游戏的早期支持者。伯利纳去卡内基·梅隆大学完成了他的博士论文研究和国际象棋程序开发。1974 年完成博士学位后，他加入了卡内基·梅隆大学的教师队伍，继续从事计算机游戏的研究。1979 年，他的西洋双陆棋程序（BFG）成为第一个击败卫冕世界冠军的计算机程序。

在卡内基·梅隆大学，伯利纳领导了国际象棋程序 HiTech 的开发。20 世纪 80 年代初，同样是在卡内基·梅隆大学，许峰雄开发了国际象棋程序芯片测试（ChipTest）和深思（Deep Thought）。这些程序可以在锦标赛的每一步棋中探索近 5 亿个国际象棋位置。当 IBM 公司决定开发深蓝程序时，他们雇用了许多在卡内基·梅隆大学工作的国际象棋研究人员，包括许峰雄的研究小组和伯利纳的学生穆雷·坎贝尔。

深蓝的核心是一个棋盘评估函数。这个程序衡量任何可能的国际象棋位置的"好坏"。棋盘评估考虑四个方面：首先，每个玩家拥有的棋子，例如，卒 =1，车 =5，皇后 =9，等等；其次，玩家的位置，例如每个棋子可以安全地攻击多少个位置；再次，国王的安全；最后，玩家对棋盘的整体控制。

深蓝的并行搜索算法一秒钟可以生成多达 2 亿个棋盘位置。IBM 公司的研究人员开发了一个称为**选择性扩展**的系统来考虑棋盘的情况。这使计算机能够挑选"有前途的"棋盘位置进行更深入的搜索。因为对国际象棋位置的穷举搜索在计算上是难以处理的（见 1.3 节），所以选择性扩展允许计算机更深入地搜索可能的好棋。

尽管深蓝没有进行穷举式搜索，但它使用了一台具有 32 个节点的 IBM 高性能多处理器计算机，同时追求多种棋步的可能性。32 个节点中的每一个节点都包含 8 个专用的国际象棋评估器，总共有 256 个处理器。最终的结果是一个高度并行的系统，能够在 3 分钟内计算出 600 亿种可能的棋步——3 分钟是传统国际象棋为每步棋所分配的时间。深蓝象棋程序的其他硬件 / 软件细节见文献（许峰雄，2002；利维和纽伯尔，1991）。我们将在 4.1 节中介绍博弈图和智能搜索算法。

3.1.2　IBM 的沃森

自 20 世纪 60 年代中期以来，人工智能研究人员一直专注于基于计算机的问答。很早期的程序，如 Eliza（魏岑鲍姆，1966），通过将问题中的单词与预先编程的回答相匹配来回答问题。5.1 节中将详细描述的语义网络，经常被用作捕捉意义关系的数据结构。研究人员可以要求这种语义媒介来回答用英语提出的问题，比如"雪人是什么颜色的"。后来，尚克和阿贝尔森（1977）创造了一种叫作**脚本**的表示法，用来捕捉典型情境下的语义，比如孩子的生日聚会或在餐馆里吃饭，这在 5.1.2 节中有进一步的描述。

有了以 IBM 首任总裁托马斯·J. 沃森命名的**沃森**后，问答挑战发生了逆转：沃森得到了一个答案，并被要求提出需要该答案的适当问题。沃森被设计成电视问答节目 *Jeopardy!* 的参赛者。在这个节目中，问题的答案以英文呈现，三个竞争者试图成为第一个给出支持该答案的正确问题的人。在 IBM，大卫·费鲁奇是沃森项目的主要研究者。这个想法是为了让沃森能够访问为其搜索收集的存储信息。沃森在比赛中没有直接连接到互联网，但确实可以访问超过 2 亿页的结构化和非结构化数据，包括所有的维基百科。

IBM 声称他们"使用了 100 多种不同的技术来分析自然语言、识别来源、发现和产生假设、发现证据并为其打分以及合并和排序假设"，以产生对每组线索的回应。在测试中，沃森的表现始终优于它的人类竞争对手，但在线索仅包含极少词汇的问题上存在障碍。2011 年，沃森与两位 *Jeopardy!* 之前的获胜者展开竞争，并击败了他们，获得了 100 万美元的奖金。

2013 年，IBM 将沃森推向了商业应用，包括为肺癌疗法做出治疗决策。在接下来的几年里，沃森技术已经被应用到许多其他政府、商业和工业场所，因为在这些地方适合开展以人类语言为基础的问答。

3.1.3　谷歌和 AlphaGo

围棋是一种在 19×19 的网格上进行的双人棋盘游戏。每个棋手都有一套棋子。棋子通常是黑色或白色的，每回合放置一个，并放在网格的交叉线上。游戏的目标是包围对方的棋子，并以此来占领该地区。围棋赢家是在游戏结束时控制大部分棋盘的棋手。

围棋的复杂性远远大于国际象棋，它的棋盘更大，每个棋手在轮到自己下棋时有更多可能的选择。这种复杂性限制了传统人工智能游戏技术的使用，包括树形搜索、α-β 修剪和多种启发式方法。由于复杂性问题，即使在 IBM 的深蓝成功之后，人们也认为计算机围棋程序永远不会打败人类顶级棋手。

AlphaGo 是由谷歌在伦敦的 DeepMind 团队开发的计算机程序。该项目是在 2014 年启动的，任务是弄清楚多层神经网络是否能学会下围棋。这个多层神经网络是一种称作深度学习的技术，这种技术将在 5.3 节中进行描述。在与人类对弈时，AlphaGo 使用**价值网络**来评估棋盘位置，并使用**策略网络**来选择下一步棋。价值和策略网络是具有**监督训练**的多层深度学习网络的实例。在与自己的版本对弈时，AlphaGo 使用了**强化学习**，详见 5.3 节中的描述。

2015 年 10 月，AlphaGo 成为第一个在 19×19 棋盘上毫无障碍地击败顶级人类棋手的计算机程序。2016 年 3 月，它在一场围棋比赛中以 4 比 1 的比分击败了**九段**（排名最高）的人类围棋选手李世石。2017 年，AlphaGo 在一场三局比赛中击败了世界头号围棋选手柯洁。由于它的成功，AlphaGo 本身也被韩国围棋协会和中国围棋协会授予九段的排名。与柯洁的比赛结束后，AlphaGo 退役了，谷歌的 DeepMind 研究小组继续在其他人工智能问题领域进行研究。

在深蓝取得成功后不久，IBM 的国际象棋研究就停止了，而更多最近的计算机游戏研究也已经转移到了谷歌。在关于神经网络和深度学习的 5.3 节中，我们将进一步详细描述谷歌的游戏程序，以及它们是如何超越 DeepMind 的成果的。谷歌的

AlphaZero 程序将深度学习方法与强化学习相结合，在只给定每个游戏规则的情况下，来下国际象棋、围棋和玩其他游戏（西尔弗等，2018）。

对计算机理解和人类语言使用的研究，称为自然语言处理（NLP），在人工智能领域有着重要的历史。如 3.1.2 节所述，它从简单的单词匹配问题开始，产生预编程的答案。沃森展示了 NLP 的一个重大进步，它通过对数据库和链接网页的广泛搜索来确定问答关系。但这些早期的方法并没有明确用户提问时的意图这一想法。对"你有手表吗"的回答不是通常的"有"，而是要给出当前的时间。我们将在 5.3 节和 8.3 节中展示现代 NLP 网络机器人的例子，这些机器人能够设法了解用户问问题的原因。

最后，尽管人们对这三个研究项目的评价褒贬不一，但人工智能界还创造了数百个其他的成功案例。其中包括改善的医疗保健服务、自动驾驶汽车、控制外太空旅行，以及可以在太阳系中搜索地外生命和指导神经外科医生进行复杂手术的机器人技术。我们将在后面的章节中讨论相关主题。

接下来，我们将回到 20 世纪中叶，回顾现代人工智能的起源。

3.2　非常早期的人工智能和 1956 年达特茅斯夏季研讨会

阿兰·图灵 1946 年在曼彻斯特大学的演讲（未发表）和 1947 年为伦敦数学协会所做的演讲（伍杰，1986），奠定了在数字计算机上实现智能的基础。这甚至比他 1950 年提出的图灵测试（2.10 节）更早。图灵测试用来判断计算机的行为是否是智能的。第一次现代人工智能实践者研讨会于 1956 年夏在达特茅斯学院举行。关于资助这次研讨会的提案见本章开头的引言。在这次研讨会上，采纳了由约翰·麦卡锡早先建议的人工智能这个名字。这次研讨会汇集了当时许多活跃的、专注于计算与智能一体化的研究者。

然而，到了 20 世纪 50 年代中期，已经有许多研究小组在开发捕捉人类智力和技能方面的计算机程序。我们简要地描述其中的 3 个，然后介绍 1956 年达特茅斯夏季研讨会涉及的议题清单。

3.2.1 逻辑理论家

1955 年，卡内基理工学院的艾伦·纽维尔、J.C. 肖和赫伯特·西蒙创建了*逻辑理论家*，这是一个旨在解决命题逻辑问题的程序。命题逻辑或无变量逻辑，最早由斯多葛派学者在公元前 3 世纪提出，由阿伯拉德在 12 世纪彻底改造。最后由莱布尼茨、布尔和弗雷格使其形式化，如 2.9 节所述。

纽维尔、肖和西蒙努力的一个主要目标是解决阿尔伯特·诺斯·怀特海德和伯特兰·罗素在其主要作品《数学原理》（1950）中所证明的问题。逻辑理论家最终能够解决其中约 75% 的问题。

逻辑理论家项目中一个有趣的组成部分是，研究人员分析了对数学不熟练的受试者，看看这些无预备知识的人是如何解决逻辑问题的。人类使用的策略的组成部分，例如，"差异还原"和"手段－目的分析"，被内置到逻辑理论家的搜索算法中。重新创建人类的搜索策略以便在计算机上运行是认知科学工作的一个早期例子，这将在 3.5 节中讨论。

3.2.2　几何定理证明

1954 年，赫伯特·格林特和纳撒尼尔·罗切斯特在 IBM 建立了一个研究项目，专注于智能行为和计算机学习问题。这项研究的成果之一是创建了一个计算机程序，能够证明中学水平的平面几何定理。格林特工作的一个重要组成部分是建立适当的启发式方法，以切断计算机可能的下一步操作，这些操作可能不会带来利润。在他们的程序中实施的启发式方法之一来自乔治·波利亚的建议，即通过从问题的可能解决方案逆向工作来解决问题（波利亚，1945）。

3.2.3　下跳棋的程序

第一个下跳棋的程序是由英国计算机科学家和计算机语言设计的先驱克里斯托夫·斯特拉奇在 1950 年至 1951 年为曼彻斯特大学的"Ferranti Mark 1"计算机编写的。1952 年，亚瑟·塞缪尔在 IBM 工作时设计了一个跳棋程序，可以从当前的棋盘位置在棋盘深层空间中搜索几种不同标准的走法，从而提出关于下一步棋的建议。最终，添加了一种"最小 – 最大"算法（冯·诺依曼，1928；卢格尔，2009a，4.4 节），目的是给程序提供最佳机会并给对手造成最大的麻烦。

1955 年，塞缪尔在他的跳棋程序中加入了一种强化学习的早期形式，该程序于 1956 年在电视上得到演示。学习是通过给位置评估程序的组成部分添加一组可调整的"权重"参数来完成的。跳棋的走法一旦被选中并被证明对改善棋局有好处，这些参数便会得到奖励。塞缪尔和他的同事与计算机进行了许多对局，也让程序与自己对局。塞缪尔指责道，让程序与一个弱小的人类对手对弈，破坏了计算机的比赛质量！

3.2.4　1956年达特茅斯夏季研讨会

还有一些其他的早期研究项目后来被认为是人工智能的一部分，包括 J. 基斯特和同事于 1956 年在洛斯阿拉莫斯国家实验室建立的国际象棋程序。这些早期研究人员中的许多人都在被召集参加 1956 年达特茅斯夏季研讨会的名单上。在这次夏季研讨会上提议讨论的议题，引自该研讨会最初的建议，具体内容如下。

---

1. 自动计算机

如果一台机器能完成一项工作，那么就可以编写一个自动计算器程序来模拟这台机器。目前计算机的速度和内存容量可能不足以模拟人脑的许多高级功能，但主要障碍不是缺乏机器能力，而是我们不能充分利用现有的能力编写程序。

2. 如何使用一种语言对计算机进行编程

可以推测，人类思维的很大一部分是由根据推理规则和猜测规则操纵文字组成的。从这个角度来看，形成泛化包括承认一个新词和一些规则，使包含该新词的句子可以暗示和被其他句子暗示。这个想法从来没有被非常精确地表述过，也没有提出相关实例。

3. 神经元网络

一组（假设的）神经元如何排列以形成概念？厄特利、拉谢夫斯基和他的团队、法利和克拉克、皮茨和麦卡洛克以及明斯基、罗彻斯特、霍兰德等人已经在这个问题上做了大量的理论和实验工作。目前，他们已经取得了部分成果，但这一问题还需要进一步的理论工作。

4. 计算规模理论

如果给我们一个定义明确的问题，即有可能机械地测试出所提议的答案是否是有效的答案，那么解决这个问题的一种方法就是尝试所有可能的答案。这种方法是低效的，要排除它，必须有某种关于计算效率的标准。某些考虑因素将表明，为了得到关于计算效率的衡量标准，就必须有一种衡量计算设备复杂性的方法，而反过来，如果有一个关于函数复杂性的理论，则可以做到这一点。香农和麦卡锡已经获得了解决这个问题的部分结果。

5. 自我完善

一台真正的智能机器可能会进行一些活动，对这些活动最恰当的描述可能是自我完善活动。为此提出了一些方案，值得进一步研究。这个问题似乎也可以抽象地进行研究。

6. 抽象

许多类型的"抽象"可以明确定义，而其他一些类型的"抽象"则不那么明确。直接尝试对这些类型进行分类，并描述从感官和其他数据中形成抽象的机器方法，似乎是值得的。

7. 随机性和创造性

一个相当有吸引力但显然不完全的猜想是，创造性思维和缺乏想象力的思维之间的区别在于注入了……一些随机性。随机性必须受到直觉的引导才能有效。换句话说，有根据的猜测和预感包含在其他有序思维中受控的随机性。

第一次夏季研讨会提出的许多主题，包括复杂性理论、抽象方法、计算机语言设计、提高硬件/软件速度和机器学习，这些构成了现代计算机科学的焦点。事实上，正如我们今天所知道的，计算机科学的许多决定性特征都根植于从人工智能工作中演化而来的研究方法。

考虑上述第2点，为了建立高级编程语言，一种强大的新的计算工具——Lisp语言——大约在这个时候出现了。Lisp（这个名字代表LISt处理器）是在约翰·麦卡锡的指导下建立的，他是达特茅斯研讨会的最初提议者之一。Lisp解决了研讨会的几个主题，支持数据抽象和创建关系的能力，这些关系本身可以被语言的其他结构所操纵。Lisp给人工智能提供了一种具有高度表现力的语言，它具有丰富的捕捉抽象的能力。同时，它还是一种可以对用Lisp语言编写的其他表达式进行求值（解释）的语言。

Lisp编程语言的可用性确实塑造了人工智能许多早期的发展，包括使用谓词演算和语义网络作为表示媒介。它还支持建立搜索算法，以探索不同的逻辑或继承备选方案的性能。20世纪70年代中期开发的Prolog语言（这个名字代表逻辑LOGic中的PROgramming）以一阶谓词逻辑为基础，也为人工智能开发者提供了强大的计算工具。

达特茅斯研讨会的几个主题从人类思维和问题求解的角度考虑人工智能，特别是第3点——对神经元网络的研究这一主题。事实上，"神经元网络"这一表述本身就反映了20世纪40年代中期麻省理工学院W.S.麦卡洛克和W.皮茨（1943）的研究成果。他们展示了人类神经元系统如何计算和和或以及其他命题演算关系。D.O. 赫布（1949）（也来自麻省理工学院）证明了人类神经元如何通过调节，即重复使用神经元通路来"学习"。

现在，除了赫布的方法之外，还有许多其他的方法可以用于计算机的"自我完善"或"学习"，它们是现代人工智能的重要组成部分。这些方法包括使用神经网络的有监督和无监督分类。在谷歌的 AlphaGo 程序中，深度学习使用了神经网络中的多个隐藏层来寻找抽象的模式和关系。更多细节见 5.2 节。

对"随机性和创造性"的欣赏也在现代人工智能中留下了印记，尤其是在遗传算法和人工生命领域。在这些领域中，随机因素经常被添加到搜索探索策略中，试图扩大对可能解决方案的考虑，详见 6.2 节和 6.3 节。仍然有人推测，创造性可能是在所谓"正常"思维中注入一些随机性的结果。

20 世纪 40 年代中期，麦克斯·布莱克（1946）提出了一个需要"随机性和创造性"来寻找解决方案的问题。这个问题也对人工智能传统的基于搜索的方法提出了严峻的挑战。这个问题通常被称为**棋盘残缺**，如图 3.1 所示。

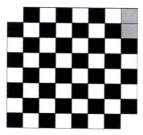

图 3.1　棋盘残缺问题，其中棋盘的左上角和右下角被移走。一张多米诺骨牌，即右上方的灰色区域，正好覆盖了棋盘上相邻的两个方格。任务是用 31 张多米诺骨牌覆盖剩余的 62 个方格

假设在一个标准的 8×8 棋盘中，去掉两个截然相反的角（在图 3.1 中是去掉左上角和右下角），棋盘剩下 62 个方格。假设一张多米诺骨牌正好能覆盖棋盘上的两个方格。有没有可能在棋盘上放置 31 张多米诺骨牌，使棋盘的 62 个方格都被覆盖？

我们可能试图通过尝试多米诺骨牌在棋盘上的所有可能位置来解决这个问题。这种方法显然是一种基于搜索的尝试，是将棋盘表示为一组黑白方块的自然结果。这种搜索的复杂性是巨大的，即使我们停止会留下单个方块的那部分解决方案。我们也可以尝试用更小的棋盘来解决这个问题，比如 3×3 或 4×4，看看会发生什么。

一个更复杂的解决方案依赖于一个更复杂的表示方案，它注意到多米诺骨牌的每一个位置必须同时覆盖一个黑色和一个白色的方格。这个被截断的棋盘有 32 个黑色方块，但只有 30 个白色方块，因此，期望得到的位置是不可能的。

这个例子对基于计算机的推理系统提出了一个严肃的问题：我们是否有允许问题解决者以适当程度的灵活性和创造力获取知识的表示方法？当一个特定的表示方法失败时，或者当了解到更多关于问题的信息时，如何能够自动改变其结构？这个话题给人工智能提供了持续的挑战。

接下来，我们探讨人工智能的可能定义。

3.3 人工智能：尝试定义

人工（artificial）这个词来源于两个拉丁词：第一个是名词

ars/artis，意思是"有技能的工作"，例如艺术家或工匠的工作；第二个是动词 facere，意思是"制造"。那么，人工智能的字面意思是，某种东西，即智能，是通过有技能的工作制造出来的。

在达特茅斯夏季研讨会提案的结尾，对人工智能的第一个定义是合适的：

> 就目前的目的而言，人工智能问题被理解为如何使我们称之为智能的机器的行为方式与人类的行为方式相同。

2.10 节将这个定义视为与图灵测试直接相关。如果观察者不能确定他们是在与人还是与计算机互动，那么计算机上的软件必须被视为智能的。然而，重要的是要理解研讨会的与会者是如何将他们对人工智能的定义实现为计算机程序的。为了理解这一点，我们引述本章开头引用的研讨会提案的另一个部分。这里的说法是，智能的机制可以被充分地理解为自动化：

> 这项研究将在以下猜想的基础上进行：学习的每一个方面或智能的任何其他特征原则上都可以被精确地描述，以至于可以制造出一台机器来模拟它。

这个定义仍然受到这样一个事实的影响：人类智能本身并没有得到很好的定义或理解。我们大多数人都确信，当我们看到它时，我们知道它是智能的行为。然而，我们是否能够以足够具体的细节来定义智能，以帮助设计一个智能计算机程序，这一点仍然值得怀疑。我们的详细求解算法怎么还能捕捉到人类思维的活力和复杂性呢？

因此，定义整个人工智能领域的任务变成了定义智能本身的任务：智能是一种单一的能力，还是如明斯基（1985）的《心智社会》一书中所说的只是一系列不同但相互关联的能力的集合？智力在多大程度上是可以习得的，而不只是一种固定的性格？当学习发生时究竟会发生什么？什么是创造力？什么是直觉？智力可以从可观察到的行为中推断出来，还是需要有特定内部机制的证据？知识是如何在生物的神经组织中体现出来的？这对智能机器的设计有什么启示？什么是自我意识？意识在人类或机器智能中起什么作用？

由于构建通用智能的任务十分艰巨，人工智能研究人员经常扮演着工程师的角色，加工特定的智能人工制品。这些程序以诊断、预测或可视化工具的形式出现，使其人类用户能够执行复杂的任务。这方面的例子包括用于语言理解的隐马尔可夫和深度学习模型，用于证明数学新定理的自动推理系统，用于跟踪跨皮层网络信号的动态贝叶斯网络，以及基因表达数据模式的可视化。这些技术中的许多方面将在后面的章节中讨论。

此外，是否有必要按照已知的人类智能的情况来设计一个智能计算机程序？还是说用严格的"工程"方法来解决这个问题就足够了？是否有可能在计算机上实现一般的智能，或者一个智能实体是否需要丰富的感觉和经验，而这种感觉和经验只有在生物存在中才能找到，就像批评者所建议的那样（德雷福斯，1972，1992）？

这些都是没有答案的问题，而所有这些问题推动了构成现代人工智能核心的问题和解决方法的形成。事实上，人工智能的部分吸引力在于它为探索这些问题提供了一个独特而强大的工具。人工智能为智能理论提供了一个媒介和一个测试平台：这些理论可以用计算机程序的语言来表述，然后通过在实际计算机上执行这些程序来进行测试和验证。我们将在 3.4 节继续讨论这个问题。

我们最初对人工智能的定义并没有明确地定义这个领域。如果有的话，它只是导致了更多的问题以及一个主要目标，包括其自身定义的研究领域的矛盾概念。但是，在达成人工智能的精确定义方面的这种困难是完全恰当的。人工智能仍然是一门年轻的学科，它的结构、关注点和方法没有像物理学等更成熟的科学那样有明确的阐释。

近年来，人工智能通常是作为计算机科学学科的一个组成部分被教授的。从这个角度来看，人工智能的一般定义可能是：*人工智能被定义为计算机科学的一个分支，它关注的是智能行为的自动化*。这个定义是合适的，因为它强调了人工智能目前是计算机科学研究的一部分，因此，必须基于该领域健全的理论和应用原则。这些原则包括在知识表示中使用的数据结构，应用该知识所需的算法，以及在其实现中使用的语言和编程技术。人工智能一直以来都更关注扩大计算机科学的能力，而不是定义它的极限。保持这种探索始终建立在合理的理论原则基础之上是人工智能研究人员面临的挑战之一。

由于其视野和雄心，人工智能无法得到任何简单的定义。就目前而言，我们将简单地说，它是*人工智能研究人员所研究的问题和方法的集合*。这个定义可能看起来很傻，但它提出了一个重要的观点，即人工智能就像每一门科学一样，是人类不断发展的产物，也许这是在这种情况下最好的理解。

3.4 人工智能：早期阶段

本节将介绍人工智能界在最初几年采取的解决问题的不同"哲学"。我们简要地描述两种：第一，所谓的"整洁"和"邋遢"的人工智能方法之间的分歧；第二，我们要问的是，人工智能企业是否应该创造出模仿人类智能的程序，或者忽略人类是如何解决问题的，而仅仅使用良好的工程实践来获得"智能的"结果。也可能有一个中间的替代方案，即使用人类解决问题的成功方法来优化相关的工程决策。3.5节将介绍如何使用人工智能技术来更好地理解人类的熟练行为。

3.4.1 整洁派和邋遢派

将人工智能程序设计者群体描述为*整洁派*或*邋遢派*是早期人工智能世界观的一个有趣组成部分。整洁派是程序创建者，他们经常用基于数学的语言和表示工具来精心制作产品，比如一阶谓词演算。尽管 Prolog 编程语言非常适合这项任务，但用其他语言，特别是 Lisp 语言构建逻辑结构是简单易懂的——在早期，Lisp 是首选语言。

在人工智能研究工作的最初几十年里，整洁派方法的一个重要组成部分是*逻辑主义者*的世界观。从这个角度来看，任何程序，包括那些旨在捕捉常识性推理的程序，都可以用基于数学的表示和推理来构建（麦卡锡，1968；麦卡锡和海耶斯，1969）。逻辑主义者的观点在这一主张中是正确的，因为丘奇－图灵的论文（1.2节）表明，基于逻辑的语言对其计算能力没有任何限制。

整洁派使用基于逻辑的方案（包括"if-then"规则）来表示特定领域的知识。他们还在程序本身中使用了逻辑的推理方法，包括假言推理和问题消除，即 Prolog 语言的推理工具。在一些应用中，例如，用于安排机器人移动的 STRIPS 规划师（菲克斯和尼尔森，1971）和用于解决应用数学问题的 MECHO 求解器（邦迪等，1979；邦迪，1983），程序的控制方案是用逻辑规则实现的。早期反映整洁派世界观的人工智能教科书包括尼尔斯·尼尔森（1971，1980）的相关著作。

邋遢派认为基于数学的编程和设计工具不是建立智能程序的先决条件。他们的哲学是"只是建立它"，而结果——一个执行正常人称之为智能的动作的程序——将不言自明。然而，他们使用了高质量的软件设计技术，因为没有一个认真的人工智能程序员相信，一个杂乱无章的大型非结构化程序可以是成功的、可扩展的、可维护的，或者一定能反映智能。

邋遢派的特点是，好的程序是用有规律的工程实践建立起来的，而基于数学的软件工具并不需要用来创建成功的人工智能程序。帕特里克·亨利·温斯顿的一本早期人工智能教科书是邋遢派世界观的代表。一个有趣的猜想是，用于解决方案构建的邋遢方法起源于更早的黑客时代精神。20 世纪 50 年代和 60 年代，这种精神在麻省理工学院和其他地方的编程技术中非常重要（利维，2010）。在那个年代，黑客都是好人！

3.4.2　人工智能：基于"模仿人类"还是"只是好的工程"

另一个与早期整洁派／邋遢派的世界观正交的问题是，人工智能程序设计者是否应该努力"模仿人类",也就是意识到并有意识地模仿人类处理问题的方法,或者他们是否应该采用熟练的工程视角。人工智能实践者,不管是整洁派还是邋遢派,都应该依靠理解人类的信息处理吗?还是可以简单地使用合理的软件实践来产生问题的智能解决方案?例如,要让计算机"理解"人类语言,最好是使用心理语言学知识吗?难道仅仅是需要一个聪明的解析器?在人类语言片段的大型数据库或**语料库**中进行概率性匹配怎么样?使用深度学习创建的一些较新的语言模型呢?在这些问题上,人工智能界仍然存在分歧。

在许多情况下,创造人类智能的问题很少出现,例如,开发数学定理的证明时(沃斯,1988,1995)或者为机械臂或外太空飞行器建立控制系统时(威廉和纳亚克,1996,1997)。然而,即使在这些领域,人类产生的常识性启发法,包括力求简单、将问题分解为子问题、将结构还原为规范形式以及基于类比的推理,通常都是成功的重要组成部分。

IBM 公司的深蓝国际象棋程序就是一个很好的工程实例,因为它搜索大量棋盘位置的速度远远超过人类特级大师(每秒钟 2 亿个棋盘位置)。然而,深蓝的设计者评论说,当考虑到穷尽的国际象棋搜索空间时,这个空间如此之大,以至于它永远不可能被完全搜索到。从人类大师的决策专业知识中吸取经验来指导搜索是至关重要的(许峰雄,2002;利维和纽伯尔,1991)。

专家系统技术(见 4.1 节),在人工智能工程和人类模仿方法之间提供了中庸之道。在这些程序中,人类知识工程师通常通过访谈、焦点小组或其他方法从人类领域专家那里收集知识。然后,用于运行专家系统的计算过程会采用决策树技术、产生式系统或其他一些算法控制策略。当专家系统被认为是经过充分设计并准备好供人使用时，我们往往会将其推理的透明度以及其答案的质量和理由与人类专家在类似情况下解决问题的能力进行比较。这方面的一个例子是 MYCIN（布坎南和肖特莱夫，1984），这是斯坦福大学开发的用于诊断脑膜炎症状的专家系统。MYCIN 是通过图灵测试的一种形式进行评估的。

然而，人工智能研究界的很大一部分人仍然致力于理解人类在解决问题时如何处理信息。他们认为，这些知识对于良好的人机界面设计也很重要，可以创造出透明和可理解的解决方案。此外，他们认为许多人工智能的表示技术可以用来阐明人类在解决问题时的认知过程。在 20 世纪 70 年代末，这一哲学是认知科学界创建背后的推动力量，这在 3.5 节中有描述。

早在认知科学联盟成立之前，人类模仿就已经是人工智能研究的一个重要组成部分。我们之前特别提到，在 20 世纪 40 年代末，阿兰·图灵在曼彻斯特大学和为伦敦数学协会所做的演讲（伍杰，1986）。前文提到的另一个人类模仿的例子是纽维尔、肖和西蒙（1958）的，逻辑理论家研究，他们分析了人类主体解决逻辑问题的情况。从这一分析中得出的模型，例如 GPS 和手段 - 目的分析，成为信息处理心理学家的重要工具。

专注于理解人类如何解决问题的研究小组意识到了计算机和人类记忆系统之间的差异。尽管计算机能够存储大量的信息，通常用各种内存访问算法来进行定位，但人类在记忆中"关联"的概念较少，往往以一种非常"有用"的方式进行检索。例如，柯林斯和奎林（1969）创建了一套反应时间研究，试图确定信息是如何与人类的记忆相联系的。

柯林斯和奎林向人类受试者提出了一系列问题，比如金丝雀是否会唱歌、是否会飞、是否有皮肤等。然后利用受试者在回答每个问题时的反应时间来推测这些信息在人类记忆中可能是如何关联的。这项研究是人工智能领域**语义网络**传统的开端，并推动产生了许多可理解人类语言（奎林，1967；夏皮罗，1971；威尔克斯，1972）和人类表现的其他方面（安德森和鲍尔，1973；诺曼等，1975）的成功程序。5.1节进一步讨论了这些基于关联的表示。

尚克（1982）和他在耶鲁大学的研究小组（尚克和科尔比，1973；尚克和艾贝尔森，1977）试图将语义网络系统转换为一种叫作**概念依赖**的语言，他们用这种语言来理解故事，解释基于语言的概念，以及支持语言之间的计算机翻译。尚克关于概念和关系的语言试图捕捉支持人类语言表达的语义意义。

面向对象的设计和编程语言也许是语义网络和基于关联的人工智能表示的最终体现。这些语言中的第一种是Smalltalk，于20世纪70年代早期在施乐公司的帕洛阿尔托研究中心开发，是一种设计用来教儿童编程的语言。这些在"对象"中嵌入继承关系和程序过程的早期语言导致了面向对象语言的后续世代。

Logo由麻省理工学院的西蒙·派珀特创建（1980），是另一种早期的计算机语言。创建Logo语言的目的是帮助儿童学习数学概念。在一个实时互动的环境中，机器人"海龟"在地板上移动时会绘制图案。这些图案可以是几何物体，包括圆形、方形或"阶梯"。Logo 还能创造出使用递归程序的树的模式，在这个递归过程中构建一个引用自身的程序，并构建多个具有类似结构的模式。

支持 Logo 学习过程的直觉感知是，程序员（通常是儿童）可以在构建程序时开始理解数学概念和结构，然后修改程序以反映这些结构。例如，如果海龟没有画出预期的图案，那么孩子就没能在程序中正确地定义图案。这种构建程序的方法是迭代完善方法的早期例子，程序员通过不断重新设计程序来理解世界，直到结果好到足以满足设计者的所有实用目的。

为了发现解决代数"应用题"的有用算法，卡内基·梅隆大学对初中和高中学生如何完成这项任务进行了研究。海耶斯和西蒙（1974）、西蒙（1975）以及西蒙和海耶斯（1976）测试了学生是否能正确地将一组应用题分组。他们发现，学生确实成功地将问题进行了分组，如"距离、速率、时间"或"工作"问题。学生还学会了用不同的技巧（算法）来应对每一种特定类型的问题。

20 世纪 70 年代初，宾夕法尼亚大学的戈尔丁和卢格尔（1975）的研究提出了问题或谜题的**结构**如何影响人类解决问题的表现。问题结构由问题的状态空间图表示，这是一个用于问题分析的人工智能模型，将在 4.1 节中描述。例如，四层汉诺塔问题的状态空间反映了该问题的子问题分解以及对称结构。通过仔细追踪首次试图学习汉诺塔的受试者，我们发现他们的学习行为确实反映了该问题的结构。

例如，在四层汉诺塔问题中，有三个三层子问题。一旦受试者学会解决这些子问题，通常能够将学习到的知识应用于任何其他三层子问题。类似的结果出现在问题的对称性上。一旦学会了问题的一个子结构，其结果就能应用于问题中的其他对称情况。爱丁堡大学人工智能系的研究人员（卢格尔，1978；卢格尔和鲍尔，1978）继续采用这种方法，测试了类似结构问题中的迁移学习。研究发现，如果这些问题的结构与他们已经学过的问题相似，那么无经验的受试者会更快地学会解决新问题。有趣的是，受试者往往不知道这些测试任务的类似结构。在卡内基·梅隆大学，也研究过相关问题的转移效应（西蒙和海耶斯，1976）。

刚才提到的项目和研究人员都是认知科学界的成员。认知科学并不是简单地从人工智能的人类模拟项目中产生的，而是与已经存在的*认知心理学和信息处理心理学*的组成部分结合在一起。

3.5　认知科学的诞生

*认知心理学*对20世纪初心理学中的行为主义传统做出了重要回应。行为主义者认为，通过描述外界对特定刺激的反应，可以完全理解人类的反应系统。认知心理学家认为，人类系统在世界范围内运作时实际上是在处理信息，而不是简单地对刺激做出反应。信息处理心理学成为认知心理学家世界观的一个重要组成部分，因为它为理解人类的信息处理提供了一种语言和媒介。

19世纪中叶，布洛卡和韦尼克对负责语言理解和生产的大脑皮层成分的鉴定，表明了皮层分析作为理解人类智力的一个组成部分的重要性。正如第2章所讨论的，柏拉图、笛卡儿和其他早期的哲学家已经把大脑看作复杂推理方案的推动者。现代认知革命始于20世纪30年代，研究者包括欧洲的巴特利特

（1932）、皮亚杰（1954）等学者，美国的布鲁纳、古德诺和奥斯汀（1956），以及米勒、格兰特和普里布拉姆（1960）等学者。这些研究人员引领了心理学的现代革命。

20 世纪 50 年代末，诺姆·乔姆斯基（1959）回顾了 B.F. 斯金纳的《言语行为》（1957）一书，该书当时在心理学领域占主导地位。行为主义者专注于刺激和反应之间的功能关系，不需要"内部"过程，而乔姆斯基的"认知"论点是，需要一种理论——如他的生成语法，具有有序的内部表征——来解释人类语言。

20 世纪 50 年代，随着数字计算机的出现，许多实现计算所需的结构，如控制过程、缓冲区、寄存器和存储设备，作为人类信息处理决策中间结构的潜在"模型"得到了开发。这种利用早期计算中已被充分理解的概念和工具来阐明人类问题求解的各个方面的方法，被称为信息处理心理学（米勒等，1960；米勒，2003；普罗克特和瓦努阿图，2006）。

人类表现的信息处理模型会随着人工智能界提供的代表性媒介和算法而扩展，这是很自然的。例如，卡内基研究所的研究使用产生式规则系统和问题行为图来表示国际象棋专家的搜索策略（纽维尔和西蒙，1972）。使用这些表示法，他们可以识别诸如迭代深化等策略，并将这种方法视为一种支持使用有限内存作为智能搜索的一部分的方法。

英国心理学家和哲学家克里斯托弗·朗格特·希金斯在 1973 年首次使用了认知科学这个术语。他在讨论当时关于英国人工智能研究的可信度的莱特希尔报告时使用了这个术语。20 世纪 70 年代末，《认知科学》杂志和认知科学学会创立。认知科学学会的第一次会议于 1979 年在加州大学圣地亚哥分校举行。

接下来我们介绍认知科学界的几个早期研究项目,这些项目也与后面章节的主题有关。首先是卡内基·梅隆大学基于符号的研究;其次是并行分布式处理或神经网络研究,这一研究在 20 世纪 80 年代中期在加州大学圣地亚哥分校重新受到重视;最后是支持建构主义认识论的几个认知科学项目。

尽管卡内基研究所的早期工作对信息处理心理学做出了重要贡献,但后来由纽维尔、西蒙及其同事和学生领导的卡内基·梅隆大学的研究极大地扩展了我们对人类如何解决问题的认识。卡内基·梅隆大学的研究小组进行了多项实验,涉及国际象棋大师和解决其他类型操作问题和谜题的专家。他们的研究产生了两个显著的成果:第一,出版了一本名为《人类问题求解》(1972)的书;第二,美国计算机协会(ACM)于 1976 年授予艾伦·纽维尔和赫伯特·西蒙图灵奖。

在接受图灵奖时,纽维尔和西蒙写了一篇开创性的论文,名为《作为实证研究的计算机科学:符号和搜索》(1976)。在这篇论文以及其他论文中,他们声称:

> 一个物理系统表现出一般智能行动的充分必要条件
> 是,它是一个物理符号系统。
>
> "充分"意味着智能可以通过任何适当组织的物理符
> 号系统来实现。
>
> "必要"意味着任何表现出一般智能的主体必须是物
> 理符号系统的一个实例。物理符号系统假说的必要性要
> 求智能主体(无论是人类、外星人还是计算机)都要通过

对符号结构的操作的物理实现来实现智能。

"一般智能行动"是指在人类行动中看到的相同的行动范围。在物理限度内，系统表现出适合其目的的行为，并适应其环境的要求。

这个猜想后来被称为物理符号系统假说。在卡内基·梅隆大学和其他地方开发的体现这一假说的软件结构是基于产生式系统的，这是对波斯特规则系统的解释。在 20 世纪 90 年代，纽维尔（1990）和他的同事扩展了产生式系统，以便通过强化学习自动创建新的规则并将其添加到产生式记忆中。这个项目被称为 SOAR，即状态（State）、操作符（Operator）和结果（And Result）。当时，纽维尔和西蒙研究小组是认知科学界使用物理符号系统技术的主要倡导者。这种人工智能的符号系统方法将在第 4 章中进一步描述。

许多哲学家、心理学家和人工智能研究人员都提出了支持或反驳物理符号系统假说的论点。其最醒目的主张是"必要和充分"的论点。尽管该论点的"必要"部分经常被认为是无法证明的，但"充分"部分已经得到了认知科学界的许多研究工作的支持——在认知科学界，拥有计算模型来支持与人类智能活动相关的猜想是至关重要的。

除了理解人类行为的物理符号系统方法，联结主义网络作为认知科学应用的支持技术也逐渐成熟。关于"神经元网络"的研究工作在 20 世纪 40 年代末和 50 年代蓬勃发展，也许最能说明其成功的产品是感知机，它由弗兰克·罗森布拉特（1958）在康奈尔航空实验室制造。最初的感知机是一个 20×20 的光电池阵列，可以被训练（使用监督学习，见 5.2 节）来识别图像。有趣的是，罗森布拉特 1958 年的研究成果发表于《心理学评论》杂志。

　　尽管最初感知机研究前景光明，但它很快就被证明在解决某些类别的问题上存在局限性。马文·明斯基和西蒙·派珀特的《感知机》一书（1969）证明了感知机技术的基本局限性，包括无法解决异或问题。（在 5.2 节中，我们提出了使用带有一个隐藏层的感知机网络来解决异或问题的解决方案。）《感知机》一书中的结论，以及当时在人工智能资助方面做出的其他政治决定，使神经网络研究在接下来的几十年中处于后台模式。

　　然而，物理学、数学和其他学界继续研究各种类型的联结主义系统，包括竞争网络、强化网络和吸引子网络，即使这些联结主义网络在人工智能学界并不受欢迎。在 20 世纪 80 年代末，随着玻耳兹曼机和反向传播的发明，联结主义研究再次成为主流（赫特－尼尔森，1989，1990)。这些算法演示了如何根据网络的预期输出适当地调节多层网络中节点的权重。

　　预示着联结主义复兴的最重要的研究可能是大卫·鲁梅尔哈特和詹姆斯·麦克利兰的研究。1986 年，他们及其研究小组一起写了一套两卷本的书，书名叫作《并行分布式处理：对认知微观结构的探索》。这项研究证实了神经网络在解决认知任务方面的效用，包括在人类语言分析领域的几个任务。人类感知的许多方面（包括视觉和语音）的并行分布式处理（PDP）模型，最近导致研究者开始使用深度学习（即具有多个隐藏层的神经网络）分析非常大的数据集。我们将在第 5 章介绍联结主义网络和人工智能的深度学习方法。

20 世纪中期，让·皮亚杰和他在日内瓦大学的同事描述了一种全新的理解，即儿童如何在他们的环境中积极尝试，从而理解和认识世界。皮亚杰把这种分阶段的发展性学习称为遗传认识论。(20 世纪 70 年代初，我有幸参加了皮亚杰在费城天普大学的一次讲座，后来在 1975 年，我在皮亚杰的研究所（日内瓦遗传认识论中心）介绍了自己的博士研究（卢格尔和戈尔丁，1973）。)

皮亚杰的见解激发了认知心理学界和认知科学界的研究热潮。哈佛大学的 T.G.R. 鲍尔，后来成为爱丁堡大学的心理学教授，研究了儿童成长的最早阶段。鲍尔（1977）对一个重要的发展阶段进行了经验测试，称为客体永久性。只有几个月大的孩子会对视线范围之外的东西失去兴趣，好像它已经不存在了。几个月后，当孩子主动寻找不在自己视线范围内的物体时，就达到了客体永久性的阶段。在爱丁堡大学，卢格尔（1981）和卢格尔等（1983）创建了一套运行规则，模拟儿童在实现客体永久性的每个发展阶段的行为。

20 世纪 70 年代中期，爱丁堡大学人工智能系的其他认知科学研究包括一项基于产生式系统的儿童执行系列化任务的分析。系列化任务要求儿童在看到一组积木时，根据大小对它们进行排序（扬，1976）。（最近，爱丁堡大学心理学系的麦克戈尼格和他的同事（2002）训练灵长类动物对物体进行排序。）扬和奥谢依（1981）使用成套的产生式规则来分析儿童在学习减法时出现的错误。

在 20 世纪 70 年代末和 80 年代初，艾伦·纽维尔、赫伯特·A. 西蒙和他们的同事在卡内基·梅隆大学做了大量工作，对儿童的皮亚杰式发展性学习技能进行建模。产生式系统是首选的建模系统。独特的产生式规则可以体现特定的技能，而一组技能可以被包装成新的规则。

在卡内基·梅隆大学，华莱士、克拉尔和布拉夫（1987）创建了一个基于产生式系统的儿童认知发展模型，称为 BAIRN。BAIRN 将知识组织成称为**节点**的结构，每个节点都是由一组产生品组成的。节点类似于模式，当被触发时，会产生特定的行动。他们的程序能够解释在数量守恒中儿童发展阶段的许多方面，或者说，不同的物体分组为何不会改变物体的数量。克拉尔、兰利和内奇斯（1987）在《学习和发展的产生式系统模型》中收集了包括 BAIRN 在内的一些卡内基·梅隆大学研究项目的论文。该论文集的第 1 章介绍了使用产生式规则为发展性学习建模的动机。

在麻省理工学院，加里·德雷舍（1991）创造了一个人工认知系统，能够证明皮亚杰的客体永久性。在他的《建构思维：人工智能的建构主义方法》一书中，德雷舍探讨了两个基本问题：儿童如何能够很好地解释经验并从中学习，以及儿童如何能够从学到的经验中形成概念。德雷舍实施了一种**模式机制**，从它所控制的身体中接收信息。从这种与世界的互动中，该机制发现规律性，并在此基础上构建新的概念。这个建构主义引擎使用它获得的知识来指导未来的行动，从而获得更多的知识。

20 世纪 70 年代末，爱丁堡大学人工智能系的艾伦·邦迪和他的研究小组（邦迪等，1979；邦迪，1983）创建了一个名为 MECHO（MECHanics Oracle）的程序。MECHO 被设计用来解决应用数学问题，包括"滑轮"或"方块在斜面上滑动"问题。为了构建这个问题求解程序，研究人员要求已经完成应用数学课程的英国大学生来解决特定的问题。研究表明（卢格尔，1981），当一个问题被提出时，人类求解者会利用已经学到的关于该类型问题的知识和假设。

这些在数学课上获得的先验知识包括：如果问题陈述中没有提到摩擦系数，那么就假定该系统是无摩擦的；如果没有给出悬挂物体的其他角度，那么它将垂直悬挂。成功的人类求解者还学会了适用于不同问题情况的方程式，研究小组称其为先验知识。成功的学生使用了图式，这是英国心理学家巴特利特（1932）在研究人类对故事叙述的理解时使用的术语。术语"模式"代表对已知情况所收集的期望值，这也可以追溯到康德的研究。建立 Prolog 表示法来捕捉拥有技能的人类的先验图式知识，是 MECHO 项目成功的一个重要组成部分（邦迪，1983；卢格尔，1981）。

本节描述了认知科学界的起源和早期研究项目。研究者的目标是证明计算模型的充分性，以描述人类认知系统的活动。认知科学学会的杂志和年会记录反映了现代认知科学项目的发展和成熟。下一节将介绍当前人工智能研究的四个主题，即用来创造成功的人工智能结果的基础技术。第 4 ~ 6 章和第 8 章将详细介绍这些主题。

3.6 人工智能实践的一般主题：符号化，联结主义，遗传 / 涌现，随机

在上一节中，我们将认知科学家描述为理解人类信息处理任

务的积极参与者。本节回顾最初的人工智能研究，并根据四个主题总结了后续研究：符号化，亚符号化或联结主义，遗传或涌现，以及随机技术。每一种人工智能方法都有其重要的兴盛时期，我们将做简要介绍。我们还论述了这些方法的支持性认知假设，这些假设往往决定了它们的成功和失败。

"神经元网络"是人工智能研究早期的重要关注点。但由于《感知机》（明斯基和派珀特，1969）一书和早期融资的变化，从20世纪60年代到80年代的大部分时间里，人工智能的符号方法成为主要的研究主题。基于符号的人工智能通常被认为是第一代人工智能，有时被称为有效的老式人工智能（GOFAI）（霍格兰德，1985）。

基于符号的人工智能，正如我们在几个例子中已经看到的那样，要求显式符号和符号集反映问题域中的事物和关系。它有几种表示形式，特别是谓词和命题计算，以及包含语义网络的基于关联的表示。人工智能实践者布莱恩·坎特韦尔·史密斯（1985）提出了一种被称为知识表示假说的符号方法的特征：

任何机械地体现出来的智能过程都将由结构性成分组成：（a）我们作为外部观察者自然而然地认为它代表了整个过程所展示的知识的命题性说明；（b）独立于这种外部语义归属，在产生显示该知识的行为中发挥正式作用。

基于符号的人工智能方法的例子包括：游戏程序，如国际象棋和跳棋；专家系统，其中知识被编码在明确的规则关系中；以及机器人控制系统和探索外太空的飞船指挥系统。显式符号系统方法是非常成功的，尽管它的批评者指出，生成的程序可能是不灵活的。例如，当问题的情况随着时间的推移而发生变化，不再与原始程序中的编码完全一致时，显式符号系统该如何调整？或者这种系统如何从不完整或不精确的信息中计算出有用的结果？

第二种发展人工智能技术的方法，即联结主义或亚符号主义，始于 20 世纪 40 年代末神经学家沃伦·麦卡洛克、逻辑学家沃尔特·皮茨和心理学家唐纳德·赫布提出的猜想。神经网络计算的基础是人工神经元，在图 3.2 中可以看到一个例子。人工神经元由输入信号 x_i 和通常来自环境或其他神经元的偏差组成。还有一组权重 w_i，用来增强或减弱输入值的强度。每个神经元有一个激活水平 $\Sigma w_i x_i$，即净值的计算方法为输入强度与权重的乘积的加和。最后，有一个阈值函数 f，它通过确定神经元的激活水平是否高于或低于预先确定的阈值来计算神经元的输出。

除了单个神经元的属性外，神经网络还具有包括网络的拓扑结构在内的全局属性，即单个神经元和各层神经元之间的连接模式。另一个属性是学习算法，第 5 章将更详细地描述其中的几种算法。最后，还有一个编码方案，用来支持网络对问题数据的解释和来自网络处理的输出结果。编码决定了如何将应用程序情况呈现给网络节点，以及如何将网络结果解释回应用程序域。

神经网络学习有两种主要的方法：有监督的和无监督的。在有监督学习中，在网络训练期间，oracle 节点会根据输入数据分析网络的每个输出值。然后，oracle 节点要么加强支持正确输出的权重，要么削弱支持不正确结果的权重。最常见的方法（如反向传播算法）是忽略正确的结果并削弱支持不正确结果的权重。

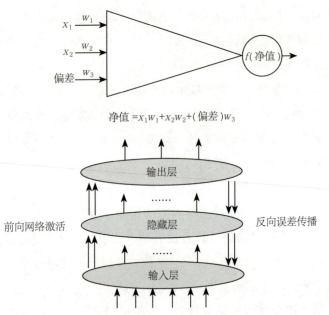

$$净值 = x_1 w_1 + x_2 w_2 + (偏差) w_3$$

图 3.2　（上图）一个人工神经元，其输入值与训练过的权重相乘，产生一个值，即
净值。通过使用一些函数，$f(净值)$ 产生一个输出值，同时它可能是其他神
经元的输入。（下图）一个有监督的学习网络，输入值通过网络的节点向前
移动。在训练过程中，网络权重会因为对输入值的不正确反应而受到不同的
"惩罚"，这将在 5.2 节详细讨论

在无监督学习中，给定输出值，对输入权重 w_i 没有反馈。事
实上，有些算法根本就不需要权重。输出值是通过数据本身的结
构与网络相互作用来计算的，或者在它们自我组织成有用的集群
时与其他输出相结合。这种方法可以在一些分类器系统中看到。

随着用于计算神经网络架构的高性能计算和并行算法的出
现，现在拥有多个内部层的网络和将数据传递给其他网络的完整
网络已经变得普遍起来。这种方法，有时被称为**深度学习**，为联

结主义计算的能力和可能性带来了一个全新的维度。这就是使
AlphaGo 的成功成为可能的计算类型。第 5 章将进一步介绍联结
主义方法和深度学习方法的例子。

当前人工智能问题求解的第三个主题是遗传和涌现的方法。
密歇根大学的约翰·霍兰德是遗传算法的主要设计者，他是 1956
年达特茅斯夏季研讨会的一个非常有影响力的与会者。霍兰德的
算法是那次研讨会中"随机性和创造性"目标的自然延伸。遗传
算法使用变异、反转和交叉等算子来产生问题的潜在解决方案（见
第 6 章）。通过使用适应度函数，一旦产生了可能的解决方案，就
会在其中选择最佳方案，并用于创建下一代可能的解决方案。

进化编程的历史实际上可以追溯到计算机的诞生。1949 年，
约翰·冯·诺依曼提出了一个问题：自我复制需要什么样的组织
复杂性？根据伯克斯（1971）的说法，约翰·冯·诺依曼的目
标是：

> ……而不是试图在遗传学或生物化学的层面上模拟
> 自然系统的自我繁殖。他希望从自然的自我繁殖问题中
> 抽象出逻辑形式。

第 6 章进一步探讨了人工智能的遗传和涌现方法。我们展示
了几个由遗传算法解决的简单问题，讨论了遗传编程，并看到了
来自人工生命研究的例子。

当代人工智能的最后一个主题是概率性的，通常被称为随
机的模型构建方法。在 18 世纪中期，一位英国教会的牧师托马
斯·贝叶斯（1763）提出了一个公式，将已知信息（先验信息）与
新观察到的数据（后验信息）联系起来。正如我们将在第 8 章中

详细看到的，贝叶斯定理可以被看作康德图式的计算实现。由于复杂性问题，在许多情况下，当有多个假设和大量的支持数据时，计算完整的贝叶斯关系可能是令人望而却步的。尽管如此，贝叶斯定理还是在一些早期的专家系统中得到了应用，例如，在矿藏搜索和内科诊断系统中。

朱迪亚·珀尔在1988年出版了《智能系统中的概率推理：似然推理网络》一书，介绍了贝叶斯信念网络（BBN）技术。BBN是一个推理图，其假设是网络是有方向的，反映了因果关系，并且是无环的，也就是说，没有链接回自己的节点。随着BBN的创建，一些计算效率高的算法开始用于推理。为了描述随时间变化的事件，动态贝叶斯网络（DBN），提供了一种表示方法，能够描述复杂系统在变化时如何对其进行建模和理解。珀尔（2000）还写了《因果论：模型、推理和推断》一书，书中提出的do-演算为建立模型提供了一个数学框架，在这个框架中，这种基于网络的表示法支持对可能的因果关系或"如果"情景的推理。由于他在概率推理方面的研究，朱迪亚·珀尔在2011年获得了图灵奖。

随机方法被广泛应用于机器学习和机器人技术中。它对人类语言处理尤其重要，在基于计算机的语音和书面语言理解方面产生了重要的结果。在第8章和第9章中，我们将介绍贝叶斯定理和贝叶斯信念网络。在第9章中，我们将演示这些随机表示和推理方案如何捕捉人类感知和推理的关键部分。

3.7　总结

　　要完全定义人工智能项目是很困难的。人工智能努力实现的总体目标可以被描述为通过创造反映人类智能的人工制品和过程来阐明人类智能的性质和用途。限制可能被称为人工智能的东西似乎是徒劳的，甚至可能是错误的。

　　人工智能产品正日益成为人类景观的一部分。一个重要的贡献（如果经常被忽视的话）是对现代计算机科学的贡献。正如我们所看到的，1956 年达特茅斯研讨会的许多见解和目标，随着它们的发展和新技术的不断产生，现在被作为现代计算的核心组件来研究。由于这一点，1956 年达特茅斯夏季研讨会的两位贡献者，马文·明斯基和约翰·麦卡锡，分别被授予 1969 年度和 1971 年度的 ACM 图灵奖。最后，认知科学研究的出现可以被视为认知心理学研究的重要结果，这些研究得到了人工智能界开发的方法、工具和模型的支持。

　　第二部分将进一步介绍现代人工智能的细节和例子。在第 4 章中，我们探讨了人工智能的基于符号的方法。我们在基于符号的系统中看到了一种隐含的理性主义观点，这有助于解释这种第一代人工智能方法的优势和局限性。在第 5 章中，我们介绍了神经网络或联结主义网络。在第 6 章中，我们描述了遗传算法、遗传编程和人工生命。

　　延伸思考和阅读。有许多文章进一步描述了本章开头提到的三个成功的人工智能研究项目，其完整的细节可以在以下文献中找到：

❑ Hsu, Feng-hsiung (2002)："Behind Deep Blue: Building the Computer that Defeated the World Chess Champion."

❑ Ferrucci, D., et al. (2010)："Building Watson: An Overview of the DeepQA Project."

❑ Silver, D. S., et al. (2017)："Mastering the Game of Go without Human Knowledge."

两本包含人工智能早期研究论文的书：

❑ Feigenbaum, E. and Feldman, J. editors, (1963): *Computers and Thought.*

❑ Luger, G., editor, (1995): *Computation and Intelligence: Collected Readings.*

纽维尔和西蒙获得 1975 年图灵奖的演讲：

❑ Newell, A. and Simon, H.A. (1976)："Computer Science as Empirical Inquiry: Symbols and Search."

以下这套两卷本的系列丛书开始了 20 世纪 80 年代末神经网研究的重大突破：

❑ Rumelhart, D.E., McClelland, J.L., and The PDP Research Group (1986a). *Parallel Distributed Processing.*

以下三本书展示了皮亚杰的发展阶段和认知科学界的反应：

❑ Piaget, J. (1970): *Structuralism.*

❑ Klahr, D., Langley, P., and Neches, R, editors, (1987): *Production System Models of Learning and Development.*

❑ Drescher, G.L., (1991): *Made-Up Minds: A Constructivist Approach to Artificial Intelligence.*

最后，关于人工智能和认知科学的历史的进一步参考资料包括：

❏ McCorduck, P. (2004): *Machines Who Think*.

❏ Boden, M. (2006): *Mind as Machine: A History of Cognitive Science*.

本章的插图是根据我在新墨西哥大学（UNM）的教学要求而制作的。其中一些插图也用在了我的人工智能和认知科学书籍中。

第二部分

现代人工智能：复杂问题求解的结构和策略

第二部分（第4、5、6章）介绍在过去60年中支撑人工智能领域研究和发展的四个主要范式中的三个：基于符号的范式，神经网络或联结主义范式，遗传或涌现范式。在每一章中，我们都给出了引导性的例子并描述了它们的应用。采用这些示例程序是为了演示人工智能的不同表示方法。我们也描述了许多这一领域最近的研究和先进的项目。我们会在每章结尾对每种范式的优点和局限性进行评价。

第4章

基于符号的人工智能及其理性主义假定

黄色的树林里分出两条路，

可惜我不能同时去涉足，

我在那路口久久伫立，

向着一条路极目望去，

直到它消失在丛林深处。

但我却选择了另外一条路……

——罗伯特·弗罗斯特，《未选择的路》

我一直在寻找……寻找……

哦，到处寻找……

——利贝尔和斯托勒

在接下来的三章中，我们会描述一些特定于解决人工智能问题的策略并且探讨它们如何反映理性主义、经验主义和实用主义的哲学立场。在本章中，我们认为可以从理性主义角度来评价人工智能工具和技术。

4.1　理性主义世界观：状态空间搜索

理性主义世界观可以被描述为一种哲学立场，在知识的获取和证明中，人们倾向于利用无辅助的理性而不是感官经验（布莱克本，2008）。正如第 2 章中提到的，勒内·笛卡儿可以说是继柏拉图之后最具有影响力的理性主义哲学家，并且也是最早为了证明自己的世界观而提出接近公理基础的思想家之一。如前所述，莱布尼茨也提出了相似的观点。

笛卡儿的"心物二元论"为他后来创造的逻辑体系提供了卓越的基础，包括解析几何，在这之中数学关系为描述物理世界提供了约束条件。对于牛顿来说，用由距离、质量和速度决定的椭圆关系语言来模拟行星轨道是很自然的一步。笛卡儿清晰独特的想法本身成为理解和描述"现实"的必要条件。他的物质的（广延物）和非物质的（思维体）二元论观点支持了许多现代生活、文学和宗教中对身体 / 灵魂或者思想 / 物质的偏见。（否则，精神心甘情愿，但是肉体虚弱无力，怎么能被理解？）

大多数人工智能的早期工作可以被描述为一种通过使用定义良好的规则来改变问题的状态的搜索。这种方式有时被称为GOFAI（有效的老式人工智能）。人工智能的状态空间搜索始于20 世纪四五十年代，一直持续到现在。其最重要的年份是从 1955年到 1986 年，McClelland 和 Rumelhart 于 1986 年共同出版了《并行分布式处理》。人工智能的状态空间工作依然非常成功，例如，3.1.1 节中关于 IBM 的深蓝程序的例子，以及我们在本章后面看到的其他实例。

4.1.1　图论：状态空间的起源

　　状态空间搜索的核心是图论：通过图的状态将问题情况和解决方案表示为路径的能力。为了使这些观点更加清晰，我们探讨图论及其在表示问题中的应用。

　　图由一组节点和一组连接这些节点的**弧**或**链接**组成。在问题求解的状态空间模型中，利用图的节点来表示问题求解过程中的**离散状态**，例如应用逻辑规则的结果或游戏棋盘上玩家的合法移动。图中的弧表示状态之间的转换。在专家系统中，状态描述了在推理过程的某个阶段关于问题情况的知识。专家知识，通常以**"如果……那么"**这种规则的形式支持新信息的生成，而应用该规则的行为被表示为关于问题的知识状态之间的弧，正如我们将在4.1.3节中看到的。

　　图论通常是推理物体或情况及其彼此之间关系的最佳工具。正如前文所述，18世纪早期瑞士数学家莱昂哈德·欧拉在努力解决**哥尼斯堡七桥**问题时创造了图论。哥尼斯堡市占有普雷格尔河的两岸和两个岛屿，七座桥梁连接着岛屿和城市的两个河岸，如图4.1所示。

　　哥尼斯堡七桥问题是，是否有可能在穿过城市所有部分的同时只穿过每一座桥一次。虽然居民们找不到这样的路径，并对可能性存疑，但没有人能证明这是不可能的。欧拉设计了一种早期的**图论**形式，为物理映射创建了另一种表示方式，如图4.2所示。图的节点表示河岸（rb1和rb2）和岛屿（i1和i2），节点之间带标记的弧表示七座桥（b1，b2，…，b7）。图的表现形式保留了城市及其桥梁的基本结构，而忽略了一些外在特征，如桥梁的长度、城市距离和行走中桥梁的顺序。

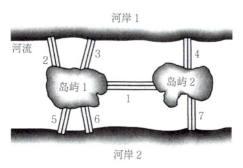

图 4.1 哥尼斯堡市及其在普雷格尔河上的七座桥

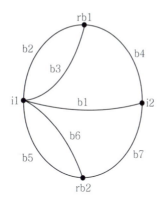

图 4.2 代表哥尼斯堡市及其七座桥梁的图

在证明不存在这种路径的过程中，欧拉关注图中节点的**度数**，观察到一个节点可以有**偶数**度或**奇数**度。偶数度节点有偶数个弧连接到相邻节点，奇数度节点有奇数个弧连接到相邻节点。除了路径的开始节点和结束节点外，在行程中进入每个节点的次数与离开此节点的次数相同。因此，奇数度的节点只能用作路径的开始或结束，因为这些节点在证明自身进入死胡同之前只能被交叉一定的次数。若不经过先前走过的弧，则不能退出节点。

欧拉指出，除非一个图包含零个或两个奇数度节点，否则这条路径是不可能的。如果有两个奇数度节点，路径便可以从第一个节点开始，到第二个节点结束；如果没有奇数度节点，路径则可以在同一个节点开始和结束。对于有多于两个奇数度节点的图来说，路径是不可能完成的，就像哥尼斯堡市案例一样，那里所有节点的度都是奇数的。这个问题现在被称为通过图来寻找欧拉路径。另一个相关的问题叫作寻找欧拉回路，它要求欧拉路径的起点和终点都在相同的位置。

总之，图是一组节点或状态与一组连接节点的弧。带标记的图有一个或多个附加到每个节点上的描述符（标签），它们将该节点与图中的任何其他节点区分开来。如果弧有一个相关的方向，那么这个图就是有向图，比如选择一步棋来改变游戏的状态。有向图中的弧通常用箭头来表示运动的方向。可以在任何方向通过的弧可能有两个连接的箭头，但通常根本没有方向标识。图4.2是一个带标记的图的例子，其中弧可以在任意方向上通过。图中的路径通过弧来连接这些节点序列。根据节点在路径中出现的顺序，通过节点列表来描述路径。

4.1.2　搜索状态空间

在状态空间图中，节点描述符识别问题求解过程中的状态。我们在图1.7中看到了井字棋问题的状态空间。一旦创建了一个问题的状态空间图，问题就出现了：如何搜索该空间以寻找可能的解决方案。有很多搜索方法，接下来我们将描述三种方法。有关这些图形搜索策略的详细信息，请参见（卢格尔，2009b，3.2.3 节）。

第一种搜索方法称为*从左到右的回溯*。选择第一个选项，即离开图的顶部状态 A 的最左边的状态，见图 4.3，最左边的状态是 B。接下来，搜索将从 B 开始选择最左边的选项，也就是 E。只有到达死胡同之后，即图 4.3 中没有新状态可以访问的状态 H，搜索才会回到最近访问的状态并寻找除最左边的选项以外的其他选项。在这个例子中，该选项是状态 I，因为状态 I 也是一个死胡同，所以搜索会原路返回，直到找到状态 F 并从那里继续进行下去。这个过程要尽可能深入，然后在遇到死胡同时后退，最终将根据问题的复杂性，一路跟踪已经访问的状态，直至搜索整个图。在图 4.3 中，每个状态旁边的数字表示该状态被访问的顺序。

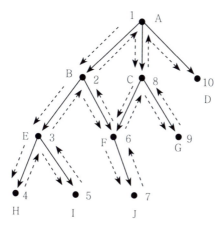

图 4.3　回溯搜索。每个状态旁边的数字表示该状态被访问的顺序

第二种搜索方法称为*从左到右的深度优先搜索*，除了使用了

两个状态列表来组织搜索，这种方法类似于回溯方法。Open 列表记录所有可能的下一个状态，列表中最左边的状态被视为下一个状态。Closed 列表包含已访问过的状态。深度优先搜索见图 4.4，考虑了从起始状态 A 开始到 B、C、D 的所有可能的下一个状态，并将它们按顺序放在 Open 列表中。然后，深度优先搜索挑选最左边的状态 B，并将未被选择的状态 C 和 D 放在 Open 列表中。接着，深度优先搜索接受状态 B 最左边的选项 E，在这种情况下，只剩下状态 F，然后将其余的状态放在 Open 列表的*左端*。搜索继续进行，在经过 5 次深度优先搜索迭代之后，图 4.4 展示了 Open 和 Closed 列表。

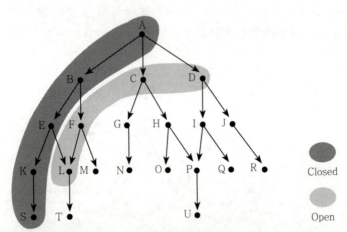

图 4.4　深度优先搜索的前 5 种状态。已经访问的状态的顺序，即 Closed 列表为 ABEKS，S 是一个死胡同。LFCD 在 Open 列表中

第三种策略称为**广度优先搜索**，如图 4.5 所示，再一次使用了 Open 和 Closed 列表，这次将未选择的状态按顺序放置在 Open

列表的**右端**。广度优先搜索接受第一个状态 A，查看 A 之后的所有状态 B、C、D，并将它们按照这个顺序放在 Open 列表中。然后，广度优先搜索接受 Open 列表中最左边的状态 B，接着考虑它的下一个状态——只有 F，因此将状态 F 放置在 Open 列表的右端。之后广度优先搜索选择 Open 列表中最左边的状态 C，并将它所有可能的后续状态 G、H 依次排列在 Open 列表的右端。以这种方式继续搜索，直到找到解决方案或搜索完整个图。广度优先搜索虽然计算代价昂贵，但如果存在解决方案且记录下所有被访问的状态，则保证能找到最短的解决方案路径。图 4.5 显示了此搜索结果。

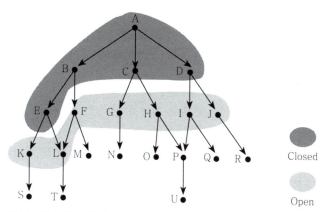

图 4.5　经过 5 次迭代后的广度优先搜索。第一次访问的 5 个状态的顺序，即 Closed 列表为 ABCDE。FGHIJKL 构成了 Open 列表

　　成功的深度优先搜索和广度优先搜索需要两个组成部分。首先是跟踪访问的每个状态，以便以后可以作为下一个可能被消除的状态。其次是复杂性，要搜索的图的大小决定了需要的时长，

以及是否有可能搜索整个空间。例如，国际象棋和围棋所拥有的状态空间大小永远无法被彻底搜索。

最佳优先或者**启发式搜索**从空间状态图考虑的每个状态中获取下一个"最佳"状态。例如井字棋游戏，对井字棋进行完全搜索的成本很高，但并不是不可行的。每9个第一次移动中，都有可能出现8个连续体，这8个连续体又有7个延续，以此类推，通过所有可能的棋盘位置。因此，所有搜索的状态总数为 $9 \times 8 \times 7 \times \cdots \times 1 = 9!$，称为9的阶乘，即 362 880 条路径。

对称性约化可缩减搜索空间。在游戏板的对称操作下，许多问题配置实际上是等价的。使用对称状态，第一步不是9步，而是3步：移动到拐角处、边的中心或网格的中心。在第二层使用对称性进一步将通过空间的路径数量减少至 $12 \times 7!$，如图4.6所示。像这样的对称性可以被描述为不变量，当它们存在时，可以被用来减少搜索。

在井字棋的例子中，**最佳优先搜索启发式**方法几乎可以完全消除搜索。如果在游戏中你是先行者并且是 × 字棋，尝试向 × 最有可能获胜的状态前进。图4.7测试了井字棋游戏的前三个状态。最佳优先算法选择并移动到机会数量最多的状态。对于有相等获胜机会的状态来说，采用发现的第一个状态。在我们的示例中，× 字棋在网格的中心位置。注意，不仅其他两个选项被淘汰，它们的子节点也将被淘汰。如图4.8所示，整个空间的三分之二将被除去。

在第一次移动之后，对手即○字棋，可以选择图4.8中所显示的两次移动中的任何一个。无论选择哪个状态，"最可能成功的机

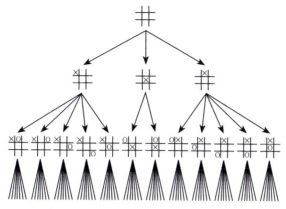

图 4.6　由对称性引起状态空间缩减的井字棋游戏的前三步

通过角落方块赢的
三种方式

通过中心方块赢的
四种方式

通过边缘方块赢的
两种方式

图 4.7　井字棋中第一步的"最大赢面"策略

会"启发式搜索将被再次应用到挑选下一次可能的移动中。随着
搜索的继续，每次移动都将评估单个节点的子节点。图 4.8 显示了
游戏中三次移动之后所减少的搜索，其中每个状态都被标记为"最
大赢面"值。可以看出，在 × 字棋玩家的前两次移动中，只考虑
了 7 个状态，远远低于完全搜索中的 72 个状态。对于整个游戏来
说，与完全搜索相比，"最可能赢"的搜索可以节省更多状态。

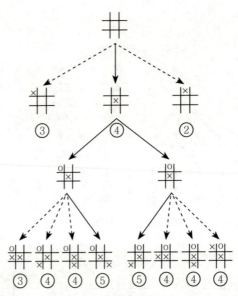

图 4.8　井字棋的状态空间因使用最佳优先搜索而减少。使用"最大赢面"策略，粗箭头表示最佳移动方向

为机器人的行动制订计划的传统方法为状态空间技术提出了另一个考验。描述集通常由基于逻辑的规范给出，被用于描述世界的可能状态。然后，使用自动推理系统决定接下来采取哪种状态。假设有一个机械臂，我们要用这个机械臂移动桌子上散落的方块。思考图 4.9 的状态空间。起始状态可以描述为 9 种规范：ontable（a），ontable（c），ontable（d），on（b,a），on（e,d），cleartop（b），cleartop（c），cleartop（e），gripping（）——表示机械臂没有握住任何方块。

假设机器人任务的目标是搭建一个整齐的积木堆，其中方块 e 紧邻着方块 d、c 和 b，而方块 a 在方块 e 的顶部。目标状态可以用逻辑规范来描述: ontable (e), on (d, e), on (c, d), on (b, c), on (a, b), gripping ( )。搜索空间如图 4.9 所示开始, 用操作符改变系统的状态, 直到目标状态被找到。操作符有如下规则: 要拾取一个方块, 首先移除堆放在它顶部的任何方块。例如, 在初始状态中捡起方块 d, 则方块 e 必须首先被移除。这里, 创建可以使目标情况成为可能的有序动作集称为规划。更进一步说, 启发式方法可以从根本上简化搜索, 这种方法决定哪种新状态具有最接近目标描述的描述。关于如何使用逻辑规则创建状态空间的完整细节可在 (卢格尔, 2009b, 8.4 节) 中查看。

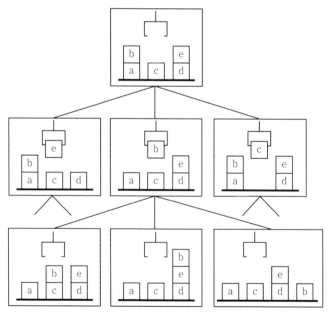

图 4.9 机械臂移动图中方块的初始状态和可能的下一步移动

刚刚描述的积木世界的例子通常被人工智能研究人员称为游戏问题，这主要是为了演示如何在更困难的情况下进行规划。这种状态空间规划技术将不断扩展以应对许多更加复杂的挑战。例如，美国宇航局外太空飞行器利文斯通的控制设计，推进系统的不同"状态"见图4.10。

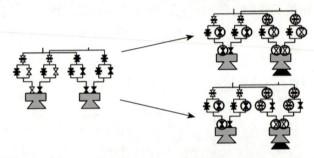

图 4.10　基于逻辑决策规则的推进系统配置及可能的下一个状态。打开／关闭这些圈起来的阀门以产生可能的下一个状态。本图改编自威廉姆斯和纳亚克（1996）

威廉姆斯和纳亚克（1996，1997）为航天器创建了一个推进系统模型和一套基于逻辑的推理规则，以解决可能的不利情况，如阀门堵塞或推进器失效。宇宙飞船的计算机控制器将通过改变推进系统的状态来解决这些故障。如图4.10所示，不同的控制操作可以将航天器带到推进器的不同状态。

威廉姆斯和纳亚克（1996，1997）模型对于控制外太空飞行器是成功的。然而，在不断变化的世界中和难以预测的状态下，这种类型的程序可能无法很好地运行，比如机器人在意想不到的情况下或自动驾驶汽车中展现的约束条件（布鲁克斯，1986，1991；杜伦等，2007；拉塞尔，2019）。

4.1.3　状态空间搜索实例：专家系统

状态空间问题求解的一个实例是基于规则的专家系统。前文讨论的产生式系统问题求解，是基于规则的专家系统常用的体系结构。纽维尔和西蒙开发了一个产生式系统来模拟人类在问题求解方面的表现。爱德华·费根鲍姆是赫伯特·西蒙在卡内基·梅隆大学的博士生，于 1965 年加入斯坦福大学，成为计算机科学系的创始人之一。费根鲍姆领导了早期专家系统的开发，包括用于诊断脑膜炎的 MYCIN 系统和用于发现化合物结构的 DENDRAL 系统。由于这项开创性的工作，费根鲍姆被视为"专家系统之父"，并在 1994 年被授予 ACM 图灵奖。

如图 4.11 所示，在产生式系统中，知识库被表示为一组"如果……那么……"规则。规则的前提，即"如果"部分，对应于条件，而结论，即"那么"部分，对应于目标或要采取的行动。特定情境下的数据被保存在工作记忆中。我们接下来看到的产生式系统的"识别－行动循环"要么是数据驱动，要么是目标驱动。

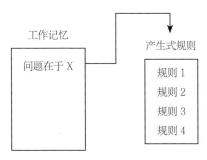

图 4.11　汽车诊断实例开始时的产生式系统，目的是识别工作记忆存在什么问题

许多问题的情况都适用于所谓的**正向搜索**或**数据驱动搜索**。

例如，在一个解释问题中，问题的数据最初是给出的。该程序的任务是确定最佳假设以解释数据，这表明了一个正向推理过程，在这一过程中事实被放置在工作记忆中，然后系统使用"如果……那么……"规则进行搜索，在确定最佳的可能解决方案的过程中确定可能的下一个状态。

在目标驱动的专家系统中，将问题的目标描述放在工作记忆中。若程序发现"如果……那么……"规则的结论与该目标相符，便将其前提存放在工作记忆中。这个操作对应于从问题的目标返回支持子目标。这个过程将在下一个迭代中继续进行，这些子目标将成为与规则的结论相匹配的新目标。这个过程会一直持续下去，直到在工作记忆中发现足够多的子目标，表明最初的目标已经得到满足。

在专家系统中，如果一个规则的前提不能通过给定的事实或使用知识库中的规则来确定为真实的，那么通常会向人类用户寻求帮助。一些专家系统明确指出了需要由用户解决的特定子目标，其他专家系统只告诉用户与知识库中规则不匹配的子目标。

下面探讨一个在没有规则结论与之相匹配的情况下，使用用户查询的目标驱动专家系统的例子。这不是一个完整的诊断系统，因为它只包含四个简单的规则来分析汽车问题。它旨在演示对目标驱动的专家系统的搜索、新数据的集成和解释组件的使用。探讨如下规则。

规则 1：

　　如果

　　　　发动机正在加油，并且

发动机将会发动，

那么

问题在于火花塞。

规则 2：

如果

发动机没有发动，并且

灯也没有亮起，

那么

问题在于电池或电缆。

规则 3：

如果

发动机没有发动，但是

灯亮了，

那么

问题在于起动电动机。

规则 4：

如果

油箱中有燃料，并且

化油器中有燃料，

那么

发动机正在加油。

首先，在目标驱动模式下，确定车辆问题的顶级目标必须与一个规则当时的组成部分相匹配。为此，我们将"问题在于 X"作为工作记忆中的一种模式，如图 4.11 所示。X 是一个可以与任何短语相匹配的变量，作为一个例子，X 可能是电池或电缆的问题；当问题被解决时，变量 X 将被链接到解决方案中。

在工作记忆中有三个规则匹配这个表达式：规则 1、规则 2 和规则 3。如果我们解决这个规则冲突，支持找到第一条规则，那么就使用规则 1。这导致 X 受到火花塞值的约束，规则 1 的前提被放在工作记忆中，如图 4.12 所示。因此，该程序选择了探索火花塞是坏的这一可能假设。

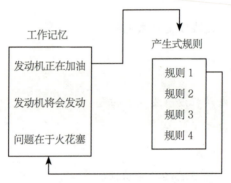

图 4.12　使用规则 1 后的产生式系统的状态

另一个看法是，程序已经在与 / 或图中选择了一个或分支。在与 / 或图中，状态之间的一些链接是"或"转换，系统可以进入一个状态或另一个状态。由一段弧连接的"与"转换表明，必须遵循所有的"与"转换。与 / 或图反映了"如果……那么……"规则表示法的"与"和"或"，这可以在前面介绍的四个诊断规则中看到。

请注意，规则 1 有两个前提，必须满足这两个前提才能证明结论是正确的。这代表问题的分解：为了确定问题是否在于火花塞，就解决了两个子问题，即确定发动机是否在加油和确定发动机是否会发动。然后，该系统使用规则 4，其结论与发动机正在加油相匹配。这将导致规则 4 的前提被放置在工作记忆的顶部，如图 4.13 所示。

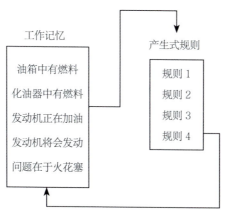

图 4.13　使用规则 4 后的产生式系统的状态。请注意，最新的结果被放置在工作记忆中先前信息的顶部

　　在这一点上，工作记忆中有三个条目与任何规则的结论都不匹配。在这种情况下，专家系统将直接询问用户这三个子目标。如果用户认为这三个子目标都是正确的，专家系统将成功地确定汽车将不会启动，因为问题在于火花塞。在发现这个解决方案时，系统已经搜索了图 4.14 的与 / 或图中最左边的分支。

　　当然，这是一个非常简单的例子。它不仅在汽车方面的知识有限，而且忽略了现实实现中一些重要的方面，包括这些规则是用中文表达而不是用计算机语言表达的。在确定解决方案时，尽管我们的示例只是简单地停止，但实际的专家系统会告诉用户它的诊断。如果不能确定火花塞是坏的，我们的专家系统将需要备份到顶层，并尝试规则 2。然而，尽管很简单，但这个例子强调了基于产生式系统的搜索的重要性，以及将与 / 或图作为专家系统技术基础的表示法。

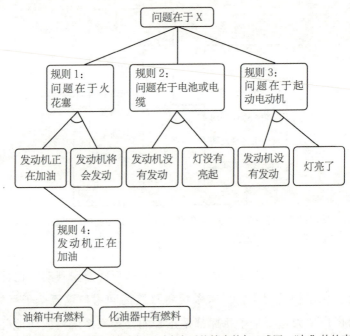

图 4.14　在确定火花塞是否存在问题时专家系统搜索的与 / 或图。"与"的约束条件
　　　　由一个弧连接起来

这种专家系统技术的一个重要优势是在推理方面一目了然。首先，所有的规则都被认为是相互独立的，所以在调试专家系统时，规则可以被直接删除，并被"更好的"规则所取代。这是迭代重构过程的一个重要例子：当程序产生的结果在某种意义上是

"错误的"时，用更好的规则替换它们。设计师通过不断改进产生解决方案的规则来纠正自己对问题的理解。

专家系统的第二个优势是推理过程的透明度。例如，假设汽车专家系统有一个解释组件，并假设咨询已达到图 4.13 中工作记忆配置所表示的阶段。对话首先询问用户在工作记忆中的目标。用户的回应以粗体字体显示。

油箱中有燃料吗？

是的

化油器中有燃料吗？

是的

发动机将会发动吗？

为什么

这里，用户输入"为什么"查询，即用户问"为什么你想知道发动机是否会发动"。系统以有关规则的字面陈述作为回应：

现已确定：

发动机正在加油，

因此，如果

发动机启动了，

那么问题就在于火花塞。

因为用户对于前两个问题的回答是"是的"，所以满足了规则 4，验证了规则 1 的第一个前提。当进行"为什么"查询时，该系统试图解决规则 1 的第二个前提。请注意，对系统行为的解释仅仅是对当前正在考虑的规则的重述，因为这提供了一个解释，说明为什么程序想知道发动机是否会启动。在回答"为什么"的询问时，系统表示已经得出结论，发动机正在加油。

假设用户随后询问：

发动机是如何加油的

该系统将回应它"如何"得出发动机正在加油的结论。响应是得出这个结论的推理痕迹，从目标沿着支持它的规则返回用户响应：

这可以遵循规则4：

如果

油箱中有燃料，并且

化油器中有燃料

那么

发动机正在加油　　油箱中的燃料由用户提供

化油器中的燃料由用户提供

产生式系统体系结构为这些解释提供了一个重要的基础。控制循环的每个循环都会选择并使用另一个规则。该程序可能在每个周期后停止并进行检查。因为每个规则都代表一个解决问题的完整知识块，所以当前的规则为解释提供了背景。综上所述，专家系统通过显示它试图使用的当前规则来回答"为什么"查询，通过向用户展示达到该目标或子目标的推理来回答"如何"查询。

我们刚刚给出了几个使用符号系统方法来构建人工智能程序的例子。在下一节中，我们将进一步总结该技术的重要实例。在4.3节中，我们评价基于符号的方法，从认识论角度讨论它的优势和局限性。

4.2　基于符号的人工智能：持续的重要贡献

图、搜索、启发式和编码在规则中的知识都是基于符号的人工智能方法的组成部分。这种明确表示知识的技术在应对新的挑战时继续取得成功。在本节中，我们将描述几个人工智能程序以表明基于符号的人工智能的未来前景。

伽利略的工具是他的望远镜。没有它，他就无法看到行星的图像和行星的卫星，也无法描述它们之间的关系。对于 21 世纪的科学家来说，计算机提供了这样一种辅助的可视化工具。在我们的案例中，除了像伽利略那样"看到"以前从未见过的物体外，还可以在大量数据中理解以前未被认识到的关系，例如，与疾病状态相关的 DNA 模式。

模式识别和分析的一个主要工具是机器学习算法。这些技术之所以可行，主要得益于现代计算速度、"云"存储以及服务器群。例如马雷查尔（2008）最近发表的一篇期刊文章，文章的关键词为化学基因组学、生物信息学、生物标志物、化学遗传学、化学信息学和机器学习。这篇文章探讨了正在发挥功能的生物系统与分子水平化学试剂注射之间的相互作用。计算使这项研究能够使用机器学习识别出的有用模式。

许多人工智能机器学习算法都是基于符号的，我们接下来将描述其中的一个子集。我们将在第 5 章节中探讨基于关联或深度学习的算法，在第 8、9 章探讨概率学习。基于符号的学习建立在这一假设上：数据中的模式可以被描述，可以被显式表示和搜索。例如，决策树的归纳构建、数据分类器、模式识别和鉴别、基于模板的学习等。

4.2.1 机器学习：数据挖掘

数据挖掘技术是基于符号的人工智能的成功案例之一，它也可能对人类的隐私和选择构成令人不安的威胁。决策树分析程序，如 ID3（奎林，1986），被用于大量的人类数据集。例如，对购买模式的分析通常被用来预测一个人未来的需求和选择。接下来，我们将演示一个小样本数据的 ID3 算法分析。

假设一家银行或百货公司想要分析年收入为 5 万美元或以下的新客户的信用风险。为此，银行或商店会考虑同一收入群体中客户的早期记录。它要求新的申请者提供财务细节，以支持他们的信用申请。ID3 算法的目标是建立大量已知客户数据的概况信息，以确定需要贷款的新客户的风险。例如，表 4.1 给出了 7 名早期客户的数据。

表 4.1 7 名已申请贷款的客户的数据

序号	风险	信用历史	债务	抵押物	收入
1	高	差	高	无	0～1.5 万美元
2	高	未知	高	无	1.5 万～3.5 万美元
3	中	未知	低	无	1.5 万～3.5 万美元
4	高	未知	低	无	0～1.5 万美元
5	低	未知	低	无	多于 3.5 万美元
6	低	未知	低	充足	多于 3.5 万美元
7	高	差	低	无	0～1.5 万美元

在图 4.15 和图 4.16 中，ID3 使用信息论（香农，1948）构建一个决策树，分析以前客户的数据，以确定信用风险。该算法采用香农的公式，探讨四种信息来源中的每一种，即信用历史、债务、抵押品和收入，以确定哪条信息在信用风险问题上最能将

人群划分开。通过图 4.15 的部分决策树可见,"收入"信息做得最好。

图 4.15　利用收入因子构建的部分决策树。每个分支末尾的示例编号参考表 4.1 中的数据

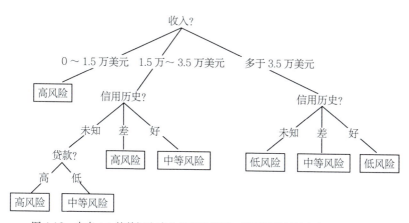

图 4.16　由表 4.1 的数据生成的最终决策树,用于评估新的客户的信用风险

由于图 4.15 最左边分支的一组都有高风险的信用,这部分搜索已经完成了:如果你的收入为 15 000 美元或更少,你的信用评级就是高风险。然后,该算法考虑中间分支的一组,看看哪个因素最适合划分这些人的信用风险,这个因素就是"信用历

史"。搜索继续进行，直到生成图 4.16 中的决策树。请注意，在图 4.16 中，"抵押物"因素并不重要。这有助于最小化分析这个组中申请信贷的新客户所需的信息量：他们的"抵押物"数量对确定风险没有帮助。该算法的完整细节可以查看（卢格尔，2009b，10.3.2 节）。

我们刚才演示的是一个重要且强大的机器学习算法的一个非常简单的例子。这项技术现在无处不在，从你使用个人身份证明向当地的百货公司申请信贷，到利用来自社交媒体的个人数据。社交媒体的数据很容易收集，因为人们经常分享他们最近购买的东西、他们的喜恶等。某些机构还会通过问卷和调查来获取信息，然后用于通常不向用户披露的目的。

ID3 和其他分类算法等技术对于个体有什么启示？重要的是要理解这些分类算法对特定的个体没有任何确定性。它们确实表明不同群体或等级的人倾向于做什么。事实上，一个收入低于15 000 美元的人可能是一个信用风险极低的人，但该算法指出，这类收入群体往往会有较高风险。

为了解决这个不确定性问题，机器学习的许多方法包含"可信"或"可能性"度量，如 MYCIN 使用的斯坦福确定因子代数（布坎南和肖特利夫，1984）和一些早期专家系统。这种信任度度量为启发式搜索提供了支持，例如，在考虑所有其他可能的答案之前，先检查最可能的答案。

我们在后面的章节中会看到更多的确定性度量：第 5 章联结主义网络中的加权值和第 8 章贝叶斯系统中的概率度量。目前机器学习算法的很大一部分是基于符号、深度学习和概率系统的组合。

4.2.2　物理环境建模

尽管 ID3 和其他机器学习算法捕获了"隐藏"在数据集合中的关系信息，但其他基于符号的人工智能算法也被设计用来代表物理现实本身的各个方面。勘探者（杜达等，1979）是一个矿产勘探咨询系统，由 SRI 国际公司创建的。程序中内置的知识是一个推理规则网络，以产生式系统的形式获取与矿物发现有关的地质信息。

勘探者的规则代表矿产勘探专家的技能。它的目的是帮助地质学家确定与矿藏相关的特定地点的物理特征。据称，它预测了在华盛顿州存在一个以前未知的钼矿床（杜达等，1979）。勘探者的知识库是可扩展的，因为它可以随着设计者为其他矿物添加新的知识而不断改进。

赫伯特·西蒙、帕特·兰利和卡内基·梅隆大学的同事（布拉德肖等，1983；兰利等，1987b）创建了 BACON 项目，以 16 世纪的哲学家和科学家弗朗西斯·培根的名字命名。这个项目的目标是建立一个程序，可以根据观测到的数据发现描述行星运动的数学定律。

BACON 的任务是发现存在于数字对之间或集合之间的函数关系。在成对的数字中，是否有可能将一个数描述为另一个数的数学函数？例如，（兰利等，1987b）探讨了观察者发现的描述行星运动的数据，表 4.2 展示了一个相关的例子。第二列 D 以天文单位显示第一列中每颗行星到太阳的距离。第三列 P 显示周期，即对每颗行星轨道的测量。BACON 项目的目标是发现 D 和 P 之间的函数关系。

表 4.2　对行星数据的观测和培根发现的 D^3/P^2

行星	D	P	D/P	D^2/P	D^3/P^2
水星	0.382	0.241	1.607	0.622	1.0
金星	0.724	0.616	1.175	0.852	1.0
地球	1.0	1.0	1.0	1.0	1.0
火星	1.524	1.881	0.810	1.234	1.0
木星	5.199	11.855	0.439	2.280	1.0
土星	0.539	29.459	0.324	3.088	1.0

注：这是行星和太阳的距离 D 与其轨道周期 P 之间的近似关系，表改编自（兰利等，1987b）。

表 4.2 的第四～六列显示 BACON 为捕捉行星与太阳的距离和其轨道的时间或周期所探索的不同关系。BACON 发现 D^3/P^2 是对这种关系的最佳近似，事实上，这是开普勒的行星运动第三定律。BACON 的工作在进一步的研究中得到了扩展，以发现包括电路的欧姆定律在内的其他物理定律。兰利等人 (1987b) 描述了一些用于确定这些数学关系的启发式方法。

为复杂物理环境开发人工智能模型一直是一个挑战，产生了许多成功的结果。前文介绍了用于控制外太空飞行器的威廉姆斯和纳亚克模型。在第 8 章，我们将看到基于符号的模型结合概率关系来控制粒子束加速器的焦点，并监测钠冷却核反应堆的发电。

4.2.3　专业知识：在任何需要的地方

基于符号学习的早期应用是在医学诊断中，通过斯坦福医学院的基础项目 MYCIN（布坎南和肖特利夫，1984）来识别和治疗脑膜炎。这种早期诊断系统的重要性不仅在于证明了基于规则的方法的效用，而且在于它的性能已被证明与人类医学诊断专家的性能相当。

在医疗专业人员很少的地方，往往需要医疗专业知识。例如分析医疗条件落后的国家的常见临床问题，或为复杂的医疗保健提供建议。基于计算机的推荐系统在医疗保健中无处不在，包括对过敏反应的分析，对结合多种处方可能产生的副作用的警告，以及辅助复杂手术的引导系统。

基于专家系统的诊断和推荐已经应用于几乎所有的医学领域。可穿戴设备可以为个人提供正常生活中的健康数据，以及糖尿病等关键健康监测领域的建议。基于计算机的医学分析，包括对乳腺癌的实验室检测和对疾病状态的医学筛查，现在是如此普遍，以至于它们甚至不再被视为人工智能技术的产品。

早期专家诊断程序的一个重要结果是在线医疗分析和推荐系统的普及。这些项目包括来自 WebMD、伊莎贝尔医疗保健、NetDoctor 和梅奥医学中心的"症状检查者"。此外，还有在线健康检查项目，包括"症状"和 WebMD。还有针对营养咨询、哺乳服务和精神治疗的计算机程序。一个咨询网站声称，它每 9 秒就处理一个医疗问题。

还有许多使用基于计算机的诊断和推荐系统的例子：

❑ 油井（泥浆）系统可自动确定钻孔设备和插入钻井现场的化合物，而不需要地质 / 石油专家在场。

❑ 在汽车诊断中，高端的计算机诊断系统可以对车辆进行分析并给出建议。

- 对于硬件和软件的故障排除，即使专家可直接处理简单的问题，但也有一个基于计算机的咨询系统作为备份。
- 对于复杂的建议和推荐，例如，一家健康保险公司使用智能检索和推荐程序，根据年龄、性别、居住状态和覆盖范围提供大量不同的保险选择。同样，财务建议和投资项目现在可以帮助财务顾问为客户提供合适的选择。
- 基于计算机的开放式问题回答程序可以帮助客户获得有关重要生活选择的信息，例如，回答客户对加入美国陆军的担忧。

刚刚讨论的在线诊断和修复建议系统只是许多在复杂技术领域获得专家建议的例子之一。虽然我们提到的许多领域一开始都是作为专用的基于符号的专家系统，但这些领域的知识现在已经嵌入诊断设备和推荐系统中，以至于它们被简单地视为重要的辅助技术。

目前的研究项目还关注一些问题，包括让在线客户在与自动化顾问的沟通中感到满意。谈话进展如何？客户是否对基于计算机的响应系统感到沮丧？计算机如何判断何时应该让用户与真正的人类专家直接沟通？解决这些问题有助于保持在线客户的满意度（费里曼等，2019）。

4.3 符号系统视角的优势和局限性

既然没有一种生物能够应对无限的多样性，所有生物最基本的功能之一就是对环境进行分类，根据这些分类，不同的刺激就可以被视为等价的。

——埃莉诺·罗施（1978）

第一代人工智能，也就是一些评论人士所描述的 GOFAI，持续取得成功。尽管许多批评家称基于符号的人工智能是失败的（德雷福斯，1992；塞尔，1980，1990；史密斯，2019），但是它在适合其使用条件的情况下表现良好，这已在本章中进行了介绍。也许它的批评者担心基于符号的人工智能方法不能产生通用人工智能，但这不是人工智能工程师的目标。

然而，在持续使用的过程中，人工智能界已经更好地理解了基于符号的人工智能的优势和局限性。在本章的最后一节中，我们将考虑这些问题。首先，我们再次注意到，抽象是通过图形创建基于符号的表示以及将变化的时间和规则应用作为步骤进行建模的一般过程。其次，我们提出一个与第一点相关的问题，即泛化问题。最后，在询问为什么人工智能界还没有建立一个具有通用智能的系统时，我们讨论的问题包括符号基础、有限的语义透明度和作为"具身"的人类智能等。

4.3.1　基于符号的模型和抽象

抽象过程是人工智能显式符号系统的核心。符号被标识为表示多个对象、结构或情况的共享属性。这种抽象的过程与在柏拉图的洞穴（2008）中看到的很相似，在寻求纯粹形式的过程中，个体差异被忽略了。基于符号的人工智能方法将符号分配给这些抽象的实体，然后使用算法来推断它们的进一步属性和关系。

图 4.6 给出了一个简单的例子，其中不同的井字棋板位置根据对称性是等效的，可用一个状态表示，从而可创建有效的搜索解决方案。另一个例子见图 4.10，其中车辆在外层空间行驶的连续过程被抽象为推进系统的离散状态。随着时间的推移，该系统的变化由图中的状态转换表现出来，而这是推进系统下一个可能的状态。

抽象的另一个复杂的用法可在图 4.11～图 4.14 的基于规则的程序中查看，其中，复杂环境中的人类知识被捕捉为一组可在计算环境中"运行"的"如果……那么……"规则。这里有两个问题：第一，复杂的人类知识和技能是否可以被表示为一套"模式－行动"规则？第二，人类熟练的问题求解行动能否被一系列系统的应用规则捕捉到，而这些规则可以改变"知识"在图中的状态？

要认真对待以知识为基础的人工智能方法，就必须质疑人类知识的哪些方面可以用于"条件－行动"约减。什么时候使用知识的情况可以用规则的条件来表示？是否有可能将熟练的人类行动减少到明确的计算规范？如果人类的技能被跨时间使用，例如在一个有才华的音乐家的即兴创作中，这是否可以通过规则序列来表达？各种感官模式，比如医生基于感知的诊断技能，能否被简化为一套"如果……那么……"规则？

问题不在于基于规则的系统是否有效。它们在各种各样的应用中都非常成功，而且现在被广泛使用，以至于它们并不总是被视为人工智能应用的一部分。问题是要检查边缘情况，以确定何时应用描述复杂情况和相关操作的抽象对于基于符号的表示是最优的。

在游戏中，将位置描述为图的状态以及将合法移动描述为状态转换看似是合适的。然而，在制定一种以获胜为目标的搜索策略时，要表现出"牺牲"是极其困难的，即玩家为了获得相对于对手的长期优势而打算放弃某个棋盘位置或棋子。深蓝国际象棋程序已证明，有必要在更高级别的搜索策略中编程，以产生专家级国际象棋水平和解决穷举搜索的复杂性。

关于基于符号的问题求解方法，最清晰的表述是纽维尔和西蒙的研究（1963，1972，1976），以及在第 3 章中介绍的他们对物理符号系统假设的表述。他们的产生式系统架构，由一个名为SOAR（纽维尔，1990）的自动化"学习"模块增强，可以说最接近基于符号的人工智能提出的通用"智能系统"。SOAR 学习问题域中的新规则模式关系，并将这些规则添加到当前的产品集合中。

支持以符号为基础的必然性问题求解的抽象过程忽略了现实的某些方面。从长远来看，这种被忽略的现实可能会毁掉一个计算项目。然而，正如埃莉诺·罗施在本节的引言中所主张的那样，抽象是我们应对无限多样性的唯一方法。

4.3.2　泛化问题和过度学习

泛化问题是抽象的一个关键组成部分。如果没有适当的偏差或广泛的内置知识，当抽象过程试图在嘈杂、稀疏甚至糟糕的数据中寻找适当的模式时，可能会被完全误导。在人工智能领域，泛化问题是困难的、重要的，并且仍然是一个开放的问题。让我们来探讨一下科学中的两个经典问题。

　　首先，探讨牛顿第二运动定律，**力 = 质量 × 加速度**，或 $f=ma$。在实际意义上，该定律的含义是，物体的加速度与施加在物体上的力直接相关，与质量成反比。或者，一个系统的质量越大，给定一个恒定的作用力，它的加速度就越小。无论是在日常生活中，还是在行星的运动中，牛顿公式的一致性都是显著的。然而，当一个物体被加速到极端的速度时，例如粒子束加速器中的粒子，人们发现这个粒子的质量增加了。因此，在极端加速度下，不支持 $f=ma$ 的泛化。

　　第二个例子来自天文学家发现的天王星轨道上的扰动。根据这些新数据，科学家并没有摒弃牛顿定律和开普勒定律。相反，他们使用扰动数据来假设轨道上另一个物体的存在和随后的影响。当然，后来，海王星被发现了。

　　这两个例子的重点是，所有的泛化必须在某个时间和特定情况下被"接受"或"证实"。当这些泛化被确定为对某些实际目的有用时，它们就会被科学家所使用。然而，这些泛化可能对其他目的没有用处，而且在新的情况下必须被重新考虑。最后，正如这两个例子所表明的那样，当泛化不能适应新的情况时，科学本身并不会被丢弃。科学家会对方程式进行调整，或推测变量之间的新关系。我们将在后续章节中进一步讨论这种方法论。

　　接下来，我们将提供一个尝试确定适当的泛化的例子。假设我们在二维中找到一个函数关系来描述从实验中收集的一组数据。在图 4.17 中，我们给出了二维实验数据集中的 6 个点。为了理解过度学习问题，我们希望发现一个函数，不仅可以描述 / 解释这 6

个点，还可以解释未来可能从这些实验中收集的数据。

图 4.17 中横跨这一组点的线表示为捕捉这种泛化而创建的函数。请记住，一旦确定了关系函数，我们将希望用新的和以前从未见过的数据点来表示它。第一个函数 f_1 可能表示对 6 个数据点相当精确的最小均方拟合。通过进一步的训练，系统可能会产生函数 f_2，它似乎与数据更加"吻合"。进一步展开探索，会产生函数 f_3，它完全适合给定的数据，但可能会对进一步的数据集提供糟糕的泛化。这种现象被称为对一组数据的过度训练或过度学习。

图 4.17　6 个数据点和 3 个试图捕捉其二维关系的函数

成功的机器学习算法的优点之一是，在许多应用领域能产生有效的泛化，即函数逼近，既能很好地拟合训练数据，也能充分地处理新数据。然而，识别自动学习算法从训练不足状态过渡到训练过度状态的点是非常重要的。

在本章的结尾，我们将进一步讨论与符号选择和抽象过程相关的几个问题。当人工智能程序设计者使用表示法——无论是符号、网络节点，还是任何其他结构——来捕捉"现实"时，他们会将一些"意义"归于这些结构。这种"意义"的本质是什么？最终的解决方案如何反映产生它的环境？

4.3.3　为什么没有真正的基于符号的智能系统

针对基于符号的人工智能和智能的物理符号系统特征，业界有许多批评。最突出的批评，除了抽象所带来的限制之外，还包括语义问题或智能程序所使用的符号的基础问题（哈纳德，1990）。尝试通过预先解释的状态空间搜索来捕获"意义"，并在使用启发式方法指导搜索的过程中寻找隐含的"目的"，为体现智能提供了一个可疑的认识基础。在传统的人工智能中，意义的概念充其量是非常薄弱的。

阿尔弗雷德·塔斯基的可能世界语义（1944，1956）为意义归因提供了一种方法。塔斯基的"意义"是形式逻辑的产物，包括命题逻辑和谓词逻辑。他的语义学的目标是证明当某些条件被满足时，逻辑推理规则（如假言推理、否定后件、问题消除等）可以保证产生正确的结果。

可能世界语义将来自应用程序域或可能世界的项目分配给符号（如名称或数字）集合中的符号。它将变量分配给符号集的子集。操作的结果——函数——被映射到反映这些结果的符号集合中的符号。例如，可以分别用一个符号来表示许多男人和女人，比如他们的名字。例如，变量 M 可以代表一种情况下的所有男性。函数 produce_child（tom，susan，mary）可以反映这样一个事实：Tom 和 Susan 生了一个名为 Mary 的孩子。最后，谓词关系 married（tom，susan）的值为真或假。有了这个关系，塔斯基便提出证明：在前提为真的情况下，各种推理规则总是产生真结果。

转向更基于数学的语义，"塔斯基式"的可能世界的方法似乎是错误的。它强化了理性主义的计划，即用一个可以直接获得清晰而独特的想法和推理结果的世界，取代灵活和不断进化的主体智能。尽管塔斯基的语义很好地抓住了人类推理的一个小而重要的组成部分，比如美国宇航局的外太空推进引擎，但认为这种方法适用于所有的推理是妄想。艺术家或诗人的洞察力在哪里？或者什么是皮尔斯（1958）所说的训练有素的医生的溯因推理——在给定一组特定症状的情况下，决定对一种可能的疾病的最佳解释？

一个相关的问题，即意义的基础，一直困扰着人工智能和认知科学界的支持者和批评者。基础问题是，特定的符号是如何被认为具有意义的（哈纳德，1990）。塞尔（1980）在讨论所谓的中文房间时就提出了这一点。塞尔将自己置身于一个专门将中文句子翻译成英文的房间。塞尔接收一组中文符号，在一个大型中文符号编目系统中查找这些符号，然后传回相应链接的英文符号集。塞尔声称，虽然他自己完全不懂中文，但他的"系统"可以被看作一台汉英翻译机器。

这里有个问题。机器翻译和自然语言理解研究领域的工作人员认为，塞尔的"翻译机器"盲目地将一组符号与其他符号连接起来，只会产生质量极低的结果。然而，事实仍然是，许多当前的智能系统以"有意义"的方式解释符号集的能力非常有限。如果你的计算机打印出"我爱你"，你会印象深刻吗？会铭记在心吗？正如哲学家约翰·豪格兰德(1980,1997)所指出的那样，问题在于"计算机根本不在乎"。

事实上，计算机除了按照程序设计师的指令生产产品外，什么也不"知道"，也不"做"任何事。程序对中期治疗的"建议"只是一组符号，代表程序设计者先前的想法。就其本身而言，正在运行的程序对医学、健康、疾病或死亡一无所知。它甚至不知道自己是一个程序！

在人类语言理解领域，莱考夫和约翰逊（1999）认为，创造、使用、交换和解释有意义的符号的能力，来自人类在不断发展的社会环境中的具身化。这种环境是物理的、社会的和"现在的"，它使人类能够拥有生存、进化和繁殖的能力。它使一个充满类比和推理、运用和欣赏幽默以及体验音乐和艺术的世界成为可能。当前一代基于符号的人工智能工具和技术还远远不能编码和利用任何等效的"意义"系统。我们将在第7章中进一步讨论这些问题。

由于这种弱语义编码，传统的人工智能搜索/启发式方法探索预先解释的状态和状态的上下文。这意味着人工智能程序的创造者给程序的符号"赋予"或"附加"各种语义的上下文。这种预先解释的编码的一个直接结果是，包括学习和语言在内的智力丰富的任务只能产生某些计算功能的解释。因此，许多人工智能系统在探索环境时进化出新的意义关联的能力非常有限。即使是基于符号/搜索的成功领域也仍然很脆弱，没有多种解释，而且从失败中恢复过来的能力也往往有限。

4.4 总结

许多人工智能的早期研究可以被描述为基于符号和搜索支持的问题求解。我们将图论作为状态空间搜索的基础，并描述了搜索状态空间图的几种基本算法。纽维尔和西蒙的物理符号系统假设可以被视为使用这种方法的动机和支持性认识论。

在其短暂的历史中，人工智能研究界已经探索了物理符号系统假说的分支，并对以前的主流观点提出了自己的挑战。正如我们将在第 5 章和第 6 章中看到的，基于动物大脑结构和生物进化过程的计算模型也可以为理解智能提供有用的框架。在第 5 章中，我们将介绍基于关联的心理学传统，以及语义网络和联结主义网络的人工智能表征反应。在第 6 章中，我们将介绍表现智力的遗传、进化和涌现方法。

延伸思考和阅读。推荐阅读资料的完整列表可以在书末的参考文献中找到。卡内基·梅隆大学的艾伦·纽维尔和赫伯特·西蒙在很多方面都是人工智能"符号系统"方法的知识领袖。

- ❏ Newell, A. and Simon, H.A. (1976). *Computer Science as Empirical Inquiry: Symbols and Search.*
- ❏ Simon, H.A. (1981). *The Sciences of the Artificial.*
- ❏ Newell, A. (1990). *Unified Theories of Cognition.*

对于早期的人工智能符号系统方法，有许多赞成和反对的争论。其中两位主要人物是约翰·塞尔和约翰·豪格兰德。布莱恩·坎特维尔·史密斯则提供了一种更现代的评论。

- ❏ Searle, J.R. (1980). *Minds, Brains and Programs.*
- ❏ Searle, J.R. (1990). *Is the Brain's Mind a Computer Program?*
- ❏ Haugeland, J. (1985). *Artificial Intelligence: the Very Idea.*
- ❏ Haugeland, J. ed. (1997). *Mind Design: Philosophy,*

Psychology, Artificial Intelligence.

❏ Smith, B.C. (2019). *The Promise of Artificial Intelligence: Reckoning and Judgment.*

图 4.11 改编自威廉姆斯和纳亚克（1996）。本章的所有其他插图都是根据我在新墨西哥大学的教学要求而制作的。其中一些插图也用在了我的人工智能和认知科学书籍中。

程序设计支持。对于那些希望构建表示法和搜索算法的计算机程序的人，*AI Algorithms, Data Structures, and Idioms in Prolog, Lisp, and Java* 一书（卢格尔，2009b）可以在我的网站上找到。程序以所谓的 shell 形式呈现，其中提出了表示法，并给出了控制算法。程序员需要自己生成支持搜索的知识，如"传教士和食人族问题"的规则，并选择和部署控制策略，如启发式搜索。还有一些控制结构，可用于构建规划算法、基于规则的专家系统和机器学习程序。程序员可添加适合应用程序的领域知识，还可以改进搜索策略。

第5章

人工智能的关联方法与联结主义方法

曾经坐在热炉子上的猫再也不会坐在热炉子上了，也不会再坐在冷炉子上了……

——马克·吐温

一切事物都是模糊的，直到你试图把它变得精确，你才会意识到它的模糊程度……

——伯特兰·罗素

第4章介绍了基于符号的人工智能，并描述了它的许多成功之处。我们还注意到一些限制，包括必须使用抽象过程来创建符号表示。抽象标识和标记由特定的符号、相似的对象和属性来表示。本章将介绍这种解决人工智能问题的关联主义方法。

5.1　语义图的行为主义传统和实现

从历史上看，早期基于关联的表示法有一个明确的符号系统开端，这是很自然的。语义网络和早期神经网络都需要固定的符号数据作为输入值。语义网络还使用显式的基于符号的类图链接捕获语义关联。本章之所以提出语义网络，是因为它们的设计就是用来捕获促进智能的意义关系的。5.1节将介绍基于关联的网络的哲学和心理学基础，语义网络的早期使用，以及该技术的最新应用。

5.1.1　意义的图形表示基础

理性主义表征源于哲学家和数学家对正确推理原则的刻画，另一种研究方法来自心理学家、哲学家、神经科学家和语言学家描述人类记忆和理解本质的努力中。这种方法关注的是人类实际获取、关联和利用知识的方式，并已被证明对自然语言理解和面向模式问题求解的人工智能应用领域特别有用。

基于关联的网络表示几乎和逻辑一样有着悠久的历史。在公元前3世纪，希腊哲学家波菲利（1887，译本）创造了基于树的类型等级（它们的根在顶部），用来描述成为亚里士多德类别组成部分的关系。戈特洛布·弗雷格（1879）为逻辑表达式开发了树形表示法。也许最早对当代语义网络产生直接影响的人是查尔斯·S.皮尔斯，他在19世纪开发了图系统（罗伯茨，1973）。皮尔斯的理论具有谓词演算的能力，并且具有公理基础和推理的形式规则。

图在心理学中长期被用来表示概念和关联的结构。塞尔兹（1913，1922）是这方面的先驱，他使用图来表示概念层次和属性的继承，例如，所有女性继承人类的属性，所有人类继承哺乳动物的属性。他还发展了一种图式预期理论，该理论影响了后来人工智能在框架和图式方面的工作。在最近的人工智能研究中，安德森和鲍尔（1973）、诺曼等（1975）以及其他学者使用网络来模拟人类的记忆和表现。

关联主义的意义理论遵循哲学中的经验主义传统，根据当前对象与其他对象的关系网络来解释对象。当人类感知到一个对象时，它就会被映射成一个概念。这个概念是人类对世界的全部知识的一部分，并通过与其他概念的适当关系而联系起来。由此产生的网络构成了对对象的属性和行为的理解。例如，通过经验，我们可以将雪的概念与寒冷、白色、雪人、湿滑和冰联系起来。像"雪是白色的"和"雪人是白色的"这样的陈述就是从这个意义关联网络中产生的。

有心理学证据表明，除了关联概念的能力外，人类还会将知识按等级进行组织，将信息保存在分类法中适当的层次上。柯林斯和奎林（1969）利用语义网络对人类信息存储和管理进行建模（见图 5.1）。这一层次结构来源于对人类受试者的实验室测试。研究对象被问及有关鸟类不同特性的问题，比如，"金丝雀是鸟吗""金丝雀会叫吗"或者"金丝雀会飞吗"。

这些问题的答案似乎很明显，反应时间研究表明，与回答"金丝雀会叫吗"相比，受试者需要更长的时间才能回答"金丝雀会飞吗"。柯林斯和奎林对这种差异的解释是，人们以最为普遍可用的方式存储信息。与其试图回忆金丝雀会飞、知更鸟会飞、燕子会飞，不如用"鸟"这个概念来存储飞行的属性。受试者知道金丝雀、燕子和知更鸟都是鸟类，而且鸟类通常会飞。更一般的特性，如进食、呼吸和移动，都存储在"动物"的水平上。因此，试图回忆

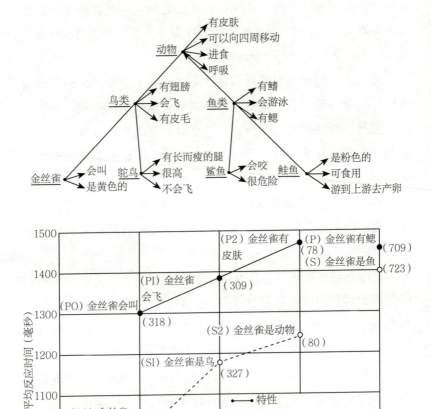

图 5.1　摘自柯林斯和奎林 (1969) 研究的语义网络以及人类信息检索的响应时间记录。在底部图中，x 轴表示在 (上层) 继承树上获得响应的搜索步骤，y 轴表示响应的反应时间

"金丝雀是否能呼吸"应该比回忆"金丝雀是不是黄色的"和"金丝雀能不能飞"需要更长的时间。还要注意，回答答案为"否"的句子——例如"金丝雀有鳃吗"——会花费更长的时间，这意味着搜索整个层次结构只为寻求一个无法找到的答案。

人类回忆最快的是对鸟更特殊的特征，也就是说，它会叫或是黄色的。异常处理似乎也在最特定的级别上完成。例如，当被问及鸵鸟是否会飞时，回答的速度比被问及鸵鸟是否会呼吸时要快。因此，似乎没有遍历层次结构"鸵鸟→鸟→动物"来获得异常信息：直接存储为鸵鸟。这种类型的知识组织已经在基于计算机的表示系统中形式化，包括一系列面向对象的语言。

4.1 节介绍的图提供了一种使用弧和节点显式表示关系的方法，并为形式化基于关联的知识理论提供了理想的载体。语义网络将知识表示为图，节点对应事实或概念，而弧对应这些概念之间的关系或关联。节点和链接通常都带有标记。图 5.2 给出了描述"雪""雪人"和"冰"属性的语义网络示例。接下来，我们将描述语义网络表示法的演变和使用。

5.1.2　语义网络

语义网络研究的一个主要组成部分是支持基于计算机的人类语言理解。理解人类语言需要理解人类的意图、信念、假设的推理、计划和目标。人类语言还假设对常识、物体的行为方式、人类之间发生的互动、人类机构的组织方式等有一定的理解。由于这些限制，基于计算机的人类语言理解已经成为基于关联表示研究的主要驱动力。

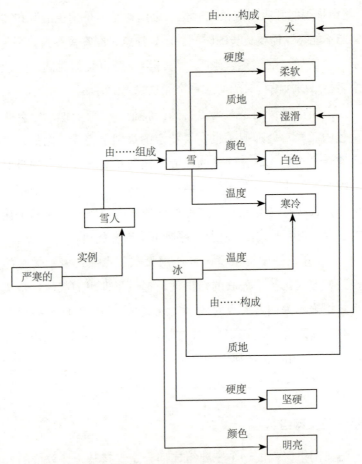

图 5.2　一个与雪、冰和雪人相关的属性的语义网络表示

语义网络的第一个计算机实现是在 20 世纪 60 年代早期开发的，用于机器翻译。马斯特曼（1961）定义了一组 100 个原始概念类型，然后用这些类型创建了一个包含 15 000 个概念的字典。威尔克斯（1972）继续在马斯特曼基于语义网络的自然语言系统

的工作基础上进行研究。夏皮罗（1971）的 MIND 项目是第一个基于命题演算的语义网络实现。其他早期探索网络表示的人工智能工作者包括斯卡图（1961）、拉斐尔（1968）、雷特曼（1965）和西蒙兹（1966）。

　　奎林（1967）编写了一个很有影响力的程序，阐述了早期语义网络的许多特征。如图 5.3 所示，奎林对英语单词的定义与词典的定义基本相同：一个单词由其他单词来描述，而这些描述的组成部分又以同样的方式来描述。每种描述只是以一种非结构化的、有时是循环的方式引导其他描述，不是根据基本的意义原子来正式定义单词。在查找某个单词时，我们会遍历这个关系网络，直到对该单词的含义感到满意为止。

　　奎林网络中的每个节点对应一个**单词概念**，并与构成其定义的其他单词概念相关联。知识库被组织成多个**平面**，每个平面都是定义单个单词的图形。图 5.3 展示了三个平面，分别表示"plant"一词的三种不同定义：（1）a living organism；（2）a place where people work；（3）the act of putting a seed in the ground to grow。

　　奎林的程序利用这些知识来寻找英语单词对之间的关系。给定两个单词，它以广度优先的方式从每个单词向外搜索图，寻找共同概念或**交叉节点**。然后，到该节点的路径反映单词概念之间的关系。举个例子，图 5.4 展示了"cry"和"comfort"之间的**交叉路径**。通过这条路径，程序得出结论："cry 2"是为了发出悲伤的声音，"comfort 3"可以"make 2"某人不那么悲伤。回答中的数字表明该程序是从这些词的不同含义中选择的。

Plant: 1) Living structure that is not an animal, frequently with leaves, getting its food from air, water, earth.

2) Apparatus used for any process in industry.

3) Put (seed, plant, etc.) in earth for growth.

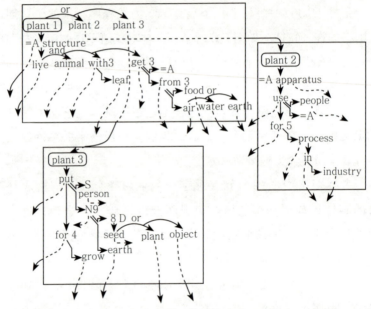

图 5.3　代表"plant"不同定义的三个平面（奎林，1967）

奎林（1967）认为，语义学的网络方法可能提供一种自然语言理解系统，具有以下能力：

1. 通过构建这些交叉节点的集合来确定英语文本的含义。

2. 通过找出与句子中其他单词交叉路径最短的含义，在多个单词定义中进行选择。例如，在图 5.3 中，"Tom went home to water his new plant"中"plant"的含义是基于单词概念

"water"和"plant"的交叉。

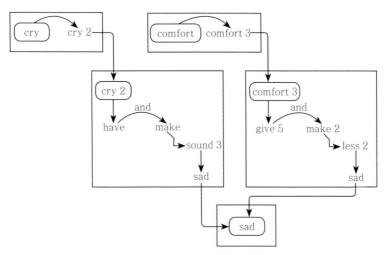

图 5.4　"cry"和"comfort"概念之间的交叉路径示例（奎林，1967）

3. 根据查询中的单词与系统中的单词概念之间的关联，回答一系列灵活的用户查询范围。

在奎林之后，包括罗伯特·西蒙兹（1966）、查尔斯·菲尔莫（1968，1985）、罗杰·尚克和拉里·特斯勒（1969）在内的研究人员提出，需要建立一套更精确的语义链接，以更好地体现人类语言的使用。西蒙兹着重研究了英语动词的**格结构**。基于菲尔莫的研究，在这种以动词为导向的研究方法中，网络链接定义了名词和名词短语在动词动作中的作用。格关系包括**智能体**、**对象**、**工具**、**位置**和**时间**。一个句子被表示为一个动词节点，它与表示动作参与者的节点有格链接。这种结构被称为**格框架**。在解析句子时，程序找到动词，并从其知识库中检索该动词的格框架。然后它将智能体、对象等的值绑定到这个格框架的适当节点上。

也许最雄心勃勃地捕捉语言深层语义结构的尝试是尚克和特斯勒（1969）的概念依赖理论。这一理论提供了构建意义世界的四种基本要素：行动、对象、行动的修饰语和对象的修饰语。所有可能的行动词都被简化为尚克的原始行动之一。

在接下来的几十年里，语义网络方法变得更加结构化。例如，麻省理工学院的马文·明斯基（1975）创建了框架系统。罗杰·尚克和他的同事开发了**脚本**（尚克和阿贝尔森，1977），这是一个描述人们熟知事件的关联网络，比如孩子的生日派对或去餐厅点餐。尚克的研究小组还创建了**记忆组织包**（尚克，1980）和**基于案例的推理**（克罗德纳，1993），它们都是语义网络表示方法的产物。

2003 年，艾伦·凯被授予 ACM 图灵奖，以表彰他在面向对象设计和编程语言方面的开创性工作。凯研究的产物是一种计算机语言 SmallTalk，它实现了语义网络表示的许多方面（高柏和凯，1976)，他是许多现代计算机界面设计的先驱。有关语义网络、脚本和框架的更多细节和例子，请参阅（卢格尔，2009b，7.1 节）。

5.1.3 基于关联的语义网络的现代应用

从早期的使用到现在，语义网络在几个方面已经成熟，例如约翰·索瓦（1984）的概念图理论。索瓦通过描述两个不同类型的组成部分，即概念和概念之间的关系，来使语义网络系统化。这两个实体在概念图中只能相互连接（这称为二部关系），见图 5.5。

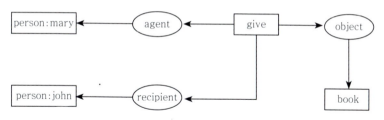

图 5.5　改编自索瓦（1984）。Mary gave John the book 的概念图

如图 5.5 所示，概念也可以有层次关系，其中 Mary 和 John 是人的实例。索瓦的概念图表示已经相当成功地用于表示人类语言。索瓦（1984）和夏皮罗（1971）也证明了如何将语义网络表示设计成与谓词演算等价。

早期语义网络研究的另外两个成果是 WordNet 和 FrameNet 表示。WordNet 是由乔治·米勒及其同事在普林斯顿大学创建的（米勒等，1990）。它是一个英语词汇的数据库，收集一系列的同义词，称为同义词集，并附有该单词的简短定义和用法示例。WordNet 可以被看作一本词典和一本同义词典。这些同义词集通过语义关系与其他同义词集连接。WordNet 是一个公共领域的软件，用于基于语言的信息系统、词义澄清、信息检索、文本分类和总结归纳以及语言翻译等场合。

语义框架的创造者查尔斯·菲尔莫 (1985) 和加州大学伯克利分校国际科学研究所（ISI）的同事构建了 FrameNet 存储库（戈达德，2011）。语义框架是描述事件和关系的概念性结构，包括所需的参与者。FrameNet 数据库包含 1 200 多个语义框架、13 000 个单词单元和 20 多万个句子。FrameNet 用于语言学分析和语言任务处理，包括问题回答、解述和信息检索。

作为使用 WordNet 和 FrameNet 的示例，我们考虑一家航空公司开发的用于购买机票的在线客户顾问程序。在与客户交流时，顾问可能会听到各种各样的陈述，包括"我要去西雅图""约翰需要飞往西雅图""我可以去西雅图吗""我需要一张机票"或者"你们有飞往西雅图的航班吗"。所有这些查询都会触发一个框架，该框架具有一个模板模式："客户"……前往……"机场"。

然后，特定乘客的名字将与客户绑定，机场将与 SEATAC 绑定，计算机服务顾问将继续使用语义框架（……前往……）向客户查询飞行的时间和日期，当然，还将查询支付旅行费用的信用卡信息。在本例中，模板"客户"……前往……"机场"来自航空公司创建的一组类似 FrameNet 的模板。不同的词集，如"要去""需要一张机票去""飞往"等，可以被视为"前往"概念的WordNet 同义词集。

接下来，我们将描述一种不同于基于关联表示法的方法，即神经网络或联结主义网络，以及它们在深度学习中的使用。

5.2　神经网络或联结主义网络

5.2 节首先介绍 1956 年达特茅斯研讨会上关于"神经元网络"领域的早期研究，包括麻省理工学院麦卡洛克、皮茨和赫布的工作。接着介绍反向传播算法，这种算法的进步引领了多层神经网络的广泛使用。最后，我们描述了更多当前的应用，包括深度学习。

5.2.1　早期研究：麦卡洛克、皮茨和赫布

神经网络架构通常被认为是最近的发展，但它起源于 20 世纪 40 年代计算、心理学和神经科学领域的工作。在 20 世纪 40 年代，细胞自动机和神经启发的计算方法都令约翰·冯·诺依曼着迷。神经学习方面的工作，特别是沃伦·麦卡洛克、沃尔特·皮茨（1943）和唐纳德·赫布（1949）的工作，影响了动物行为心理学理论。最后，1956 年达特茅斯人工智能研讨会将神经元网络作为一项重要的研究任务。

神经网络，通常以神经启发计算或并行分布式处理（PDP）为特征，像语义网络一样，不再强调符号和基于逻辑的推理的显式使用。神经网络方法旨在获取应用领域中的关系和关联，并在以前学习的关系模式的背景下解释新的情况。

神经网络哲学推测，智能产生于由简单交互组件组成的系统，如生物神经元或人工神经元。这是通过学习或适应的过程发生的，通过这个过程，组件之间的连接随着模式的处理而调整。这些系统中的计算分布在神经元的集合或层中。问题求解是并行的，因为集合或层中的所有神经元同时独立地处理输入。这些系统也倾向于完全降级，这是因为信息和处理是跨节点和层分布的，而不是本地化到网络的任何单个组件。

然而，在联结主义模型中，在输入参数的创建和输出值的解释中都存在强烈的表征偏差。为了构建神经网络，设计者必须创建一个方案，用于编码模式，作为由网络解释的用数字表示的或基于神经的模拟度量。编码方案的选择对网络学习的最终成败起

着至关重要的作用。来自域的模式被编码为数值向量。组件之间的连接也用数值表示。总之，模式的转换是数值运算的结果，通常是矩阵乘法和非线性映射。这些选择在联结主义架构的设计和构建中是必要的，它们构成了系统的*归纳偏差*。

实现联结主义技术的算法和体系结构通常是经过训练或设定条件的，而不是显式编程的。这一事实是该方法的主要优势，因为适当设计的网络架构和学习算法通常可以体现不变量，甚至以奇异吸引子的形式，而无须通过显式编程来识别。

神经 / 联结主义方法非常适合的任务包括：

- ❏ **分类**，决定输入值所属的类别或组；
- ❏ **模式识别**，识别数据中的结构或模式；
- ❏ **存储器调用**，包括内容可寻址存储器的问题；
- ❏ **预测**，如根据症状确定疾病，根据影响确定原因；
- ❏ **优化**，寻找约束条件的"最佳"组织；
- ❏ **控制**，在复杂的情况下从备选选择中做出决定；
- ❏ **噪声过滤**，如将信号从背景中分离出来。

网络的基础是人工神经元，这在 3.6 节中有介绍，如图 5.6 所示。

人工神经元的最小组成部分包括：

- ❏ **输入信号** x_i。这些信号可能来自环境或其他神经元的激活。不同模型的输入值范围不同，输入通常是离散的，来自集合 $\{0,1\}$ 或 $\{-1,1\}$。
- ❏ **一组实值权重** w_i。这些值描述连接强度。
- ❏ **激活水平** $\sum w_i x_i$。神经元的激活水平是由其输入信号的累

积强度决定的，其中每个输入信号都是按比例缩放（扩大）
与该输入相关的连接权重。激活水平是通过加权输入的和
来计算的，即 $\sum w_i x_i$。

❏ **阈值或有界非线性映射函数 f**。阈值函数通过判断神经元
是否超过激活水平来计算神经元的输出。非线性映射函数
对该神经元产生开 / 关或分级反应。

神经网络的体系结构由以下属性来描述：

❏ **网络拓扑结构**。网络的拓扑结构是单个神经元之间的连接
模式。这种拓扑结构是网络归纳偏差的主要来源。

❏ **学习算法**。本节将讨论一些用于学习的算法。

❏ **编码方案**。编码方案包括对网络数据、输入向量以及处理
结果的解释。

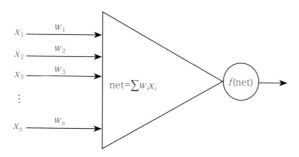

图 5.6　一个人工神经元，其输入为 x_i，每个输入的权重为 w_i，阈值函数 f 决定神经
元的输出值

　　神经计算的一个早期例子是麦卡洛克和皮茨（1943）的神
经元。麦卡洛克 - 皮茨神经元的输入要么为真（+1），要么为假
（-1）。激活函数将每个输入值乘以其相应的权重，并将结果相加。

如果这个和大于等于 0，神经元返回 1，为真；否则返回 −1，为假。麦卡洛克和皮茨展示了如何构造这些神经元来计算任何逻辑函数。

图 5.7 显示了用于计算逻辑函数与（∧）和或（∨）的麦卡洛克 − 皮茨神经元。左边的与神经元有三个输入：x 和 y 是要连接的值；第三个输入有时被称为偏差，其常数值为 +1。输入数据和偏差的权重分别为 +1、+1 和 −2。因此，对于任意 x 和 y 的输入值，神经元计算 $x+y-2$。表 5.1 显示，如果该值小于 0，则返回 −1，为假，否则返回 1，为真。图 5.7 右边的或神经元表示神经元计算 $x \lor y$ 的过程。除非 x 和 y 都等于 −1(为假)，否则或神经元输入数据的加权和大于或等于 0。

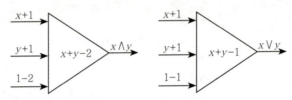

图 5.7　麦卡洛克 − 皮茨神经元的功能，左边为与神经元，右边为或神经元

表 5.1　计算图 5.7 中逻辑"与"的麦卡洛克 − 皮茨模型

x	y	$x+y-2$	输出
1	1	0	1
1	0	−1	−1
0	1	−1	−1
0	0	−2	−1

尽管麦卡洛克和皮茨展示了神经计算的力量，但随着实际学习算法的发展，对神经网络研究的兴趣才开始蓬勃发展。早期的

学习模型大量借鉴了心理学家唐纳德·赫布（1949）的工作，他推测学习是通过突触的修饰在大脑中发生的。赫布说：

> 当细胞 A 的轴突足够近，足以刺激细胞 B，并在激发过程中反复或持续发生时，一个或两个细胞中会发生一些生长过程或代谢变化，从而提高 A 作为激发 B 的细胞之一的效率。

神经生理学研究证实了赫布的观点，即连接的神经元放电的时间接近性可以改变其突触强度，尽管其方式比赫布的"效率提高"的直觉要复杂得多。接下来我们演示赫布学习，它属于学习规律的一致性类。这种学习在神经处理中产生对局部事件的响应的权重变化。我们用它们的局部时间和空间性质来描述这一类学习规律。

许多网络体系结构已经使用了赫布学习。当一个神经元激发另一个神经元时，加强两个神经元之间的连接所产生的效果，可以用数学方法来模拟，方法是用一个常数乘以输出值的乘积的符号来调整连接权重。我们可以将连接的权重调整 ΔW 定义为 $c(o_i o_j)$ 的符号，其中 c 是控制学习速率的常数。

在表 5.2 中，o_i 为神经元 i 的输出值的符号，o_j 为输出 j 的符号。从表的第一行可以看出，当 o_i 和 o_j 都为正且学习率 c 为正时，权重变化 ΔW 为正。当神经元 i 有助于神经元 j 的激活时，结果加强了 i 和 j 之间的联系。

在表 5.2 的第二行和第三行中，

表 5.2 输入符号（±）与节点输出值的符号的乘积

o_i	o_j	$o_i o_j$
+	+	+
+	−	−
−	+	−
−	−	+

i 和 j 的符号相反。由于它们的符号不同，当学习率 c 为正时，赫布的模型抑制了 i 对 j 的输出值的贡献。因此，我们将连接的权重调整为负值。最后，在第 4 行中，i 和 j 再次具有相同的符号 "$-$"，所以当学习率为正时，它们的连接强度增加。这种权重调整机制有时称为**奖赏性时间行为**，当神经元有相似的信号时，它会加强神经元之间的通路，否则会抑制。

神经网络学习可以是无监督的、有监督的，或两者的组合。到目前为止，我们看到的例子是无监督的，因为网络及其权重将输入信号转换为所需的输出值。接下来我们探讨一个无监督赫布学习的例子，其中每个输出都有一个权重调整因子。然后，我们给出了一个使用反向传播算法的监督学习的例子。

在无监督学习中，我们无法获得"正确的"输出值。因此，权重必须通过多次迭代进行修改，仅作为神经元输入和输出的函数。图 5.8 对赫布网络的训练具有增强网络对已经看到的模式的反应和正确解释新模式的效果。图 5.8 展示了如何使用赫布技术来建**模条件反应学习**，其中可以使用任意选择的刺激来对所需的反应进行控制。

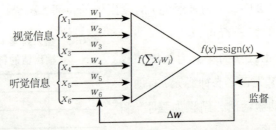

图 5.8 赫布网络示例，没有外部网络监督，学习对无条件刺激的反应。ΔW 通过网络在每次数据迭代时调整权重

巴甫洛夫在 19 世纪 90 年代的经典实验提供了条件反应的一个例子。铃响的同时给狗带来食物。狗垂涎欲滴，期待着食物。流涎动物的无条件反应是食物的存在。在许多情况下，食物的到来伴随着铃响，但若铃响时没有任何食物，狗也会流口水。铃响在狗身上产生条件反射！

图 5.8 所示的网络展示了赫布网络如何将一个反应从一个主要或非条件刺激转移到条件刺激。在巴甫洛夫的实验中，狗对食物的唾液反应被转移到了铃声上。在网络的每次迭代中，权重调整 ΔW 由等式描述为：

$$W = c \cdot f(X, W) \cdot X$$

在这个方程式中，c 是学习常数，是一个小的正数，它调节了每一步的学习程度，如图 5.9 所示。$f(X, W)$ 是每次迭代时网络的输出，X 是该次迭代的输入向量。

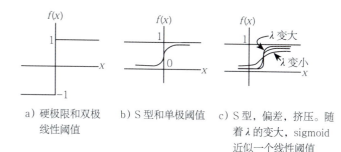

a）硬极限和双极　　b）S 型和单极阈值　　c）S 型，偏差，挤压。随
线性阈值　　　　　　　　　　　　　　　　　着 λ 的变大，sigmoid
　　　　　　　　　　　　　　　　　　　　　近似一个线性阈值

图 5.9　阈值函数的分析，产生现实和有用的误差 / 成功测量

图 5.8 的网络有两层，输入层有 6 个节点，输出层有 1 个节点。输出层返回 +1，表示输出神经元已经触发；或返回 −1，表示

输出神经元没有触发；监督网络的反馈 $\Delta \boldsymbol{W}$ 取网络的每一个输出，并将其乘以输入向量和学习常数，从而在网络的下一次迭代中生成输入向量的权重集。

我们将学习常数设为小的正实数 0.2。在这个例子中，我们在模式 [1，−1，1，−1，1，−1] 上训练网络，该模式连接了 [1，−1，1] 和 [−1，1，−1] 两个模式。模式 [1，−1，1] 表示非条件刺激，[−1，1，−1] 表示新的刺激。

假设网络已经对非条件刺激做出了积极的反应，但对新刺激则是中性的。我们用权重向量 [1，−1，1] 来模拟网络对非条件刺激的正响应，与输入模式完全匹配，而用权重向量 [0,0,0] 来模拟网络对新刺激的中性响应。将这两个权重向量结合，得到网络的初始权重向量 [1，−1，1，0，0，0]。

接下来对网络进行输入模式的训练，希望得出一个权重配置，从而对新刺激产生积极的网络响应。网络的第一次迭代产生的结果是：

$$\boldsymbol{WX} = (1 \times 1) + (-1 \times -1) + (1 \times 1) + (0 \times -1) + (0 \times 1)$$
$$+ (0 \times -1) = (1) + (1) + (1) = 3$$
$$f(3) = \text{sign}(3) = 1$$

现在赫布网络创建了新的权重向量 $\boldsymbol{W}^2$：

$$\boldsymbol{W}^2 = [1, -1, 1, 0, 0, 0] + 0.2 \times (1) \times [1, -1, 1, -1, 1, -1]$$
$$= [1, -1, 1, 0, 0, 0] + [0.2, -0.2, 0.2, -0.2, 0.2, -0.2]$$
$$= [1.2, -1.2, 1.2, -0.2, 0.2, -0.2]$$

接下来，调整后的网络会看到带有新权重的原始输入模式：

$$WX = (1.2 \times 1) + (-1.2 \times -1) + (1.2 \times 1) + (-0.2 \times -1) + (0.2 \times 1)$$
$$+ (-0.2 \times -1) = (1.2) + (1.2) + (1.2) + (0.2) + (0.2) + (0.2)$$
$$= 4.2$$
$$\text{sign}(4.2) = 1$$

现在赫布网络创建了新的权重向量 $\boldsymbol{W}^3$：

$$\boldsymbol{W}^3 = [1.2, -1.2, 1.2, -0.2, 0.2, -0.2] + 0.2 \times (1) \times [1, -1, 1, -1, 1-1]$$
$$= [1.2, -1.2, 1.2, -0.2, 0.2, -0.2] + [0.2, -0.2, 0.2, -0.2, 0.2, -0.2]$$
$$= [1.4, -1.4, 1.4, -0.4, 0.4, -0.4]$$

现在可以看到，在每个训练周期，权重向量乘积 $\boldsymbol{WX}$ 将继续向正方向增长，权重向量每个元素的值在 + 或 − 方向增加 0.2。经过十多次赫布训练的迭代，权重向量将为：

$$\boldsymbol{W}^{13} = [3.4, -3.4, 3.4, -2.4, 2.4, -2.4]$$

我们现在使用这个训练好的权重向量来测试网络对两个局部模式的响应。我们想看看网络是否继续对无条件刺激做出积极反应，更重要的是，网络现在是否对新的条件刺激做出了积极反应。我们首先在无条件刺激 [1，−1，1] 上测试网络。我们用随机的 1 和 −1 赋值填充输入向量的最后三个参数。例如，我们在向量 [1，−1，1，1，1，−1] 上测试网络：

$$\text{sign}(\boldsymbol{WX}) = \text{sign}((3.4 \times 1) + (-3.4 \times -1) + (3.4 \times 1) + (-2.4 \times 1)$$
$$+ (2.4 \times 1) + (-2.4 \times -1))$$
$$= \text{sign}(3.4 + 3.4 + 3.4 - 2.4 + 2.4 + 2.4) = \text{sign}(12.6) = +1$$

网络仍然对最初的无条件刺激做出积极的反应。接下来，我们在向量 [1，−1，1，1，−1，−1] 的最后三个位置使用原始的无条件刺激和不同的随机向量进行第二次测试：

$$\mathrm{sign}(\boldsymbol{WX})$$
$$= \mathrm{sign}((3.4 \times 1) + (-3.4 \times -1) + (3.4 \times 1) + (-2.4 \times 1) + (2.4 \times -1) + (-2.4 \times -1))$$
$$= \mathrm{sign}(3.4 + 3.4 + 3.4 - 2.4 - 2.4 + 2.4) = \mathrm{sign}(7.8) = +1$$

第二个向量也产生了一个积极的网络响应。在这两个例子中，网络对原始刺激的敏感性由于反复接触该刺激而增强了。

接下来，我们测试网络对新刺激模式 [-1，1，-1] 的响应，该模式编码在输入向量的最后三个位置。我们用集合 {1，-1} 中的随机分配来填充前三个向量位置，并在向量 [1，1，1，-1，1，-1] 上测试网络：

$$\mathrm{sign}(\boldsymbol{WX}) = \mathrm{sign}((3.4 \times 1) + (-3.4 \times -1) + (3.4 \times 1) + (-2.4 \times 1)$$
$$+ (2.4 \times 1) + (-2.4 \times -1))$$
$$= \mathrm{sign}(3.4 - 3.4 + 3.4 + 2.4 + 2.4 + 2.4)$$
$$= \mathrm{sign}(10.6) = +1$$

二次刺激的模式也得到了认可。

我们做最后一个实验，用向量模式稍微退化。这可能代表输入信号被改变的刺激情况，可能是因为使用了新的食物与 / 或不同的铃声。我们在输入向量 [1，-1，-1，1，1，-1] 上测试网络，其中前三个参数是原始非条件刺激的一个数字，后三个参数是条件刺激的一个数字：

$$\mathrm{sign}(\boldsymbol{WX}) = \mathrm{sign}((3.4 \times 1) + (-3.4 \times -1) + (3.4 \times 1) + (-2.4 \times 1)$$
$$+ (2.4 \times 1) + (-2.4 \times -1))$$
$$= \mathrm{sign}(3.4 + 3.4 - 3.4 - 2.4 + 2.4 + 2.4) = \mathrm{sign}(5.8) = +1$$

甚至这个部分退化的刺激也被识别出来了。

赫布学习模式产生了什么？我们通过反复将新旧刺激同时呈

现，在新的刺激和旧的反应之间建立了联系。网络学会了在没有任何外部监督的情况下转移对新刺激的反应。这种增强的敏感度也允许网络以同样的方式对轻微退化的刺激做出反应。这是通过使用赫布一致性学习来增加网络对总模式的响应强度来实现的。这增强了模式中单个组件的强度——这是使用赫布规则产生的自组织的一个示例。

5.2.2　反向传播网络

早期的神经网络受到赫布和其他学者的研究的启发，旨在描述人类皮层活动的各个方面。麦卡洛克和皮茨（1943）扩展了这些论点，以表明神经元网络可以计算任何布尔函数，并进一步指出，它们的网络与图灵机器是等价的。

1958 年，神经生物学家弗兰克·罗森布拉特（1958）延续了神经模拟的传统，创造了感知机，这是一个网络族，设计用于模式识别中更普遍的问题。罗森布拉特 1958 年的论文题为《感知机：大脑中信息存储和组织的概率模型》。受早期成功的鼓舞，感知机被吹捧很快就能看到图像，在国际象棋中击败人类，并产生新的自我复制（奥拉萨兰，1996）。

十年后，明斯基和佩特在《感知机》(1969) 这一著作中描述了这些早期神经网络族的局限性，例如，单层感知机网络的计算限制。目前的单层网络无法解决的一个问题是异或问题，这将在本节稍后讨论。研究"感知机争议"的历史学家奥拉萨兰 (1996)提出，《感知机》一书提出的局限性促使研究资金转向了基于符号的人工智能领域中更新的、当时非常有前途的工作，见第 4 章。

在感知机争议之后，研究工作确实在神经网络的传统中继续进行，工程师、物理学家和其他学者开发了新的架构（格罗斯伯格，1982；赫特－尼尔森，1990；霍普·菲尔德，1984；卢格尔，2009b，第 11 章）。在 20 世纪 80 年代中期，人工智能传统中的新研究产生了玻耳兹曼机（辛顿和谢诺沃斯基，1983）和反向传播网络（鲁梅尔哈特等，1986a）。这些架构解决了《感知机》一书中提出的局限性，并将神经网络研究作为当时人工智能领域的关键力量。

接下来我们描述反向传播网络中的监督学习。在图 3.2 的多层感知机中，我们可以看到 20 世纪 80 年代网络中的神经元是分层连接的，第 n 层内的单元只将它们的激活传递给第 $n+1$ 层的神经元。多层信号处理意味着网络深处的错误可以在连接的层中以复杂的、意想不到的方式传播和演化。因此，将最终输出误差源的分析返回网络是复杂的。反向传播是一种分配这一责任并相应地调整网络权重的算法。

反向传播算法所采用的方法是从输出层开始，通过隐藏层向后传播输出误差。对于输出节点，这很容易计算为期望输出值与实际输出值之间的差值。对于隐藏层中的节点，要确定每个节点应负责的错误部分是相当困难的。

在之前的所有示例中，每个神经元的学习度量都是离散的，并且限制为 1 或 −1；这不是连续的函数，在这里可以采用更有效的衡量错误或成功的方法。图 5.9 显示了可产生有用的误差度量的几个阈值函数。图 5.9a 中的双极线性阈值函数与感知机所使用的阈值函数类似。两个连续的 S 型函数如图 5.9b 和图 5.9c 所示。这些函数被称为 S 型函数，因为它们的图形是 S 型曲线。

常见的 S 型激活函数如图 5.9c 所示，称为 logistic 函数，其方程为

$$f(\text{net}) = 1 / (1 + e^{-\lambda \cdot \text{net}}), \ \text{net} = \sum x_i w_i$$

与之前定义的函数一样，x_i 是输入向量的第 i 个值，w_i 是 x_i 的权重，λ 是一个用于微调 S 型曲线的"挤压参数"。当 λ 变大时，S 型函数在 $\{0,1\}$ 上趋于线性阈值函数；当接近 1 时，它接近一条直线。

这些 S 型激活函数将输入值绘制在 x 轴上，以生成神经元的缩放激活水平或输出 $f(x)$。S 型激活函数是连续的，因此是可微的，这允许更精确的误差测量。与硬极限阈值函数相似，S 型激活函数将大多数值映射到接近其极限值的区域，在 S 型情况下为 0 或 1。然而，在 0 和 1 之间有一个快速而连续的过渡区域。在某种意义上，它在提供连续输出函数的同时，近似于阈值行为。作用于指数的 λ 调整了 S 型曲线在过渡区域的斜率。加权偏差使函数沿 x 轴移动。

具有连续激活函数的网络为减少错误学习提供了新的途径。威德罗和霍夫（1960）学习规则独立于激活函数，使期望输出值与网络激活之间的平方误差最小化。对于连续激活函数，最重要的学习规则可能是*德尔塔规则*（鲁梅尔哈特等，1986）及其在*反向传播算法中的扩展*。

直观地说，反向传播基于误差曲面的思想，如图 5.10 所示。该误差曲面表示数据集上的累积误差，作为网络权重的函数。对于二维空间，每一个网络权重配置都用曲面上的一个点表示。在

实际情况下，误差搜索将在更高维度的空间上进行，其中误差曲面的维度是特定层上的权重数加上误差测量。在这个 n 维误差曲面上，给定一组权重，学习算法必须在该曲面上找到最快减少每个维度误差的方向。这被称为**梯度下降学习**，因为梯度是曲面上一点的斜率的度量，作为一个方向（偏导数）的函数。

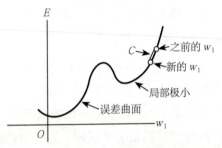

图 5.10　二维误差曲面。问题误差空间的维度是所涉及的权重数加上误差度量。学习常数 C 控制下一次网络学习迭代之前误差曲面上的步长。目标是找到 w_1 的值，其中 E 处于最小值

如上所述，使用逻辑函数有三个原因：首先，S 型曲线的连续形状在曲线上的每一点都有导数，或可测量的曲线变化。这对于误差估计和归因是必要的；其次，由于导数的值在 S 型函数变化最快的地方最大，因此，最大的误差归属于那些激活最不确定的节点；最后，逻辑函数的导数 f' 通过减法和乘法很容易计算：

$$f'(\text{net}) = (1/(1 + e^{-\lambda \cdot \text{net}})) = \lambda(f(\text{net})(1 - f(\text{net})))$$

卢格尔（2009b，11.2.3 节）给出了德尔塔规则的完整推导和反向传播训练的进一步例子。

接下来，我们演示反向传播算法如何解决神经网络知识中的

一个经典问题。如前所述，在 20 世纪 60 年代中期，当感知机学习成为普遍接受的神经网络范式时，明斯基和佩特撰写了《感知机》（1969）。该书提到的局限性之一是感知机算法不能解决异或问题。

逻辑中的异或（XOR）函数在其两个输入值中的任何一个为真时产生真值，在两个输入值都为真或假时产生假值。直到玻耳兹曼机（辛顿和谢诺沃斯基，1983）、广义德尔塔规则和反向传播算法的出现，异或问题才得以解决。

图 5.11 显示了包含两个输入节点、一个隐藏节点和一个输出节点的网络。该网络还有两个偏差节点，第一个连接到隐藏节点，第二个连接到输出节点。隐藏节点和输出节点的净值按照通常的方式计算，即输入值的向量积乘以其训练权重。偏差被加到这个总和中。利用 S 型激活函数的反向传播算法对权重和偏差进行训练。注意，输入节点也通过训练过的权重直接连接到输出节点。这种额外的连接通常可以获得一个隐藏层中节点更少、收敛速度更快的网络。图 5.11 的网络没有什么独特之处，任何数量的不同网络都可以用来计算异或问题的解。

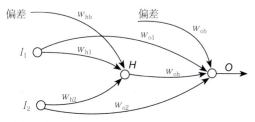

图 5.11　解决异或问题的一个反向传播神经网络。w_{ij} 是权重，I 是输入节点，H 是隐藏节点，O 是输出节点

　　这个随机初始化的网络使用四种模式的多个实例进行训练，这四种模式代表异或函数的真值。我们使用符号"→"来表示函数的值为 0 或 1。如前所述，这四个值是：

$$(0,0) \to 0; (1,0) \to 1; (0,1) \to 1; (1,1) \to 0$$

总共 1 400 个训练周期，使用这四个实例产生了以下值，四舍五入到小数点后一位，图 5.11 的权重参数为

$$w_{h1} = -7.0; w_{h2} = 2.6; w_{o1} = -5.0; w_{oh} = -11.0; w_{h2} = -7.0; w_{ob} = 7.0;$$
$$w_{o2} = -4.0$$

当输入值为（0，0）时，隐藏节点的输出为

$$f(0 \times (-7.0) + 0 \times (-7.0) + 1 \times 2.6) = f(2.6) \to 1$$

（0，0）的输出节点的输出为

$$f(0 \times (-5.0) + 0 \times (-4.0) + 1 \times (-11.0) + 1 \times (7.0)) = f(-4.0) \to 0$$

当输入值为（1，0）时，隐藏节点的输出为

$$f(1 \times (-7.0) + 0 \times (-7.0) + 1 \times 2.6) = f(-4.4) \to 0$$

（1，0）的输出节点的输出为

$$f(1 \times (-5.0) + 0 \times (-4.0) + 0 \times (-11.0) + 1 \times (7.0)) = f(2.0) \to 1$$

输入值（0，1）与之类似。最后，检查输入值为（1，1）的网络，隐藏节点的输出为

$$f(1 \times (-7.0) + 1 \times (-7.0) + 1 \times 2.6) = f(-11.4) \to 0$$

（1，1）的输出节点的输出为

$$f(1 \times (-5.0) + 1 \times (-4.0) + 0 \times (-11.0) + 1 \times (7.0)) = f(-2.0) \to 0$$

结果表明，图 5.11 中的前馈网络使用反向传播学习对异或数据点进行了非线性分离。阈值函数 f 是图 5.9c 的 S 型曲线，学习偏差沿 x 轴的正方向对其进行了轻微的平移。

在总结这个例子时，理解反向传播算法产生的结果是很重要的。异或网络的搜索空间有八个维度，由图 5.11 中的七个权重加上输出误差表示。七个权重中的每一个都用随机值初始化。当产生初始输出并确定其误差时，反向传播对七个权重中的每一个进行调整以减小该误差。在算法的每次迭代中，这七个权重被再次调整，向计算异或函数的误差最小的方向移动。经过 1 400 次迭代之后，搜索找到了七个权重中每一个权重的值，使误差趋近于零。

最后是一个观察结果。对异或网络进行训练，以满足四种精确模式，将异或函数应用于真 / 假对的结果。在现代深度学习情境中，训练解决精确情境的情况很少出现。例如，一个通过扫描 X 射线图像来检测疾病情况的程序。另一个例子是扫描金属焊缝的网络，用于寻找不良的金属结合位置。这种系统被称为**分类器**，它们检查新的、以前没有发现的位置，以确定是否存在潜在的问题。

分类器通常根据标记的数据进行训练。例如，一名放射科医生可能有数千张 X 光片，通过 X 光片可以发现有肿瘤和其他无肿瘤的情况。同样，焊工可能有成千上万个可接受和不可接受的焊接实例。然而，一旦这些网络得到培训，它们就会考虑全新的情况，即考虑它们以前从未考虑过的实例。分类器必须确定每一种新情况，并将其标记为好或坏。这就是我们接下来要考虑的深度学习分类器的情况。

5.3　神经网络和深度学习

5.2 节介绍了构建神经网络的许多早期和经典的项目。这些项目包括麦卡洛克 - 皮茨神经元的开发、赫布学习网络、多层感知机网络和解决异或问题的反向传播权重调整算法。

随着反向传播算法的成功以及大量增加的计算资源的可用性和可承受性的提高，挑战转向构建具有更多和更大隐藏层的网络。里娜·德切特 (1986) 首先将这个项目命名为**深度学习**。这种方法也被称为**层次学习**或**深度结构学习**。

当使用多层神经网络时，直觉是网络的每一层都会收敛到前一层的"泛化"或"概念"，然后由下一个处理层进行分析和细化。因此，可以看到网络中较深层的节点对应于早期层次的抽象和组合级别，这些层次将原始输入细化为有用的结果。虽然并不总是清楚这些"概念"可能是什么，但它们通常会导致成功的解决方案。在 5.4 节，我们有更多关于神经网络"黑盒"方面的讨论。

随着深度神经网络变得越来越普遍，事实证明，如果一个层中有足够多的节点和足够数量的具有适当连通性的隐藏层，那么这些网络是与图灵机等效的（柯尔莫哥罗夫，1957；赫特 - 尼尔森，1989；西格尔曼和桑塔格，1991）。这种等效性意味着，适当设计的网络可以近似任何输入和输出集之间的任意映射。网络可以建模任何复杂的非线性函数，即多项式函数。

但在实践中，发现适当的网络来解决任务往往被证明是相当困难的。寻找网络节点和层的最佳集合，以及针对复杂任务确定激活函数和学习率等超参数，似乎限制了深度网络问题求解的效用。三位独立但经常共同工作的研究人员开发了概念基础，通过实验获得了令人惊讶的结果，并取得了重要的工程进展，从而获得了支持深度学习网络发展的突破性见解。

2018 年，尤舒亚·本吉奥、杰弗里·辛顿和杨立昆被授予 ACM 图灵奖，以表彰他们在概念和工程方面的突破性工作，使深度学习成为现代计算的关键组成部分。20 世纪 90 年代，杨立昆和本吉奥（1995）将隐马尔可夫模型等概率技术与神经网络相结合，建立了序列的概率模型（8.2 节）。这项技术后来被用于机器读取手写支票。后来，本吉奥等人（2003）引入了代表单词含义的高维单词嵌入（5.3.4 节）。自 2010 年以来，本吉奥的研究包括**生成对抗网络**（GAN）（古德费洛等，2014），用于支持计算机视觉技术的定量改进。

1983 年，杰弗里·辛顿和他的同事特伦斯·谢诺沃斯基（1983）提出了**玻耳兹曼机**，这是一种将误差分布到多层感知机的隐藏节点上的算法。玻耳兹曼机也是前一节中介绍的反向传播算法的前身。辛顿（鲁梅尔哈特等，1986a）与他的同事大卫·鲁梅尔哈特和罗纳德·威廉姆斯也创建了反向传播算法。2017 年，辛顿和他的同事（克里泽夫斯基等，2017）改进了基于卷积的网络，支持在视野中分析物体。

在 20 世纪 80 年代，杨立昆（1989）展示了如何通过在网络中采用卷积层等技术来提高深度学习的效率。他的研究也有助于提高反向传播算法的效率。杨立昆展示了不同的网络模块如何有效地用于解决问题。他和他的同事还演示了网络如何学习层次特征，以及符号结构（如图）中的信息如何集成到网络中。

本吉奥、辛顿和杨立昆的研究产生了许多工程上的突破，使现代深度学习模型获得了成功。接下来，我们将描述卷积组件在网络中的重要性。正如刚才提到的，杰弗里·辛顿和他的同事（毕夏普，2006；辛顿等，2006；克里泽夫斯基等，2017）将卷积网络应用于图像处理任务。他们创建的网络 AlexNet 在 2012 年赢得了 ImageNet 大型视觉识别挑战赛，得分比任何竞争对手都高出 10% 以上。

当网络层是基于两个函数的运算产生第三个函数（表示其中一个函数的形状如何被另一个函数改变）的数学概念时，它被称为**卷积层**。卷积既指结果函数，也指计算它的过程。卷积产生的滤波器可以识别边缘和其他支持图像识别的细节。卷积神经网络的设计灵感来自神经科学家休伯尔和威塞尔（1959）的研究，并由早期福岛(1980)和杨立昆（1989）设计的网络发展而来。

AlexNet 包含 5 个卷积网络层和 3 个全连接层来处理 227×227 像素的图像。该网络包含 630 万个参数，处理每张图像需要进行 11 亿次计算。AlexNet 需要在两个 GPX580 GPU 上运行 90 次完整数据集才能收敛，这个训练过程可能需要 5 到 6 天。

事实上，在这些隐藏的分层体系结构中，将误差减少算法应用于大量非线性处理单元的训练成本是巨大的，并且通常不可能在"正常"的独立计算设备上实现。例如，据估计，2018 年训练 AlphaGo Zero 程序的计算成本约为 2 500 万美元。AlphaGo Zero 训练硬件由 19 个中央处理器组成，使用 64 个图形处理器。这些费用还未包括谷歌 DeepMind 研究团队的工资和工作场所的费用。

另一个关于训练深度学习语言模型的成本估算的例子是谷歌的 BERT（德夫林等，2019，5.3.4 节），仅略高于 6 万美元。在大型服务器群、云计算和其他基于集群的环境普遍可用之前，训练大型网络的较大计算成本使深度学习变得难以接受。许多行业和大学的研究小组确实构建了自己的深度学习模型，但更多时候使用的是从公共领域图书馆中预先训练的模型。这些预先训练的模型允许编程团队用他们自己特定的输出需求替换训练网络的输出层。因此，模型可以在几乎任何相对稳健的工作站上运行，且时间和成本都可以接受。

AlphaGo 程序使用了深度学习和**强化学习**（萨顿和巴托，2018）。我们之前描述了两种支持神经网络算法的技术，即监督学习和无监督学习。在监督学习中，就像在反向传播中看到的那样，输出值的误差被用来调节产生误差的权重。无监督学习根据数据本身的内在属性对数据进行分类。

强化学习采用第三种方法。给定一个在任何学习周期中没有即时误差估计的决策，该程序就会采取相应的行动，并在环境中进行测试，例如在棋盘游戏中。强化学习器会记录环境的新状态以及衡量新状态成功或失败的标准。塞缪尔（1959）的象棋游戏程序导致选择下一个棋盘位置的参数的"权重"是由其选择结果决定的，这是强化学习在计算机游戏中的早期应用。强化是关联主义或行为主义学习方法的一部分，因为它会记住并奖励路径上的状态，这些路径是有用的解决方案的组成部分。

图 5.12 给出了一个适合强化学习的任务示例。当我们大多数人学习玩井字棋时，都致力于发现游戏中能够带来成功结果的中

间状态。我们了解到，中间的棋盘位置是最好的第一步，因为它在更多可能的获胜路径上，见图 4.7。我们知道"分叉"位置，即图 5.12 底部的游戏位置，× 的对手只能阻止两种获胜模式中的一种，这是一种理想的中间状态。强化算法通过玩游戏和分析游戏中步骤的中间结果来学习这些模式和类似的模式。

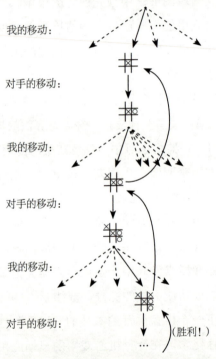

图 5.12　带有虚线的井字游戏移动序列表示玩家在第一步时可能做出的选择，实线表示所选择的移动。强化学习奖励成功移动模式的一部分决策

　　深度学习技术已经应用于视觉模式识别、分类、自然语言处理、生物信息学、药物研究、毒理学和许多其他信息处理领域的

任务。接下来，我们将更详细地描述四个使用深度学习技术的有趣应用程序。

5.3.1　AlphaGo Zero 和 AlphaZero

AlphaGo Zero 是最初的 AlphaGo 程序的后期版本，由谷歌的 DeepMind 研究团队开发。它的主要优势在于，在没有任何与人类棋手对抗的经验的情况下，它自己学会了如何下围棋。它只是被赋予了游戏规则，然后开始与自己的一个版本进行比赛。经过 40 天 2 900 万场比赛，这个程序被证明比所有早期版本的 AlphaGo 都要好（西尔弗等，2017）。这个结果很有趣，因为它表明，只知道游戏规则并与自身对抗的程序，很快就学会了超越最好的人类玩家。

AlphaZero 也是由谷歌的 DeepMind 研究团队创建的，它将深度学习与强化学习算法相结合，在 AlphaGo Zero 的基础上迈出了非常重要的一步。神经网络强化学习架构已经足够通用，可以玩几种不同的游戏。

AlphaZero 除了下围棋，还会下国际象棋和日本将棋。只经过 3 天的训练，它就超过了所有的国际象棋和围棋程序以及一个版本的 AlphaGo Zero。AlphaZero 在只掌握围棋规则的情况下，通过反复与自己对弈，熟练掌握了这门技能。选择下一步行动时，AlphaZero 的搜索量仅为基于计算机的对手的 1/1000。

5.3.2　机器人导航：PRM-RL

在前文中，我们看到了人工智能规划和机器人程序如何使用状态空间和搜索来发现支持机器人完成任务的路径。现代机器人技术将这些早期基于搜索的方法提升到了全新的水平，包括使用深度学习和强化学习来支持探索环境。在谷歌大脑，福斯特和她的同事（2018）创建了一个名为 PRM-RL 的机器人导航系统，该系统使用概率路线图和强化学习在复杂环境中寻找路径。

概率路线图规划器（卡夫拉奇等，1996）分为两个阶段。在第一阶段，构建一个基于图形的地图，该地图近似于机器人在其环境中可以进行的运动。为了构建这个路线图，规划算法首先通过考虑它在环境中发现的可访问位置之间的链接来构建一组可能的部分路径。在第二阶段，机器人的实际目标与图相关联，算法确定到该目标的最短路径。

PRM-RL 的强化学习组件被训练为执行点到点任务，并学习约束、系统动力学和传感器噪声，而不依赖于机器人的最终任务环境。在测试环境中，PRM-RL 程序使用强化学习构建路线图来确定关联性。强化学习算法只有在搜索发现两个配置点之间的点对点连接并避开所有障碍时，才会将两个配置点连接起来。图 5.13 左侧显示了 23m×18m 建筑平面图内的训练地图。图 5.13 右侧为测试环境，建筑平面图为 134m×93m。

正如前面所提到的，所有这些方法都需要使用计算机，而且成本很高。由于这种复杂性，深度强化学习面临的一个主要挑战是频繁分析长时间成功的搜索路径，并确定搜索中要"强化"的适当状态。同样令人印象深刻的是，谷歌的 PRM-RL 机器人可以在一个环境中进行训练，然后将这种学习转移到一个新的、不同的环境中，如图 5.13 所示。

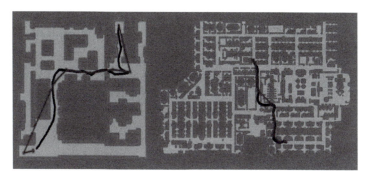

图 5.13　左侧为机器人的训练环境，右侧为测试环境。粗实线表示机器人所走的实际路径。改编自（福斯特等，2018）

5.3.3　深度学习和电子游戏

玩电子游戏的深度学习算法使用与谷歌 AlphaZero 类似的方法。网络的输入值是游戏的像素化视频屏幕和当前的游戏分数。这里没有基于符号的方法所需的游戏场景模型。例如，符号方法将表示正在玩游戏和学习玩游戏的智能体、想要实现的目标、实现这些目标的工具或武器，以及攻击、防御、逃跑等规则。

只要给定当前的像素化屏幕和游戏分数，强化学习就会分析玩家的状态和可用的游戏选择。在电子游戏中，这些选择可能非常多，大约有 10^{50} 个，而围棋玩家的最大选择数大约是 10^2 个。电子游戏的选择有多种类型，包括移动、武器使用和防御策略。基于游戏的当前状态，强化算法会对每个选择的质量进行概率估计。在给定的状态下，这些概率性的衡量方法会受到先前成功选择的影响。

当强化学习开始时，奖励信息非常少，智能体的动作看起来具有强烈的试探性和不稳定性。玩游戏的次数增多后，奖励算法会获得更多的"成功"信息，智能体的选择会得到改善，并最终获胜。玩电子游戏的学习过程，需要一个程序与自己的版本进行数百万次的比赛，可能会花费数百万美元（2018 年估算）。

深度学习电子游戏程序，包括谷歌 DeepMind 的 AlphaStar 程序"星际争霸 2"（格力斯托，2019；阿鲁库马兰等，2020），在单人游戏中的表现完全超越了人类。AlphaStar 于 2019 年 8 月获得特级大师称号。

许多有趣的电子游戏需要团队合作。雅德尔伯格等人（2019）设计了一个程序，可以在夺旗模式下玩《雷神之锤 3：竞技场》。其智能体学习并独立行动，与其他智能体开展合作和竞争。同样，强化学习器只使用像素化的屏幕图像和游戏分数作为输入。强化学习智能体群体是独立和并行训练的。每个智能体学习自己的内部奖励模式，以支持其在游戏环境中的积极互动。

5.3.4　深度学习和自然语言处理

从 20 世纪 90 年代初到 2015 年左右，用于理解人类语言、总结文档、回答问题以及将语音和文字从一种语言翻译成另一种语言的传统计算机方法都是概率性的。我们会在 8.3 节中看到这种概率方法的例子。最近，包括深度学习在内的替代技术解决了这些相同的人类语言任务。

如何将人类语言的输入值提供给神经网络？早些时候，谢诺沃斯基和罗森博格（1987）创建了一个名为 NETtalk 的神经网络程序，它可以读取英文文本中一连串的字母，并学习该文本的发音和重音。虽然这对英语发音很有效，但他们的方法并没有扩展到确定文档的相似性或其他更复杂的任务，如语言之间的翻译。

1988 年，斯科特·迪尔威斯特和他的同事（1990）申请了一项技术专利，称为**潜在语义分析**（LSA）。LSA 背后的想法是，类似的文档可能包含类似的单词集。计算相似单词集的任务是通过使用一个非常大的矩阵来完成的。矩阵中的每一列表示一个文档，而每一行表示文档中每个单词（按字母顺序排列）的使用次数。

矩阵的行列交点给出了该单词在该列的文档中出现的次数，经过了标准化处理，并强调较罕见的单词。在创建矩阵之前，常见的单词，通常被称为**停顿词**，如 a、the、to 和 for 等，将从考虑中删除。由于这些常用词几乎出现在所有的文档中，因此，删除它们可以改进文档的比较结果。然而，对于大多数有趣的任务，矩阵仍然非常大，并且是**稀疏的**——大量元素为零。

可以采用多种数学方法来简化这个矩阵，例如，**奇异值分解**可以减少行数，同时保留文档相似度的完整性。最后，矩阵的每一列都被视为一个表示特定文档的一维向量。当这些文档向量被定位在一个多维空间时，向量之间的距离——通常表示为它们之间夹角的余弦——被用来确定两个文档之间的相似性。

还有相关的语言任务，比如确定两个单词何时可能具有相似的含义（米科洛夫等，2013）。例如，word2vec 为单个单词创建了一个称为**嵌入**的向量。这些向量由文档中围绕该单词的固定大小的单词"窗口"中的单词组成。人们会认为周围有相似词的词比周围没有相似词的词在意义上更接近。这种单词相似度技术可以确定不同的单词具有大致相同的含义，因此可以用于减少文档向量中不同单词的总数。

语言模型描述了一种语言的组成部分如何在通信中协同工作。这些模型捕捉到的关系包括：名词与动词的一致，形容词和副词的正确使用，词组如何经常一起使用，等等。目前有许多基于深度学习的语言模型，其中，谷歌的 BERT（德夫林等，2019）和 OpenAI 的 GPT-3（布朗等，2020）使用最为广泛。

深度学习神经语言模型是经过训练的网络，可以捕捉语言中单词之间的关系。有许多训练方案用于训练这些模型。另一种更传统的方法考虑的是，给定一个未知标记词之前的 n 个单词，该标记最有可能是什么单词。谷歌的 BERT（德夫林等，2019）也考虑了未知标记后面的 n 个单词，以确定哪个单词最有可能出现在这 n 个单词之前。

训练是通过给这些学习网络提供大量的句子来进行的，例如，所有的维基百科语料库。截至 2020 年 12 月，该语料库拥有 600 多万篇文章，近 40 亿单词。其他大型语料库包括**谷歌书籍语料库、国际英语语料库和牛津英语语料库**。最初的 BERT 训练在四个云 TPU 上花了大约 4 天时间。TPU 是一个张量处理单元，是谷歌为训练深度神经网络所使用的非常大的向量而建立的一个专用处理器。谷歌搜索引擎目前得到了 BERT 技术的支持。

OpenAI 将 BERT 方法应用到语言模型中，迈出了重要的一步。在创建了一个类似于 BERT 的标准语言模型之后，GPT-3（**生成性预训练转化器 3**）（布朗等，2020）增加了第二个特定任务的训练集。初级训练是与任务无关的，只是一个类似于 BERT 的通用语言模型。随着特定任务训练的增加，GPT-3 可以专注于目标应用程序。例如，如果特定任务的训练是某一作者的作品，用户可以询问该作者对某一主题的看法。GPT-3，用那个作者的语言和风格做出的回应，往往是令人信服的。

GPT-3 是目前创建的最强大的语言模型。与 BERT 不同的是，它只使用下一个单词预测来建立模型。GPT-3 是一种自回归语言模型，它有超过 1 750 亿个参数，这些参数是网络在训练期间试图优化的值，据估计训练成本约为 460 万美元。GPT-3 的一个优点是，通过对特定任务（如特定作者的句子）进行少量的二次训练，它在与二次训练相关的任务上表现良好。例如，语言之间的翻译、回答问题、给新单词赋予意义，甚至执行简单的算术。GPT-3 也为图灵测试提供了令人印象深刻的答案。

虽然 BERT 和 GPT-3 在多个任务中成功地创建了令人印象深刻的语言模型，但它只反映了人类语言中的模式：没有人类意义上的语义，只有在人类交流中发现的词汇模式的呈现。正如威尔·道格拉斯·海文（2020a）在《麻省理工学院技术评论》中所声称的那样，GPT-3 是完全没有思想的，它会胡说八道，甚至有时会生成种族主义和性别歧视的言论。

目前只触及了深度学习帮助我们进行人类语言分析的表面。进一步的语言任务也有一些成功案例，包括寻找专利等相似文档（赫尔默斯等，2019），生成文档翻译（吴等，2016），以及回答关于语音和文本的问题（扎曼和米舒，2017）。

这几种深度学习技术的应用提供了这一研究领域的一个非常小的样本。现在有许多其他的网络架构可用来解决问题。其中包括具有自动联想记忆的 Hopfield 网络，学习原型的 Kohonen 网络，以及双向联想记忆（BAM）网络。赫特－尼尔森（1990）对这些和其他架构进行了讨论。伊恩·古德费洛和他的同事（2014）撰写了一本重要的深度学习教材。在萨玫克等人（2019）的著作中可以找到许多关于深度学习应用的总结。在本章的最后，我们将讨论与基于关联的表示和联结主义技术相关的认识问题。

5.4 认识问题和基于关联的表示

本章介绍了为人工智能问题求解构建基于关联的表示的两种方法：语义网络和神经网络。这两种方法自提出以来已经成熟并成功地应对了许多挑战。

然而，仍然存在一些认识问题。接下来，我们将描述三个问题：语义和神经网络中隐含的归纳偏差，网络结果的透明度和问责的需要，以及将成功解决方案泛化到相关领域的问题。接着，我们将本章的关联系统与基于符号的问题求解方法进行比较。最后，我们要问，鉴于神经网络技术的现状，为什么研究人员还没有构建出与动物大脑相当的大脑呢？

5.4.1 归纳偏差、透明度和泛化

虽然语义和神经网络技术已经非常成功，但仍然存在重要的研究问题。这些问题不应被视为对关联表示的负面批评，而应被视为继续研究如何使关联表示变得更有用。

语义或神经网络的设计是关于构建者的期望、要解决的问题以及用于训练和使用该网络的可用数据的函数。网络的设计提供

了对可能结果的支持和限制。例如，适当选择超参数可以找到解决方案。超参数包括网络的整体结构，即网络层的数量和大小，还包括学习率，训练集的批次或数据量，迭代次数，或在训练中使用全部数据集的次数，甚至包括为初始化权重而选择的随机值。

在为复杂任务建立网络时，通常很少有关于体系结构或其他超参数的决策指南。"最佳"工程决策通常基于训练时间和有足够的数据收敛。在自然语言环境中，例如使用谷歌的 BERT（德夫林等，2019），这些网络经过预先训练，以便发布给能够使用训练后的 BERT 完成特定任务的用户。

谷歌的研究人员（阿穆尔等，2020）注意到，在深度学习中使用的许多预训练的语言和其他模型，在应用于模型所要表达的新情况时都失败了。这些研究人员还表明，当训练以不同的随机变量开始时，或当其他模型元参数（如学习率或训练计划）发生变化时，其中一些相同的模型会达到不同的收敛点。

海文（2020b）也注意到了这种基于超参数的失效现象，并将其归因于这些训练模型的不规范。不规范意味着模型不能完全捕获（学习）预期情况的细节，因此，可能会有无限多的模型可以做得同样好或更好。在 GPT-3 环境中，即使有 1 750 亿个参数，如果理解了，欠拟合也不是一个致命的缺陷。但用户必须意识到，即使是这么大的模型也可能存在不适合它试图表示和解释的情况。

深度神经网络训练的另一个有趣的方面是，误差最小化搜索只考虑由连续函数表示的空间。这是在多维搜索空间中使用反向传播算法和相关误差最小化技术的一个明显结果。到目前为止，机器学习算法几乎没有能力跳转到替代上下文或环境的新模型。

我们将在 9.2 节和 9.3 节中再次讨论这个话题。

关于连续函数模型误差最小化搜索的局限性的一个例子是，问我们的算法是否在搜索适当的空间：我们到底要爬哪座山？例如，正如本德和科勒（2020）所指出的，通过比较名词短语、单词甚至这些文档的字符模式，使用 BERT 或 GPT-3 来找到类似的文档，如果不是错误的话，也可能会产生误导。在文本中发现的任何模式都不能捕获这些文档创建者想要的语义、意义或真相。正如我们将在第 7 章中看到的，意义和真理是目的驱动智能体的参考工具，并不等同于符号的模式。当然，文档之间可能存在相互关系，但文本中的模式可能与之相关联，并不意味着文档的意义存在类似的模式。

随着深度学习技术进入人类社会并提供关键服务，它需要被用户接受和信任。人类必须能够理解程序的推理，也就是说，它的结果必须是透明的。对于 Alpha Zero，这种透明度是直接的：强化条件数据结构在博弈树中选择最优移动序列。这是一个完全透明的解释。同样，使用谷歌的 BERT 或其他预先训练的网络来确定不同文档中单词模式的相似性也是一个透明的过程。

然而，当深度学习产生影响人类价值或决策的结果时，决策过程的透明度就变得更加重要。这些对人类至关重要的决定可能涉及医疗保健、家庭和工作环境、面部识别、隐私、金融信贷等。里贝罗等人（2016）提出了一种有趣的方法。其中第二层学习过程称为**模型不可知的可解释性**，试图进一步分析和解释早期应用的深度学习算法的结果。该研究解决了视觉系统（伊耶等，2018）和医疗信息处理（陈和卢，2018）中的透明度问题。来自麻省理工学院人工智能实验室的吉尔平等人（2019）在其发表的文章《解释：评估机器学习可解释性的方法》中对深度学习透明度的整个过程进行了评论。

对于深度学习网络，泛化问题是指如何将一个成功的解决过程扩展到其他相关问题。许多研究人员正在探讨这个问题。例如，在强化学习的决策策略支持下，树形搜索构成了一种通用的决策方法，可以应用于许多不同的环境。我们看到这些技术不仅应用于棋类游戏，还应用于机器人路径规划和电子游戏。

在伯克利，费恩和她的同事（2017）的研究探索了模型参数顶级权重训练中的松弛，以便在使用来自相关领域的新示例进行训练时，学习依然能够成功。这种与模型无关的方法适用于任何梯度下降域。

动物和人类似乎都有能力不断获取和整合知识。这种**终身学习**对于深度学习网络来说仍然是一个挑战。帕里西等人(2019)总结了这一挑战，并回顾了与持续学习相关的文献。**渐进学习**是终身学习的另一种方法，也是一个得到持续研究的领域。卡斯特罗等人（2018）研究了灾难性遗忘，即随着新数据类别的逐渐增加，一个成功系统的整体性能下降。卡斯特罗和他的同事通过添加新数据和之前训练的小数据样本来解决这个问题，允许学习器逐步学习新的课程。

5.4.2　神经网络和符号系统

本节继续讨论基于符号与联结主义的争论。正如前文所展示的，基于符号的显式方法的一种重要替代方法是神经网络技术。

由于神经网络中的"知识"分布在该网络的各个结构中，因此，通常很难将单个概念与网络的特定节点和权重相分离。事实上，网络的任何部分都可能是代表不同概念的工具。

神经网络体系结构将人工智能的重点从符号表示和基于逻辑的推理问题转移到通过关联和自适应进行学习。神经网络并不要求将世界设定为一个显式的符号模型。相反，网络是由其与世界的互动形成的，这反映在它的训练经验上。这种方法对我们理解智力帮助很大。神经网络为心理过程的物理具身化提供了一种合理的机制模型，并为学习和发展提供了一种可行的解释。它们展示了简单和局部的适应性如何塑造一个复杂的系统来响应数据。

正是因为神经网络如此不同，它们可以回答许多挑战基于符号的人工智能的表达能力的问题。这种问题的一个重要类别涉及视觉、听觉和触觉感知。大自然不会慷慨到把我们的感知作为一系列整齐的谓词演算表达式传递给一个处理系统。神经网络为我们如何在混乱的感官刺激中识别"有意义的"模式提供了一个模型。

由于神经网络的表现形式是分布式的，因此它通常比符号式的网络更加强大。一个经过适当训练的神经网络可以有效地对新的实例进行分类，表现出类似人类的相似性的感知，而不是严格的逻辑必要性。同样，几个神经元的损失也并不会严重损害一个大型神经网络的性能。这通常是由大多数神经网络模型中固有的冗余性造成的。

也许联结主义网络最吸引人的地方是其学习能力。神经网络不是构建一个详细的世界符号模型，而是依靠其自身结构的可塑性来直接适应外部经验。与其说神经网络构建了一个世界的模型，不如说关于世界的经验塑造了神经网络。学习是智力最重要的方面之一。学习问题也为进一步的研究提出了一些最困难和最有趣的问题。

许多研究者继续追问符号化和联结主义的表示模式是如何融合的，例如，辛顿（2007）、弗里斯顿（2009）和毛等人（2019）。对于那些对这两种似乎不可比拟的智能模型感到不舒服的人来说，物理科学很好地处理了直觉上自相矛盾的概念，即光有时最好理解为波，有时最好理解为粒子。也许这两种观点都可以被一些高阶理论所包含。然而，最重要的是，这两种方法都否定了哲学二元论，并将智能的基础置于物理实现设备的结构和功能之中。

5.4.3　为什么我们没能构建大脑

当前这一代的工程连接系统与人类的神经元系统几乎没有相似之处。因为神经系统的合理性是一个关键的研究课题，我们从这个问题开始，然后考虑人类的发展和学习。认知神经科学研究（斯夸尔和科斯林，1998；加扎尼加，2014；加扎尼加等，2018；哈达尔和戴维森，2003）为理解人类认知结构带来了新的见解。我们将简要描述一些发现，并评论它们与人工智能的关系。我们从三个层面来考虑问题：第一，单个神经元；第二，神经结构水平；第三，认知表示或编码问题。

在单个神经元的水平上，谢泼德（2004）和卡尔森（2010）确定了细胞的多种不同类型的神经元结构，每种结构都在更大的神经元系统中具有特定的功能和作用。这些类型包括感觉受体细胞（通常存在于皮肤中并将输入信息传递给其他细胞结构）、中间神经元（主要任务是在细胞集群内进行通信）、主神经元（任务是在细胞集群之间进行通信）以及运动神经元（任务是系统输出）。

　　神经活动是电性的。离子进出神经元的模式决定了神经元是活跃的还是静止的。典型神经元的静息电荷为 -70mV。当细胞活跃时，轴突末端会释放出某些化学物质。这些化学物质（神经递质）影响突触后膜，通常通过进入特定的受体位点，启动进一步的离子流。当离子流达到约 -50mV 的临界水平时，产生动作电位，这是一种全触发或无触发机制，指示细胞已激活。因此，神经元通过二进制代码序列进行通信。

　　由动作电位引起的突触后的变化有两种，一种是抑制性的，主要见于神经元间的细胞结构中，另一种是兴奋性的。这些正能量和负能量在树突系统的突触中不断产生。当所有这些事件的净效应是将相关神经元的膜电位从 -70mV 改变到约 -50mV 时，就会越过阈值，离子流再次启动进入这些细胞的轴突。

　　在神经结构的层面上，大脑皮层大约有 10^{10} 个神经元，这是一个覆盖整个大脑半球的薄而卷曲的薄片。皮层的大部分被折叠起来，增加了总表面积。从计算的角度来看，我们不仅需要知道突触的总数，还需要知道神经元的扇入和扇出参数，即它们之间相互连接的度量。谢泼德（2004）估计这两个数字都在 10^5 左右。

　　最后，除了神经系统和计算机系统在细胞和架构上的差异之外，还有一个认知表征的深层次问题。例如，我们忽视了即使是简单的记忆又是如何在大脑皮层中编码的。人脸是如何被识别的？在识别人脸的过程中，如何将大脑皮层的一个模块与其他模块（如边缘系统）联系起来，从而产生喜悦、悲伤或愤怒的感觉？我们对大脑中神经连接的物理／化学方面了解很多，但对神经系统在大脑中的编码和处理模式的了解相对较少。

联结主义网络从一组训练数据收敛到有意义的泛化的能力，已被证明对人工神经元的数量、网络拓扑结构、训练数据和使用的特定学习算法很敏感。越来越多的证据表明，人类婴儿也继承了一系列"天生的"认知偏见，从而使语言和常识物理的学习成为可能（埃尔曼等，1998）。在出生时，动物的大脑具有高度结构化的神经网络，通过进化的限制和产前经历进化而来。

因此，在神经网络和符号学习计算领域中，研究人员面临的一个更困难的问题是先天知识在学习中的作用。有效的学习能否在没有初始知识的情况下，完全从经验中学习，在一张白板上进行？还是说学习从一开始就必须有一些偏见或期望？在人类系统和计算系统中，试图理解归纳偏差对初始学习和整合新知识与关系的作用的研究仍在继续。我们将在 9.5 节中再次讨论用计算工具捕捉人类信息处理的进一步的挑战。

5.5　总结

在人工智能研究领域，基于关联的智能模型有两种形式。第一种是基于 20 世纪早期行为主义心理学传统的语义网络，用于回答问题和其他自然语言理解任务。这些层次化和基于泛化的表示捕获了许多被同化的世界知识或图式，康德和巴特利特认为这些知识或图式是人类解释世界的组成部分。

神经表示或联结主义表示也反映了关联学习的重要方面。我们看到早期神经网络的例子都受到了赫布以及麦卡洛克和皮茨的启发。我们回顾了使用反向传播算法的监督学习，并解决了异或问题。我们讨论了与具有多个隐藏层（称为**深度学习网络**）的大型系统相关的问题。我们讨论了解决各种问题的深度学习网络。

最后，我们描述了对基于关联理论的机械实现的几种回应，包括先天偏差、透明度和泛化问题。我们还讨论了构建人脑的相关问题。

延伸思考和阅读。推荐阅读资料的完整列表可在书末的参考文献中找到。此处只给出几个例子：

- ❏ Collins A. and Quillian, M.R. (1969). "Retrieval time from semantic memory."
- ❏ Schank, R.C. and Colby, K.M., ed. (1973). *Computer Models of Thought and Language.*
- ❏ Sowa, J.F. (1984). *Conceptual Structures: Information Processing in Mind and Machine.*

以下这本书对 20 世纪 80 年代末的神经网络研究产生了重大影响：

- ❏ Rumelhart, D.E., McClelland, J.L., and The PDP Research Group. (1986a). *Parallel Distributed Processing.*

感谢托马斯·考迪尔教授和沙亚·查克拉巴蒂博士对本章的评论。

Elsevier 拥有图 5.1、图 5.3 和图 5.4 的版权，感谢 Elsevier

允许我在本书中使用这些图片。图 5.1 来自柯林斯和奎林（1969），图 5.3 和图 5.4 来自奎林（1967）。图 5.13 改编自福斯特等（2018）。许多神经网络的例子和图形是在（卢格尔，1995）中首次使用的。

程序设计支持。（卢格尔，2009b）中提供了用于构建语义网络层次结构和其他面向对象表示系统的计算机代码。

目前有许多可用的神经网络软件构建和可视化工具，其中许多都可以在互联网上找到。

第6章

进化计算与智能

我们能对这种力量施加什么限制呢？在漫长的岁月中，我们严格地审查每一种生物的整体结构、构造和习惯——偏爱好的，排斥坏的？在缓慢而优美地使每种形式适应最复杂的生活关系的过程中，我认为这种力量是无限的……

——查尔斯·达尔文，《物种起源》

6.1 节介绍遗传和进化计算。6.2 节介绍遗传算法和编程，并给出了几个示例。6.3 节探讨人工生命。6.4 节从认识的角度探讨了创造智能程序的遗传和进化方法。6.5 节对第二部分进行了总结。

6.1　进化计算简介

就像联结主义网络早期从创造人工神经系统的目标中获得了很多支持和灵感一样，其他生物类似物也影响了人工智能中搜索和学习算法的设计。本章探讨进化过程之后形成的算法：通过最适合的成员的生存和繁殖来塑造个体群体。随着越来越复杂的物种的出现，自然进化证明了在不同的个体群体中进行选择的力量。这些选择过程也可以通过研究进行计算和复制，包括细胞自动机、遗传算法、遗传编程和人工生命。

进化计算模拟了自然界最优雅、最强大的适应形式：复杂动植物生命形式的产生。正如查尔斯·达尔文所说："在缓慢而优美地使每种形式适应最复杂的生活关系的过程中，我认为这种力量是无限的……"通过这个简单的过程，变异被引入连续的世代中，并有选择地淘汰不适应的个体，使得种群的适应能力和多样性不断增强。进化发生在具体化的个体种群中，这些个体的行为会影响其他个体，而这些个体又反过来受到其他个体的影响。因此，选择压力不仅来自外部环境，也来自群体成员之间的相互作用。一个生态系统有很多成员，每个成员都有适合自己生存的角色和技能，但更重要的是，它们的累积行为塑造了其他群体，也被其他群体所塑造。

尽管进化的过程很简单，但事实证明，进化是相当普遍的。生物进化通过选择基因组的变化产生物种。同样，文化进化通过对社会传播和修改的信息单元（有时被称为迷因）进行操作来产生知识（道金斯，1976）。遗传算法和其他进化的类似物通过对候选问题解决方案的群体进行操作，产生越来越强大的解决方案。

进化计算的历史可以追溯到计算机本身的最开始。约翰·冯·诺依曼在 1949 年的一系列讲座中，探讨了自我复制需要多大程度的组织复杂性的问题（冯·诺依曼和伯克斯，1966）。伯克斯（1970）指出冯·诺依曼的目标是"……不试图在遗传学和生物化学的层面上模拟自然系统的自我繁殖"。相反，冯·诺依曼希望"从自然的自我繁殖问题中抽象出它的逻辑形式"。

通过去除化学、生物和机械方面的细节，冯·诺依曼能够表示自我复制的基本要求。冯·诺依曼设计了一种自我复制的自动机，尽管它是在 20 世纪 90 年代建造的，但它由二维单元排列组成，其中包含大量单独的 29 状态自动机。每个自动机的下一个状态是其当前状态及其四个近邻状态的函数。6.3 节将给出这种相邻细胞相互作用现象的详细例子。

冯·诺依曼设计的自我复制机器，估计至少需要包含 40 000 个单元，才能具有通用图灵机器的功能。冯·诺依曼的计算设备是**通用构造设备**，因为它能够读取输入磁带，解释磁带上的数据，并通过构造臂在单元空间中未占用部分构建磁带上描述的配置。冯·诺依曼通过在磁带上描述构造自动机本身，提出创建一个自我复制系统（阿尔贝勃，1966）。

后来，科德（1968）将计算通用的自我复制自动机所需的状态数从 29 个减少到 8 个，但估计整个设计需要 1 亿个单元。然后，德沃尔简化了科德的机器，只占用了大约 87 500 个单元。在现代，兰顿创造了一个自我复制的自动机，没有实现计算的普遍性，每个单元只有 8 个状态，只占用 100 个单元（兰顿，1995；海托华，1992；科德，1992）。直到 20 世纪 90 年代初，普林斯顿大学的一名本科生翁贝托·斐萨文托 (1995) 才真正制造出了冯·诺依曼的机器。关于自我复制自动机的进一步研究成果可以在"人工生命"会议的会议记录中找到（参见 alife.org/conferences）。

由于约翰·冯·诺依曼，对自我复制机器的形式化分析在计算的历史中有着深刻的根源。同样不足为奇的是，1956 年达特茅斯夏季人工智能研讨会将*自我完善*作为其计算任务之一，研究人员希望建立能够以某种方式使自己"更好"的智能机器。在 6.3 节中，我们将用更多的例子扩展由冯·诺依曼开始的人工生命研究。

但首先，在 6.2 节中，我们先描述自组织和复制机器中的一个自然后续想法，即遗传算法研究（霍兰，1975）。与神经网络一样，遗传算法也是基于一种生物隐喻的概念：将基于计算机的搜索和学习看作一个问题的全部候选方案之间的竞争。"适应度"函数对每个解决方案进行评估，以确定它是否有助于下一代解决方案。然后，通过类似于有性繁殖中的基因转移的操作，该算法创造了一组新的候选解决方案。我们接下来将详细描述遗传算法和遗传编程。

6.2　遗传算法及示例

为了解决问题，遗传算法有三个不同的阶段。在第一阶段，为问题创建单独的潜在解决方案，这些解决方案被编码为可用于遗传算子的表示。在第二阶段，通过*适应度*函数判断这一群体中的哪些个体是"最佳"生命形式，也就是说，最适合最终的问题解决方案。这些成功的个体适于生存，它们会被用来产生下一代的潜在解决方案——之后由遗传算子产生。正如我们将在示例中看到的那样，下一代是由其父母的组件构建而成的。在第三阶段，从最新一代可能的解决方案中选择问题的"最佳"解决方案。

　　我们现在提出一个遗传算法的高级描述。此描述被称为伪代码，因为我们不打算在计算机上运行它，而是像烹饪食谱一样，指示解决方案的每个步骤以及何时执行：

设 $P(t)$ 是 n 个可能的解 x_1^t 的列表，在时刻 t：
$$(t) = \{x_1^t,\ x_2^t, \cdots, x_n^t\}$$
过程遗传算法；
begin
　　　　将时间 t 设置为 0；
　　　　初始化种群 $P(t)$；
　　　　当不满足问题的终止条件时
　　　　begin
　　　　　　评估种群中每个成员的适应度；
　　　　　　根据适应度从种群 $P(t)$ 中选择对；
　　　　　　使用基因算子产生成对的孩子；
　　　　　　基于适应度替换 $P(t)$ 中最弱的成员；
　　　　　　设置新的时间为 $t+1$；
　　　　end
end

　　这种伪代码算法提供了一个遗传问题解决框架，实际的遗传算法以不同的方式实现这个框架。需要澄清的具体问题包括：用于产生下一代潜在解决方案的种群数量的百分比是多少？哪些遗传算子被用来产生下一代？遗传算子是如何应用的？在应用了算子之后，最好的候选者能从一代传递到下一代吗？通常情况下，"替换一代中最弱的候选者"的程序是通过简单地消除固定比例的最弱解候选者来实现的。

　　更复杂的遗传算法可以根据适应度对种群进行排序，然后将"消除概率"度量与每个后代关联起来。例如，被淘汰的概率可能是其适应度的反函数。然后，替换算法将此度量用作选择要消除的候选者的一个因素。虽然社会中适应度最高的成员被淘汰的可能性很低，但即使是最优秀的个体也有可能被淘汰。这个方案的优点是，可能会保存一些整体健康状况不佳但包含一些遗传物质的个体，这些物质有助于在几代之后更成功地解决问题。这种算法被称为**蒙特卡罗法**、**适应度比例选择法**或**轮盘法**。

接下来，我们描述并给出几个遗传算子的例子。首先，我们必须选择适合这些遗传算子的解决方案的表示。一种常见的方法是将每个候选解决方案表示为一系列二进制整数或位。它们是 0 和 1，再加上模式 #。因此，模式 1##00##1 表示所有以 1 开头和结尾，中间有两个 0 的八位字符串。

遗传算法通常首先随机创建一个候选解决方案模式种群。对候选者的评估采用适应度函数，该函数返回每个候选者在特定时间的"质量"的度量值。确定候选者适应度的常用方法是在一组问题情况下进行测试，并计算正确结果的百分比。使用这种适应度函数，评估会为每个候选者分配一个值，该值是所有问题情况的平均适应度。适应度度量值通常也会随着时间周期的变化而变化，这样它就成为整体问题解决方案阶段的函数。

在评估了每个候选者后，该算法选择这些成对的候选者进行重组并产生下一代。重组利用**遗传算子**，通过结合双亲的成分来产生新的解决方案。与自然进化一样，候选者的适应度决定了其繁殖的程度，那些适应度最高的候选者繁殖概率更大。

许多遗传算子产生的后代保留了父母的特征，其中最常见的是**交叉**。交叉选择两个候选方案并将其分割，交换组件以产生两个新的候选方案。图 6.1 说明了两个长度为 8 的位串模式的交叉。

算子拆分中间的字符串，并形成两个子字符串，其初始段来自父母段中的一个字符串，其余部分来自另一个字符串。请注意，在中间拆分候选解决方案是一个任意的选择。此拆分可能位于表示中的任何点，实际上，此拆分点可以在求解过程中随机调整或更改。

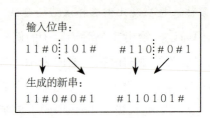

图 6.1　在两个长度为 8 的位串上使用交叉遗传算子，# 表示 0 或 1 可以位于该位置

　　例如，假设一个问题的任务是创建一组以 1 开头和结尾的位串。图 6.1 中的两个父字符串在此任务中的表现都相对较好。然而，第一个后代将比父母中的任何一个都要好得多：它不会有任何错误的结果，并且无法匹配实际存在于解决方案类中的更少的字符串。还要注意的是，它的兄弟姐妹比父母中的任何一个都要差，很可能会在未来几代中被淘汰。

　　突变通常被认为是最重要的遗传算子。突变选择一个候选者，并随机改变它的某些方面。例如，突变可以选择模式中的一位并对其进行更改，如将 1 切换为 0 或 #。突变很重要，因为初始种群可能会排除解决方案的一个重要组成部分。在我们的例子中，如果初始种群中没有一个成员的第一个位置为 1，那么交叉就不能产生有 1 的后代，因为它保留了父代的前四位作为子代的前四位。在这种情况下，需要突变来改变这些位的值。其他遗传运算，例如**反演**或反转位的顺序，也可以完成这项任务。

遗传算法继续进行，直到满足某个终止要求，其中一个或多个候选解的适应度超过某个阈值。在下一节中，我们将介绍遗传算法在旅行商问题上的表现形式、算子和适应度评估。然后给出遗传编程的例子。

6.2.1 旅行商问题

旅行商问题（TSP）是计算机科学中的一个经典问题。这个问题的表述很简单：

> 作为销售路径的一部分，销售人员需要访问 N 座城市。成本（例如里程或机票）与路线上的每两座城市相关联。请找到从一座城市出发的成本最低的路径，要求访问所有其他城市且只访问一次，然后返回始始城市。

首先考虑状态空间搜索，TSP 有 N! 个状态，其中 N 是要访问的城市数量。对于大量的城市，穷举搜索是不可能的；启发式方法通常用于发现足够好但可能不是最优的解决方案。

旅行商问题还有一些重要的应用，包括电路板钻孔、X 射线晶体学和 VLSI 制造中的布线。其中一些问题需要以最低成本路径访问成千上万个点（城市）。问题是，是否值得运行一台昂贵的计算机数小时以获得接近最优的解决方案，还是运行一台便宜的计算机数分钟以获得"足够好"的结果。TSP 是一个复杂的问题，也是评估不同搜索策略的一个很好的测试平台。

我们如何使用遗传算法来解决这个问题？首先，我们必须为访问的城市路径选择一个表示法。我们还必须创建一组遗传算子来产生新的路径。然而，适应度函数的设计非常简单：我们所需要做的就是评估每条路径上的旅行成本。然后我们可以根据路径的成本来排序，越便宜越好。

让我们考虑一些显然具有重要影响的表示法。假设有九座城市要参观，假设分别编号为 1，2，…，9，我们将路径表示为这 9 个整数的有序列表。接下来，我们将每座城市设置为四位模式，即 0001，0010，…，1001，因此，模式

$$0001\ 0010\ 0011\ 0100\ 0101\ 0110\ 0111\ 1000\ 1001$$

表示按编号顺序对每座城市的访问。我们在字符串中插入空格只是为了使其更易于阅读。接下来，考虑遗传算子。交叉肯定是不行的，因为从两个不同的亲本中产生的新字符串很可能不代表对每座城市恰巧访问一次的路径。事实上，通过交叉访问，一些城市可以被删除，而另一些城市则会被访问不止一次。

对于突变，假设第六座城市 0110 最左边的 0 突变为 1，即 1110 或 14，不再是合法的城市。在路径内反演和交换城市，即城市模式中的四位，将得到可接受的遗传算子，但这些算子是否足够强大，能够获得令人满意的解决方案？寻找最小路径的一种方法是生成和评估城市列表中 N 个元素的所有可能排序或排列。遗传算子必须能够产生所有这些排列。

TSP 的另一种方法是忽略位模式的表示，给每座城市一个字母或数字名称，如 1，2，…，9，按照这 9 位数字的顺序排列穿过城市的路径，然后选择适当的遗传算子来产生新路径。只要是路径中两座城市的随机交换，突变就是有效的，但两条路径之间的交叉算子将是无效的。将一条路径的某些片段与同一路径的其他片段进行交换，或者对该路径的字母进行洗牌，而不删除、添加

或复制任何城市，也是有效的。然而，这些方法很难将不同父母在城市间的"更好"因素结合到后代身上。

一些研究人员，包括戴维斯（1985）和奥利弗等人（1987），创造了克服这些问题的交叉算子，并支持使用访问过的城市的有序列表进行工作。例如，戴维斯定义了一个叫作顺序交叉的算子。假设有9座城市，分别为1，2，…，9，整数的顺序代表访问城市的顺序。顺序交叉通过选择一个父代路径内的子城市序列来建立后代，并且保留了父代的城市的相对顺序。首先，选择两个切割点，用"‖"表示，随机插入每个父本的相同位置。切割点的位置是随机的，但一旦选定，必须对父母节点都使用相同的位置。例如，对于两个亲本 $p1$ 和 $p2$，在第三和第七座城市之后插入切割点：

$$p1 = (192 \parallel 4657 \parallel 83)$$
$$p2 = (459 \parallel 1876 \parallel 23)$$

两个子代，即新的访问城市列表 $c1$ 和 $c2$，以如下方式产生。首先，切割点之间的片段被复制到子代：

$$c1 = (\text{xxx} \parallel 4657 \parallel \text{xx})$$
$$c2 = (\text{xxx} \parallel 1876 \parallel \text{xx})$$

接下来，从一个父节点的第二个切割点开始，以相同的顺序复制另一个父节点的城市，省略已经存在的城市。当到达字符串末尾时，从起始点继续。因此，从 $p2$ 开始的城市顺序为

234591876

一旦城市4、6、5和7被移除（因为它们已经是第一个子节

点的一部分），我们就会得到缩短的列表 2、3、9、1 和 8，其保留 $p2$ 中的排序，剩下的城市由 $c1$ 访问：

$$c1 = (239 \| 4657 \| 18)$$

以类似的方式，我们可以创建第二个子节点 $c2$：

$$c2 = (392 \| 1876 \| 45)$$

总而言之，对于顺序交叉算子，路径的片段从父节点 $p1$ 传递给子节点 $c1$，而子节点 $c1$ 的剩余城市的顺序则从另一个父节点 $p2$ 继承。这支持一种显而易见的直觉，即城市的排序对于生成成本最低的路径非常重要，因此，将这种排序信息的片段从健康的父母传递给他们的孩子是至关重要的。

顺序交叉算法也保证子节点是合法的，且只访问所有城市一次。如果我们希望在这个结果中加入一个突变算子，必须小心操作，如前所述，要使之成为路径内的城市交换。反演算子若只是简单地颠倒旅行中所有城市的顺序，则是行不通的，因为当所有城市都被反演时，就没有新的路径了。然而，如果路径内的一段被切割、翻转，然后被替换，则可以接受使用反演算子。例如，如前所述使用"$\|$"，路径

$$c1 = (239 \| 4657 \| 18)$$

随着中间部分的倒置，将变成

$$c1 = (239 \| 7564 \| 18)$$

可以定义一种新的突变算子，随机选择一个城市，并将其置于路径中一个新的随机选择的位置。这个突变算子也可以对路径

的某一块进行操作，例如，取三个城市的子路径，以同样的顺序放在路径中的一个新位置。一旦选择合适的遗传算子来产生子路径，使其保持访问所有城市的约束，遗传算法就可以运行。如上所述，适应度函数评估每个子节点的路径代价，然后决定保留哪条"最便宜"的路径用于算法的下一次迭代。

遗传算法应用广泛。它们还被应用于更复杂的表示中，包括"如果……那么……"产生式规则，用于进化出适于与环境交互的规则集。约翰·霍兰德（1986）的**分类器系统**就是这种方法的一个例子。另一个例子是**遗传编程**，它对计算机代码片段进行组合或突变，试图进化出一个问题求解程序，例如，发现数据集中的模式。我们接下来探讨遗传编程。

6.2.2　遗传编程

早期的遗传算法研究几乎只关注较低层次的表示，如字符串{0，1，#}。除了支持遗传算子的直接使用外，位字符串和类似的较低层次表示法使遗传算法具有其他子符号方法（如联结主义网络）的强大功能。然而，也存在一些问题，例如旅行商问题，它在更复杂的表示层次上具有更自然的编码。我们可以进一步思考，是否可以为更丰富的表示定义遗传算子，如产生式规则或计算机程序片段。这种表示的一个重要方面是能够通过规则或函数调用将不同的、更高层次的知识片段结合起来，以满足特定问题的要求。

很难定义可捕获规则或程序关系结构的遗传算子，也很难有效地应用可用于这些表示的遗传算子。将规则或程序转换为位串，然后使用交叉和突变的标准遗传算子，这种方法不能产生有用的结果。作为将潜在解决方案表示为位串的替代方案，我们接下来将描述直接应用于计算机程序片段的遗传算子的变种。

科扎（1992，1994）提出，计算机程序可能通过遗传算子的连续应用而逐渐进化。在遗传程序设计中，所适应的结构是计算机程序的分层组织段。学习算法维持候选程序的种群。程序的适应度是通过解决一组任务的能力来衡量的，程序是通过对程序子组件应用交叉和变异来修改的。遗传程序设计搜索的是一组大小和复杂性各不相同的计算机程序。搜索空间是由适合问题域的函数和终端符号组成的所有可能的计算机程序的空间。与所有的遗传学习算法一样，这种搜索是随机的，很大程度上是盲目的，但却出奇地有效。

遗传编程从一个由适当程序片段组成的随机生成的初始程序群开始。这些适用于问题域的部分可能包括标准数学函数、逻辑和域特定程序以及其他相关的编程操作。程序组件包括常见类型的数据项：布尔（真／假）、整数、实数、向量和符号表达式。

初始化后，新程序的产生伴随着遗传算子的应用。交叉、突变和其他算子必须为计算机程序的生产而定制。然后，通过观察每个新程序在特定问题环境中的表现来确定其适应度，该问题环境将根据问题域的不同而变化。任何在这项适应度任务上做得好的项目都将存活下来，以帮助培养下一代"孩子"。

总而言之，遗传规划包括五个组成部分，其中许多与遗传算法非常相似：

❑ 一组经过遗传算子进行转换的结构。

❑ 一组适合问题域的初始结构。

❑ 一种适应度量，例如，来自解域的问题，用于评估结构。

❑ 一组转换结构的遗传算子。

❑ 一组终止条件。

接下来，我们将分别讨论这些主题。首先，遗传编程操作分层组织的程序模块。Lisp 计算机语言是由 1956 年人工智能达特茅斯夏季研讨会的组织者之一约翰·麦卡锡在 20 世纪 50 年代末设计的，这是一种**功能性语言**。Lisp 的程序组件是**符号表达式**。这些符号表达式可以自然地表示为树，其中函数是树的根，而函数的参数（无论是终止符号还是其他函数）从根向下延伸。图 6.2、图 6.3 和图 6.4 是用树表示的符号表达式的例子。科扎的遗传算子操作这些符号表达式。特别是，算子将符号表达式的树结构映射到新的树或新的 Lisp 程序段。虽然符号表达式操作是科扎早期工作的基础，但其他研究人员已经将遗传编程应用到不同的语言和范式中。

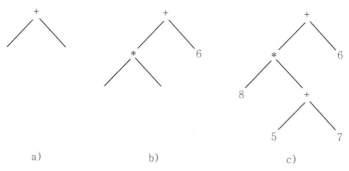

图 6.2　Lisp 符号表达式程序的随机生成。算子节点 + 和 * 来自 Lisp 函数集 F。改编自科扎（1992）

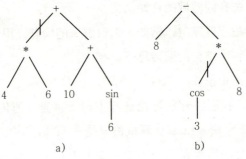

图 6.3　随机选择两个适应度的程序进行交叉。"|"表示选择用于交叉的点。改编自科扎（1992）

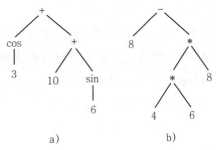

图 6.4　交叉算子生成的子程序应用于图 6.3。改编自科扎（1992）

　　遗传编程构建有意义的程序，前提是问题域的原子块和适当函数可用。当设置一个域来创建足以解决一组问题的程序时，我们必须首先分析需要哪些终端符号。然后，我们选择足以产生这些终端的程序段。正如科扎（1992，第 86 页）所说，"遗传编程的用户应该知道……他提供的函数和终端的某些组合可以产生问题的解决方案"。

　　因此，要创建供遗传算子使用的结构，首先需要创建两个集：

F（函数集）和 T（域所需的终端值集）。F 可以简单如 {+，*，-，/}，或者可能需要更复杂的函数，如 $\sin(X)$、$\cos(X)$ 或矩阵运算。T 可以是整数、实数、矩阵或更复杂的表达式。T 中的符号必须包括 F 中定义的函数所能产生的所有符号。

接下来，通过从集合 F 和 T 的并集中随机选择元素来生成初始"程序"的种群。例如，如果我们从选择 T 的一个元素开始，就会得到一个单根节点的退化树。当我们从 F 中的一个元素（比如"+"）开始，就会得到树的根节点，它有两个潜在的子节点。假设初始化随后选择"*"，其中将来自 F 的两个潜在子节点作为第一个子节点，然后选择来自 T 的终端 6 作为第二个子节点。另一个随机选择可能会产生终端 8，然后是来自 F 的函数"+"。假设通过从 T 中选择 5 和 7 得出结论。

我们随机生成的程序如图 6.2 所示。图 6.2a 给出了第一次选择"+"后的树，图 6.2b 给出了选择终端 6 后的树，图 6.2c 给出了最终程序。创建一组类似的程序来初始化遗传编程过程。一系列约束条件，如程序演化的最大深度，可以帮助控制人口增长。科扎（1992）对这些约束条件以及生成初始种群的不同方法做了更完整的描述。

对这一点的讨论解决了表示法、符号表达式和一组树结构的问题，这些树结构是初始化程序演化的情况所必需的。接下来，我们需要对可能方案的种群进行适应度度量。适应度度量是问题相关的，通常由演化程序必须能够解决的一组任务组成。适应度度量本身就是关于每个程序在这些任务上表现如何的函数。

一种适应度测量的例子叫作*原始适应度*。这个分数增加了程序生成的结果与问题的实际任务所要求的结果之间的差异。因此，原始适应度是一组任务中误差的总和。其他适应度措施也是可行的。**标准化适应度**将原始适应度除以可能误差的总和，使所有适应度度量都在 0 到 1 的范围内。当试图从大量程序中进行选择时，标准化具有优势。适应度措施还可以包括调整计划的规模，例如奖励更小、更紧凑的程序。

遗传算子除了转换程序树外，还包括树之间的结构交换。科扎（1992）将主要的转换描述为**复制**和**交叉**。复制只是从当前的一代中选择程序，并将其原封不动地复制到下一代中。交叉在代表两个程序的树之间交换子树。

例如，假设我们正在处理图 6.3 的两个父代程序，并且在父代 a 和 b 中选择由 || 表示的随机点进行交叉。由此产生的子节点如图 6.4 所示。交叉也可用于通过互换来自父节点的两个子树来转换单个父节点。两个相同的父节点可以用随机选择的交叉点创建不同的子节点。也可以选择程序的根节点作为交叉点。

程序树有许多次要的、使用较少的遗传转换。其中包括**突变**，它只是在程序的结构中引入随机变化。例如，用另一个值或一个函数子树替换一个终端值。**置换**变换类似于字符串上的反演算子，也适用于单个程序，可交换终端符号或子树。

解决方案的状态由当前一代程序反映出来。没有回溯记录或任何其他方法可跳过适应度问题。从这个角度来看，遗传编程很像**爬坡算法**（珀尔，1984），在这个算法中，无论最终的最佳程序是什么，都可以随时选择"最好"的子节点。遗传编程范式与自然相似，因为新程序的进化是一个持续的过程。尽管如此，由于缺乏无限时间和计算，还是需要设定终止条件。这些通常是关于程序适应度和计算资源的函数。

　　遗传编程是一种计算机程序的计算生成技术，这一事实也将其纳入了**自动化编程**的研究传统。从最早的时候起，人工智能从业者就致力于创建从碎片信息自动生成程序和解决方案的程序。我们从约翰·冯·诺依曼的研究中也看到了这一点。遗传编程是这个重要研究领域的另一个工具。

6.2.3　实例：开普勒行星运动第三定律

　　约翰·科扎（1992，1994）描述了许多解决有趣问题的遗传编程应用，但他的大多数例子都相当庞大，对我们来说太复杂了。然而，梅拉尼·米歇尔（1996）创造了一个例子，说明了遗传编程的许多概念。**开普勒行星运动第三定律**描述了一颗行星的轨道时间周期 P 和它到太阳的平均距离 A 之间的函数关系。

　　开普勒第三定律是（其中 c 是常数）：

$$P^2 = cA^3$$

　　如果我们假设 P 以地球年为单位，A 以地球到太阳的平均距离为单位，那么 $c=1$。这种关系的符号表达式为：

$$P = (\text{sqrt}(*A(*AA)))$$

　　因此，我们想要为开普勒第三定律进化的程序由图 6.5 的树结构表示。本例中终端符号集的选择很简单，它是由 A 给出的单个实值。函数集也同样简单，例如 {+, -, *, /, sq., sqrt}。

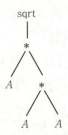

图 6.5　将轨道 P 与开普勒第三定律周期关联的目标程序。A 是行星到太阳的平均距离。改编自米歇尔（1996）

我们从随机的程序群开始。可能包括：

$$(*A(-*(AA)(\text{sqrt } A)))，\text{适应度} =1$$

$$(/A(/(/AA)(/AA)))，\text{适应度} =3$$

$$(+A(*(\text{sqrt } A)A))，\text{适应度} =0$$

如前所述，在已知问题的情况下，初始种群通常在大小和搜索深度上都有先验限制。这三个示例用图 6.6 的程序树表示。

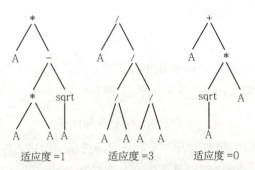

图 6.6　为解决轨道/周期问题而生成的初始随机程序集的构成。改编自米歇尔（1996）

接下来，我们确定一组程序种群测试。假设我们知道一些行星数据，希望进化程序能够对此进行解释。例如，表 6.1 中的行星数据取自尤里（1982），其中给出了进化程序必须解释的一组数据点。

表 6.1　一组观测到的行星数据，用于确定每个进化程序的适应度。改编自尤里（1982）

行星	A（输入）	P（输出）
金星	0.72	0.61
地球	1.0	1.0
火星	1.52	1.87
木星	5.2	11.9
土星	9.53	29.4
天王星	19.1	83.5

注：A 是地球的半长轨道轴，P 是轨道的时间长度，以地球年为单位。

由于适应度度量是表 6.1 中数据点的函数，我们将适应度定义为运行每个程序的结果数，这些结果在这些正确值的 20% 以内。我们使用该定义为图 6.6 中的三个程序创建了适应度度量。剩下的工作是请读者创建这个初始种群的更多成员，构建可以生成更多代程序的交叉和突变算子，并确定终止条件。

6.3　人工生命：复杂性的涌现

遗传算法和编程是从约翰·冯·诺依曼 20 世纪 40 年代关于细胞自动机的工作中发展出来的一个研究方向，而冯·诺依曼的第二个主要成果是人工生命。

人工生命程序展示了"生命形式"的出现随着时间的推移而变化。这些程序的成功不是由先验适应度函数决定的，就像在遗传算法和程序中看到的那样，而是由它们能够生存和复制的简单事实决定的。在支持生命程序的自动数据的设计中隐含着一种归纳偏差，但它们的成功在于其随时间推移所具有的复制性和持久性。在黑暗的一面，我们都经历过计算机病毒和蠕虫的人工生命后遗症问题，这些病毒和蠕虫能够侵入外国主机，自我复制，经常破坏内存中的信息，然后感染其他主机。

不要将**生命游戏**（通常称为**生命**）与米尔顿·布拉德利的棋盘游戏《生命游戏》相混淆，后者发明于 19 世纪 60 年代并获得了专利。生命游戏的计算最初由数学家约翰·霍顿·康威创建，并由马丁·加德纳（1970,1971）在《科学美国人》中介绍给更大的社区。

在计算游戏中，个体的出生、存活或死亡是关于其自身状态和近邻状态的函数。通常情况下，少量规则（通常为 3 条或 4 条）足以定义游戏。尽管如此简单，但该游戏的实验表明，它能够进化出异常复杂的结构和能力，包括自我复制的多细胞"生物体"（庞德斯通，1985）。

生命游戏在计算视觉模拟中得到了最有效的演示，后代在屏幕上快速变化和进化。生命游戏和冯·诺依曼自动机是一种叫作**有限状态机**或**细胞自动机**的计算模型的例子。细胞自动机通过群体内的相互作用表现出有趣的和突发性的行为。接下来我们会解释这些概念，但先从定义开始。

有限状态机或细胞自动机是一个连通图，由以下三个部分组成：集合 S、集合 I 以及转换函数 F。

- 一个有限状态集，$S = s_1, s_2, s_3, \cdots, s_n$，每个都是连通图的一部分。

❑ 一个有限输入信号集，$I = i_1, i_2, i_3, \cdots, i_m$，称为**输入字母表**。

❑ 一个状态转换函数 F，对于集合 I 中的每个输入信号，它将 S 的一个状态转换到连通图中的下一个状态。

图 6.7a 是一个简单的双态有限状态机的例子，图 6.7b 描述了图 6.7a 的转换规则。转换规则由图 6.7b 中的行给出。例如，在 s_0 右边的一行表示，当现在的状态是 s_0，且输入信号是 0 时，s_0 仍然是 s_0。如果输入是 1，那么 s_0 转换为 s_1。因此，图 6.7 的有限状态机的任何"下一个状态"都是关于其当前状态和该状态的输入值的结果。

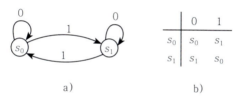

图 6.7 表示有限状态机的连通图。图 b 是图 a 的转换规则

人工生命的细胞自动机可以被视为一个二维状态网格。每个状态在每个离散的时间段都将会接收到输入信号，因此每个状态将并行工作。每个状态的输入是关于当前状态及其所有"邻居"的值的函数。因此，$(t+1)$ 时刻的状态是关于其目前状态和其相邻时间 t 时刻的状态的函数。正是通过与"邻居"的交互，细胞自动机的集合实现了比简单有限状态机更丰富的行为。因为系统所有状态的下一个状态是其相邻状态的函数，所以我们可以将这些状态机视为基于社群的适应性的示例。

对于本节所述的社群，没有明确评估个体成员的适应度。生存是种群内相互作用的结果。适应度隐含在一代又一代个体的生存中。正如自然进化中所发生的那样，适应性是由种群中其他共同进化成员的行为决定的。

全局或社群导向的观点也支持关于学习的一个重要观点：我们不再需要将个人作为学习的唯一焦点，而是可以看到从整个社会中涌现的不变性和规律性。这是克拉奇菲尔德和米歇尔（1995）研究的一个重要方面。

最后，与监督学习不同，进化不是目的论或目标导向的。也就是说，智能体社群不必被视为"去某个地方"，例如，去某个欧米茄点（德·夏尔丹，1955）。使用遗传算法和程序的显式适应度度量时，存在监督学习。但正如史蒂芬·杰伊·古尔德（1977，1996）所指出的那样，进化不必被视为让事物变得"更好"，它只是有利于生存。唯一的成功是持续存在，而涌现的模式是一个相互作用的社群的模式。

6.3.1　人工生命

考虑图 6.8 中简单的、潜在无限的二维网格或棋盘游戏。这里，黑色的正方形是"活着的"，状态值为 1，其 8 个邻居用灰色阴影表示。与黑色正方形共享一条边界的 4 个阴影状态是其直接的邻居。棋盘在一段时间进行变换，其中每个方块在 $t+1$ 时刻的状态是关于其自身状态值和其相邻方块在 t 时刻的状态值的函数。

图 6.9 描述了一个名为"闪光信号灯"的人工生命示例。在这个例子中，三个简单的规则驱动着进化。第一，如果任何一个正方形（无论是否存活）恰好有三个相邻方块是活着的，那么它将在

下一个时间段存活。第二，如果任何一个正方形恰好有两个直接邻居是活着的，那么它将在下一个时间段存活。第三，对于所有其他情况，方块在下一个时间段将不再存活。对这些规则的一种解释是，对每一代人来说，任何地方的生命都是自身环境以及上一代人周围环境的结果。具体来说，在任何时期，周围邻居的人口过于密集（超过三个）或过于稀疏（少于两个），都无法维持下一代的生命。

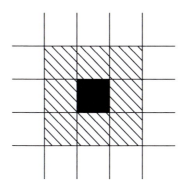

图 6.8　阴影区域表示生命游戏中黑暗区域的邻居集。共享边界的四个邻居是"直接"
　　　　邻居

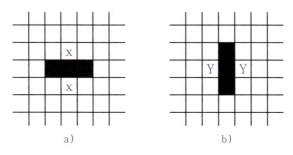

图 6.9　生成"闪光信号灯"的一组人工生命邻居

作为一个例子，探讨一下图 6.9a 的生命状态。这里，两个用
X 表示的方格正好有三个活着的邻居。在下一个生命周期中，将
生成图 6.9b。这里同样有两个方格（用 Y 表示）正好有三个活着
的邻居。可以看出，状态将在图 6.9a 和图 6.9b 之间来回循环。使
用与图 6.9 相同的转换规则，读者可以确定图 6.10a 和图 6.10b 的
下一个状态，并检查其他可能的配置。

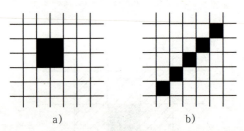

a)　　　　　　　　　　b)

图 6.10　当使用与图 6.9 相同的下一状态规则时，思考这些人工生命模式在下一状
　　　　态会发生什么

　　了解可能世界的一个工具是模拟和分析基于社群的运动和互
动效应。我们有几个这样的例子，包括图 6.11 中展示的实现滑翔
机的时间周期序列。在五个时间步骤中，滑翔机通过少量模式循
环穿过游戏空间。它的动作很简单：移动到一个新位置，即在网
格上向右移动一行，再向下移动一行。

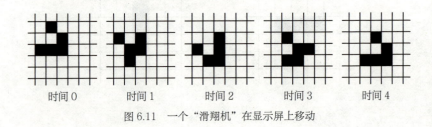

时间 0　　　　时间 1　　　　时间 2　　　　时间 3　　　　时间 4

图 6.11　一个"滑翔机"在显示屏上移动

由于细胞自动机能够通过简单细胞的相互作用产生丰富的集体行为，因此它已被证明是研究从简单的、无生命的成分中产生生命的数学问题的有力工具。人工生命被定义为**由人类努力创造的生命，而非自然创造的生命**。从例子中可以看出，人工生命具有强烈的"自下而上"的倾向，也就是说，生命系统的原子被定义和组装，它们物理的相互作用"涌现"。这种生命形式的规律是由有限状态机的规则捕获的。

在生命游戏中，像滑翔机这样的实体会坚持下去，直到与社群中的其他成员产生互动。其结果可能难以理解和预测。例如，在图 6.12 中，两个滑翔机出现并交战。经过四个时间段后，向下向左移动的滑翔机被另一个滑翔机"消耗"。有趣的是，依据我们的本体论描述，"实体""闪光信号灯""滑翔机""消耗"等术语的使用，反映了我们自己在看待生命形式和相互作用时的人类中心主义偏见，无论是人工的还是非人工的。正如威廉·詹姆斯（1902）和其他实用主义者所指出的那样，为我们的社会结构中出现的规律命名是非常人性化的，也是我们所期望的。

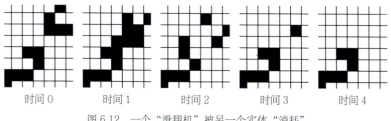

时间 0　　　时间 1　　　时间 2　　　时间 3　　　时间 4

图 6.12　一个"滑翔机"被另一个实体"消耗"

"生命游戏"是细胞自动机的一个直观、高度描述性的例子。

虽然我们已经介绍了这项技术的基本原理，但我们对活动的并行细胞自动机的可视化程度是最低的。基于计算机的模拟最适于评估人工生命形式的进化和复杂性。接下来，我们将扩展对细胞自动机的讨论，讨论从人工生命传统发展而来的另一种观点。

6.3.2　现代人工生命方法

本节介绍几个使用进化计算技术来扩展我们对自己和世界的理解的研究领域。我们提到的主题是进化计算研究的一个小子集。人工生命领域有定期的会议和期刊，反映了这种多样性（兰顿，1995）。

进化的合成生物学模型

人工生命面临的一个重要挑战是，通过由状态集和转换规则定义的有限状态机的相互作用来模拟生物进化本身的条件。这些自动机能够接受来自外界的信息，特别是来自最近的邻居的信息。转换规则包括出生、延续生命和死亡指示。当这种自动机种群在一个领域中被释放并允许作为并行异步协作智能体时，我们有时会看到看似独立的"生命形式"的进化。

合成生物学的一个定义是"一门利用工程原理设计和组装生物成分的新兴学科"（韦尔豪森和奥耶，2007）。计算生物学的应用包括构建能够进行模拟和数字计算的活细胞结构（珀塞尔和鲁，2014）。这些计算机的一项任务是控制合成 DNA 的转录。另一项任务是充当生物传感器，能够报告生物体内重金属或毒素的存在。合成生物学的其他任务包括构建基因回路、设计合成蛋白质，甚至可能是人工活细胞。

　　在更大的范围内，许多生物学家和工程师的坚定努力在不断填补我们实际进化知识的空白，关于重新讲述进化本身的故事的猜测仍在继续。如果进化从不同的初始条件开始，会发生什么？如果在我们的物理和生物环境中有其他"意外"干预会怎样？可能会出现什么情况？什么会保持不变？在地球上确实发生过的生物路径是众多可能的轨迹中的一种。如果我们能够创造出一些可能的不同生物系统，这些问题或许就会得到解决。

　　人工生命构造如何用于生物学？例如，自然界提供的一个生命实体集合，尽管可能是复杂多样的，但都是由意外和历史偶然性所支配的。我们相信，在这个集合的创建过程中，有一些逻辑规律在起作用，但这是没有必要的。当我们把自己的观点局限于自然界实际提供的生物实体集合时，不太可能发现许多可能的规律。探索一整套可能的生物学规律至关重要，其中一些可能已被历史或进化的偶然事件所消除。我们总是想知道，如果恐龙没有被蛮横地消灭，现在的世界会是什么样子。要获得关于现实的理论，就必须了解可能性的限度。

人工化学

　　人工生命技术不仅仅是计算或生物领域的产物。来自化学和药理学等不同领域的研究科学家构建了合成人工制品，其中许多与我们这个世界中存在的实际实体的知识有关。例如，在化学领域，对物质和自然界提供的许多化合物的组成的研究导致了对这些化合物、其组成部分及其化学键的分析。

　　这种分析和重组导致了许多天然不存在的化合物的产生。我们对自然界构成要素的了解使我们找到了自己的合成版本，将现实的组成部分以新的、不同的模式组合在一起。正是通过这种对天然化合物的仔细分析，我们对可能的化合物有了一些了解。

在对人工化学工作的调查中，迪特里希等人（2001）描述了三个领域的研究活动：建模、信息处理和优化。在建模中，工作假设是，可以通过使用许多相互作用成分的复杂组合来描述生物现象。从这个观点来看，生物体具有某些特性，不是因为它们的组成部分具有这些特性，而是因为它们的整体功能是通过这些组成部分的组织而显现出来的。在简单有效的规则下，局部交互会产生全局行为。迪特里希等人（2001）推测，模型应该能够解释进化系统的成长，并支持对生命起源和进化的理论条件开展研究。在信息处理领域，研究了支持化学系统的计算性质。例如，化学反应网络支持细菌的运动。其他化学特性支持神经元在人脑发育过程中的生长。据推测，实际的化学计算既支持人类正常生长的大部分方面，也支持疾病状态的产生。在优化中，人工化学系统在复杂问题的应用中寻找解决方案。作为人工化学系统实现的优化搜索采用了本章前面介绍的许多进化算法。

其他抽象机器和进化计算

进化计算的第一个也是最值得注意的方法是约翰·冯·诺依曼的构造通用机。冯·诺依曼的机器是作为理论结构创建的，在20世纪90年代才能在计算机上编程。冯·诺依曼的机器也被证明能够计算任何我们目前所知的可计算的任务。

自冯·诺依曼以来，许多计算机科学家、人类学家、化学家、哲学家和其他研究者都一直延续着这一传统。这是一种自然的期望，因为从理论上讲，进化过程并不局限于发生在地球上或以碳为基础。我们简要介绍其中的几项成就。

- **Tierra**。汤姆·雷（1991）将 Tierra 编程描述为 "带有达尔文式操作系统的虚拟计算"。Tierra 的架构是为了使机器代码可以进化而设计的。机器代码可以通过随机翻转位来突变，也可以通过交换代码段来重组。操作系统跟踪发生在个体之间的相互作用，并维持一个成功的，也就是存活的基因组的 "基因库"。Tierra 的不同基因型竞争 CPU 时间（能量资源）和内存空间（物质资源）。

- **Avida**。克里斯·阿达米和泰特斯·布朗（1994）创建了一个受 Tierra 启发的人工生命系统，该系统在二维几何中具有局部交互作用。Avida 基于类似于二维细胞自动机的机制。特殊的几何形状旨在支持多样性，从而提高适应性。细胞具有简单的计算能力。该计算支持适应性与突变率和种群大小的关系。

- **Ulam**。戴维和艾琳娜·艾克利（2016）将 Ulam 描述为一种编程语言，设计用于在硬件上工作，而硬件无法保证进行确定性的执行。Ulam 的程序组织不像传统算法，更像是使用繁殖、群集、生长和愈合的生命过程。Ulam 的主要任务是提供一个框架，用于想象、表达和推理物理上可实现的动态行为。

- **OOCC**。受到丰塔纳和巴斯（1996）建立的基于化学的人工 λ 演算的启发，兰斯·威廉姆斯（2016）演示了类似活细胞的并行分布式空间嵌入式自我复制程序。威廉姆斯使用从编程语言领域借用的合成设备作为新的人工化学

（称为面向对象的组合化学）的基础。从面向对象编程语言中，威廉姆斯借用了程序与其作用的数据关联的思想，并将一个对象封装在另一个对象中（保恩，1998）。从函数式编程语言中，他借用了组合子返回一元类型的思想（瓦德勒，1990）。这些组合子作为计算机程序的构建块，调节计算元素的行为。结果产生了类似于艾克利和艾克利（2016）在 Ulam 中描述的生命过程。

在本小节的最后，我们对所介绍的各种形式的人工生命提出了几点意见。首先，迄今为止，没有任何进化计算研究表明生命本身可能是如何开始的。其次，没有证据表明随着复杂性的增加，新物种会如何出现。最后，问题仍然是人工生命计算是否受到我们目前对可计算事物的理解的限制。

生命和智能的心理学和社会学基础

分布式的、基于智能体的体系结构和自然选择的适应性压力的结合是关于心智起源和运作的强大模型。进化心理学家（Cosmides 和 Tooby，1992，1994；Barkow 等，1992）提供了关于自然选择如何塑造人类心智中的先天结构和偏差的发展模型。进化心理学的基础是将心智视为模块化的，并视为一个相互作用的、由高度专业化的智能体处理器组成的系统。

越来越多的证据表明，人类的心智是高度模块化的。福德（1983）为心智的模块化结构提供了哲学论证。明斯基（1985）探讨了模块化理论对人类和人工智能的影响。模块化架构对心智进化理论很重要。很难想象进化是如何塑造一个像大脑一样复杂的单一系统的。然而，经过数百万年的进化，可以连续地塑造个体的、专门的认知技能，这似乎是合理的。随着大脑进化的继续，它还可以处理模块的组合，形成使模块能够相互合作、共享信息和合作执行日益复杂的认知任务的机制（米森，1996）。

神经元选择理论（埃德尔曼，1992）表明这些相同的过程如何解释个体神经系统的适应性。神经达尔文主义用达尔文主义的术语对神经系统的适应性进行建模：大脑中特定回路的加强和其他回路的削弱是一个对世界做出反应的选择过程。学习需要从训练数据中提取信息，并使用这些信息构建世界模型。神经元选择理论研究选择压力对神经元群体及其相互作用的影响。埃德尔曼（1992，第81页）指出：

> 将脑科学视为一门识别的科学，我的意思是，识别不是一个有指导意义的过程。没有直接的信息传递发生，就像进化或免疫过程中没有发生一样。相反，识别是有选择性的。

协作智能体组件也提供了社会合作的模型。利用这些方法，经济学家构建了经济市场的信息模型（如果不是完全可预测的）。智能体技术对分布式计算系统的设计、网络搜索工具的构建以及协同工作环境的实现产生了越来越大的影响。

模块化的协作处理器也对意识理论产生了影响。例如，丹尼尔·丹尼特（1991，1995，2006）曾对意识的功能和结构进行阐述，认为意识是一种基于主体的心智结构。他首先辩称，询问意识在心智/大脑中的位置是不正确的。相反，他的意识的多重草稿理论侧重于意识在分布式心理架构中不同组件交互中的作用。

在感知、运动控制、问题求解、学习和其他心理活动的过程中，我们形成相互作用过程的联盟。这些联盟是高度动态的，会根据不同情况的需要而变化。在丹尼特看来，意识是这些联盟的约束机制，支持智能体的互动，并将关键的智能体联盟提升到认知处理的前台。

本章最后讨论进化计算的认知约束，并对第二部分进行总结。

6.4 进化计算与智能：认识问题

计算的遗传模型和涌现模型为理解人类和人工智能提供了令人兴奋的方法。这些系统表明，全球智能行为可以产生于大量受限的、独立的和个体的智能体的合作。遗传和涌现理论通过结构相对简单的社群之间的相互关系来看待复杂的结果。

约翰·霍兰德（1995）提供了一个复杂解决方案涌现的示例。霍兰德问道，像纽约这样的大城市每天靠什么机制供应面包？这个城市有足够数量的面包这一事实证明了在基于智能体的系统中涌现智能的基本过程。没人能编写一个集中的规划程序，成功地为纽约人提供他们所习惯的丰富多样的面包。事实上，一些关于集中规划的失败实验揭示了这种方法的局限性。

然而，尽管没有一个集中的规划算法来保证纽约人的面包供应，但是这座城市的众多面包师、卡车司机、原材料供应商以及零售商和消费者之间松散协调的努力很好地解决了这个问题。同样，与所有基于智能体的紧急系统一样，没有集中规划。每个面包师对这座城市的面包需求都知之甚少。每个面包师只是试图优化自己的商业机会。解决全球问题的办法产生于这些独立的和地方的智能体的集体活动。

通过展示高度目标导向的、稳健的、近乎最优的行为是如何从局部个体智能体的互动中产生的，这些模型为心智起源的古老哲学问题提供了另一个答案。涌现智能方法的核心教训是，完整的智能可以而且确实产生于许多简单的、个体的、局部的和具身智能体的相互作用，正如明斯基 (1985) 在其著作《心智社会》中所指出的那样。

涌现模型的另一个主要特征是依赖达尔文选择理论作为塑造个体行为的基本机制。在面包店的例子中，似乎每个面包师的行为在某种意义上都不是全局最优的。这种最优性的来源不是集中设计，事实很简单，面包师如果不能很好地满足当地顾客的需求，一般都会失败。正是通过这些选择性压力的孜孜不倦、锲而不舍的操作，个体面包师才会做出一些行为，这些行为既能让他们获得个人生存，也能让他们形成一种有用的、涌现的集体行为，每天都为城市提供足够的面包。

进化计算能力的一个重要来源是进化算子固有的隐式并行性。与状态空间搜索和考虑下一个状态的排序算法相比，搜索并行移动，对整个潜在的解决方案族进行操作。通过限制较弱候选解的复制，遗传算法不仅可以消除该解，而且可以消除其所有后代。例如，字符串 101#0##1，如果在其中点断开，则可以作为101#——形式的整个字符串族的父字符串。如果父代被发现不适合，消除它也可以消除所有这些潜在的后代，也许还可能消除一个解决方案。如图 6.12 所示，人工生命并行创建的两个形状可以相互作用并改变彼此。

进化计算算法现在广泛应用于实际问题求解和科学建模中。然而，人们仍然有兴趣了解它们的理论基础、其演变形式的实际含义以及其产生式可能性的限制。自然产生的几个问题包括：

❑ 进化计算的初始形式是如何创建的？这些实体从何而来？

❑ 对于一个固定的问题类型来说，进化计算算法表现良好或不佳意味着什么？对其优势和／或限制是否有任何数学或经验上的理解？

❑ 有没有办法描述不同遗传算子随着时间的推移而产生的差异效应，如交叉、突变、反演等？

❑ 使用有限状态机，在构建自动机时隐含的选择或归纳偏差，与自动机可能产生的东西之间有什么关系？

❑ 在什么情况下，即面对什么问题和采用什么遗传算子，遗传算法或人工生命技术比传统的基于符号或联结主义的人工智能搜索方法表现更好？难道所有这些计算工具都不在目前已知的可计算范围内吗？

❑ 涌现计算无法产生新的物种或绝对的新技能，如语言的使用，这是一个非常清醒的提醒，提醒我们关于进化的力量还有很多需要学习。

基于智能体和涌现的计算方法带来了许多问题。如果要实现这些承诺，必须解决一些问题。如前所述，我们还没有完成所有的步骤，使更高层次的认知能力（如语言）进化成为可能。就像古生物学家重建物种进化的努力一样，追踪这些更高层次技能的发展将需要更多详细的工作。我们既要列举构成心智架构基础的处理模块，也要追踪它们在时间上的持续演变。

基于智能体的理论的另一个问题是解释模块之间的相互作用。心智在认知领域之间表现出广泛的、高度流动的相互作用。我们可以谈论自己看到的东西，表明视觉模块和语言模块之间的互动。我们可以建造能够实现特定社会目的的建筑，表明技术和社会智能之间的互动。诗人可以为视觉场景构建触觉隐喻，表明视觉模块和触觉模块之间的流动互动。定义使能这些模块间互动的表示和过程是一个活跃的研究领域（卡米洛夫－史密斯，1992；米森，1996；莱考夫和约翰逊，1999）。

基于智能体技术的实际应用也越来越重要。利用计算机模拟，有可能建立复杂系统的模型，这些系统没有封闭的数学描述，到目前为止我们不可能对此进行详细研究。基于模拟的技术已被应用于一系列现象，如人类免疫系统的适应和复杂过程的控制，包括粒子束加速器（克莱恩等，2000）、全球货币市场的行为以及天气系统的研究。为实现这种模拟而必须解决的表示和计算问题继续推动着知识表示、算法甚至计算机硬件设计方面的研究。

智能体架构必须处理的进一步的实际问题包括智能体间的通信协议，特别是当本地智能体通常对这个问题的知识了解有限或实际上对其他智能体可能已经拥有的知识了解有限时。此外，很少有算法可以将较大的问题分解成连贯的面向智能体的子问题，或者实际上如何在智能体之间分配有限的资源。

也许涌现理论最令人兴奋的方面是，它们有可能将心理活动置于一个统一的模型中，即从混乱中产生秩序。即使是本节提供的简要概述，也引用了使用涌现理论为一系列过程建模的工作，从大脑随时间的进化，到使个人学习成为可能的力量，再到行为的经济和社会模型的构建。

　　由达尔文进化论的形式所形成的涌现秩序的过程可以解释各种智能行为，这一概念有一些特别吸引人的地方。进化构建了单个神经元的相互作用，塑造了大脑的模块结构，以及经济市场和社会系统的运作。

6.5　关于第二部分的总结

　　在结束本章和本书第二部分之前，我们对刚才提出的人工智能表示法和搜索策略做一些一般性的思考。接下来我们提出两个认识论问题：理性主义的归纳偏差和经验主义的困境。在理解程序设计者在构建智能软件时的实际目标时，这些先验假设尤其相关。

6.5.1　归纳偏差：理性主义的先验论

　　这部分所描述的智能方法反映了其创造者的先验偏差。归纳偏差的问题是，所产生的表示法和搜索策略提供了一种媒介来编码已经解释的世界。这种偏差很少提供机制来质疑我们的解释，产生新的观点，或在证明无效时回溯和改变特定的观点。这种隐含的偏差导致了理性主义的认识论陷阱，即只看到我们所期望或习惯于看到的世界。

　　归纳偏差的作用必须在每个学习范式中得到明确。此外，不承认有归纳偏差并不意味着它不存在，实际上，归纳偏差会对学习参数产生关键影响。在基于符号的学习中，归纳偏差往往是明显的，例如，用特定的搜索空间来做机器人控制器，或者用一套特定的规则来进行医疗诊断。

联结主义和遗传学习的许多方面也假定存在归纳偏差。例如，感知机网络的局限性导致了对隐藏节点的引入。我们很可能会问，隐藏节点的结构化在解决方案的生成中做出了什么贡献。对隐藏节点的作用的一种理解是，它们为表示空间增加了维度。

作为一个简单的例子，我们在 5.2 节中看到，异或问题的数据点在两个维度上不能用一条直线分开。在隐藏节点上学习到的权重为表示提供了另一个维度。在三维空间中，点是可以用一个二维平面来分离的。给定输入空间和隐藏节点的两个维度，这个网络的输出层可以被看作一个普通的感知机，它正在寻找一个平面，将三维空间中的点分隔开。

甚至也可以从许多不同的角度来看待产生函数的泛化。例如，统计技术在很长一段时间内都能发现数据的相关性。泰勒级数的迭代展开可以用来近似大多数函数。多项式近似算法被用于拟合数据点的近似函数已超过一个世纪。

总而言之，在一个学习方案中所做出的承诺，无论是基于符号的、联结主义的、涌现的还是随机的，都在很大程度上影响了许多结果的发生——我们可以从问题求解的努力中期待得到这些结果。若能在设计计算问题解决方案的过程中理解这种协同效应，我们既可以提高成功的概率，也可以更深刻地解释失败。

6.5.2　经验主义的困境

目前的机器学习方法，特别是监督学习，也拥有一个主要的归纳偏差。无监督学习，包括本章中介绍的许多遗传和进化方法，不得不努力克服出现相反的问题，有时被称为**经验主义的困境**。这些研究领域的主导主题包括这样的信念：解决方案会出现，替代方案会进化，以及种群反映了适者生存。这是非常强大的东西，特别是在并行和分布式搜索能力的背景下。但有一个问题：当我们不确定要去哪里的时候，我们怎么知道自己在某个地方呢？如果我们不确定任务是什么，那么如何完成这项任务？

尽管如此，人们对无监督的和进化的学习模式仍然感到非常兴奋。例如，基于范例或能量最小化创建的网络可以被视为复杂关系不变量的定点吸引子或"盆地"。我们看着数据点向吸引子"下沉"，很想把这些新的架构看作对动态现象进行建模的工具。我们可能会问，在这些范式中，计算的极限是什么？

那么，有监督的、无监督的或混合的学习器，无论是符号的、联结主义的、遗传的还是进化的有限状态机，能提供什么呢？

- ❑ 联结主义学习最吸引人的特点之一是，大多数模型都是由数据或示例驱动的。也就是说，尽管它们的架构是明确设计的，但它们通过实例学习，从特定问题领域的数据中进行泛化。但问题仍然是，数据是否足够或干净到不会扰乱解决过程。元参数（如隐藏层的数量和大小以及学习常数）在网络学习中的作用是什么？

- ❑ 遗传算法还支持对问题空间进行强大而灵活的搜索。遗传搜索是由突变以及交叉和反演等算子执行的多样性驱动的，这些算子为后代保留了父代信息的重要方面。程序设计者如何理解这种多样性/保存的权衡？

❑ 遗传算法和联结主义架构可被视为并行和异步处理的实例。它们是否确实通过并行的异步努力提供了明确的顺序编程所无法实现的结果？

❑ 尽管神经学和 / 或社会学的灵感对许多现代联结主义、遗传与涌现计算的从业者来说并不重要，但这些技术确实反映了自然进化和选择的许多重要方面。我们在第 5 章看到了用感知机、反向传播和赫布模型进行误差减少学习的模型。

❑ 最后，所有的学习范式都是实证调查的工具。当我们捕捉到世界上的许多不变量时，我们的工具是否有足够的表现力来提出与感知、理解和学习有关的进一步问题？它们如何解决泛化问题？

我们将在最后几章中继续讨论这些主题。

6.6　总结

本章的重点是介绍遗传的和涌现的计算模型和算法，以更好地理解世界。我们探讨了遗传算法和编程、人工生命，以及代表智能行为的进化编程技术。我们还讨论了基于计算的问题求解的符号、联结主义和涌现方法的许多优点和局限性。

通过这一章，我们完成了本书的中间部分，在这一部分我们描述并给出了基于符号的计算模型、联结主义的计算模型和涌现的计算模型的非常简单的例子。对于每种方法，我们都演示了程序，并讨论支持其成功同时限制其在人工智能中的可能用途的认识论假设。当然，我们的演示只涵盖了这些技术中的一个有限样本。

在最后的三章中，我们提出，建构主义认识论与现代科学的随机实验方法相结合，为继续探索智能系统科学提供了工具和技术，也使我们有能力阐明现代认识论的基础。

延伸思考和阅读。 推荐阅读资料的完整列表可以在书末的参考文献中找到。

关于遗传算法和人工生命的导论性读物包括：

❑ Holland (1995)，*Hidden Order: How Adaptation Builds Complexity*.

❑ Mitchell (1996)，*An Introduction to Genetic Algorithms*.

❑ Koza (1994)，*Genetic Programming: On the Programming of Computers by Means of Natural Selection*.

❑ Gardner (1970，1971)，*Mathematical Games*.

❑ Luger (2009a). *Artificial Intelligence: Structures and Strategies for Complex Problem Solving*，Part IV.

还有一些关于人类心智构成的经典读物：

❑ Edelman (1992)，*Bright Air, Brilliant Fire: On the Matter of the Mind*.

❑ Fodor (1983)，*The Modularity of Mind*.

❑ Haugeland (1997)，*Mind Design: Philosophy, Psychology, Artificial Intelligence*.

❑ Minsky (1985)，*The Society of Mind*.

❑ Mithen (1996)，*The Prehistory of the Mind*.

感谢兰斯·威廉姆斯教授对本章的评论。遗传编程的示例图改编自科扎（1994）。人工生命的例子改编自卢格尔（2009a）。

编程理念。本章为读者提供了几个挑战。其中之一是使用一种编程语言或者手工操作来完成 6.2.3 节描述的开普勒第三定律的遗传编程。

按照本章的参考文献，可以获得免费的计算机代码，探索所介绍的许多主题和算法。可视化对于理解进化计算的复杂性至关重要。

第三部分

走向主动的、务实的、模型修正的现实主义

第三部分是本书存在的理由，也提出了当前人工智能技术的第四个重点：概率推理和动态建模。在第7章中，提出了人工智能所采取的不同方法之间的哲学和解，我们将其描述为遵循理性主义、经验主义和实用主义的哲学传统。基于这种建构主义的综合，第7章最后提出了一系列的假设和后续猜想，为当前的人工智能研究和现代认识论提供了基础。

第8章介绍贝叶斯定理以及一个简单情况下的证明。引入贝叶斯以及贝叶斯信念网络和隐马尔可夫模型技术的主要原因是证明人类主体的先验知识与在任何特定时间感知到的后验信息之间的基于数学的联系。我们把这种对平衡的认知追求视为现代认识论的基础。第8章的后半部分描述了一些由贝叶斯传统支持的程序，这些程序捕捉并显示了认识论的深刻见解。

第三部分 走向主动的、务实的、模型修正的现实主义

第9章总结全书，描述了通过对世界的积极探索来构建和适应世界的模型。我们描述了人工智能充满希望的未来，因为它继续使用科学传统来扩展视野，探索不断发展的环境，并建立智能的人工制品。我们探讨了维特根斯坦、普特南、库恩和罗蒂的新实用主义思想，以及认知神经科学对知识、意义和真理的本质的探索。最后，我们对后现代相对主义进行了批判，并提出了我们称之为主动的、务实的、模型修正的现实主义的认识论立场。

第7章

建构主义和解与认识论立场

理论就像网：谁投谁就能抓住。

——L. 维特根斯坦（引用诗人诺瓦利斯的话）

证据的基本特征是使人信服。

——皮埃尔·德·费马

第三部分包括三章。在第7章中，我们提出了经验主义、理性主义和实用主义人工智能世界观的综合。这种综合反映在五个假设中，这些假设是认识论立场的基础。这些假设支持八个猜想，它们共同构成了现代认识论的一部分。在第8章中，我们将贝叶斯定理和概率推理作为这种综合的充分例子。在第9章中，我们提供了更进一步的人工智能测试，并总结了我们的项目，提出了一种被称为主动的、务实的、模型修正的现实主义的认识论。

7.1 对经验主义、理性主义和实用主义人工智能的回应

计算机程序，包括那些由人工智能社区创建的程序，是人类

设计的产物。程序创建者使用计算机语言技能和应用领域中"真实"的承诺。他们的目标是制作"足够好"的程序,以产生所需的解决方案。这个过程通常包括对程序本身的不断修订,因为它的设计者对问题有了更深入的理解。

计算机程序本身为理解这种探索性的设计挑战提供了媒介。我们可以批评一个程序对符号的使用,以及在数据结构和网络中形成的符号的关联。我们可以理解一个程序的算法以及它对世界观的具身化和承诺。艾伦·纽维尔和赫伯特·A·西蒙在他们的图灵奖获奖演讲(1976)中是这样建议的:

> 每一个建立的新程序都是一个实验。它向自然界提出了一个问题,而它的行为为答案提供了线索。机器和程序都不是黑盒子;它们是经过设计的人工制品,包括硬件和软件,我们可以把它们打开,看看里面的情况。我们可以将它们的结构与它们的行为联系起来,并且可以从一个实验中得出许多教训。

纽维尔和西蒙在写这篇演讲致辞时,基于符号的人工智能正接近其影响力最大的时期。在第4章中,我们注意到使用基于符号的技术的程序的透明性,其结构与行为明确相关。例子包括状态空间搜索、游戏、规划和专家系统技术。

构建深度学习程序的研究人员将继续探索透明度问题,其中具有多个隐藏层的神经网络将考虑图像分类、机器人、游戏和其他问题领域。前文从人类使用的角度提到了解释、信任和责任的重要性。从程序设计者的角度来看,扩展功能、泛化结果和消除不当结果的能力也很关键。

作为纽维尔和西蒙的结构－行为关系的例子，谷歌的 AlphaGo Zero（西尔弗等，2017）和 PRM-RL（福斯特等，2018）研究使用强化学习结构，使解决路径数据透明化。当网络对可能的基于奖励的行动空间进行搜索时，微观行动被整合到连贯的计划中。其他研究小组包括巴勒斯特里埃和巴拉纽克（2018）以及王等人（2019）使用仿射样条算子，试图捕捉大型网络中隐藏节点的效用。用于图像分类的网络研究解释并优化了他们的结果（范·诺德和波斯特马，2016）。最后，里贝罗等人（2016）创建了 LIME 程序，为来自任何深度学习分类器的结果提供模型不可知解释。

在第 6 章中，我们看到了进化算法如何通过遗传算子产生结果。每一代可能的解决方案和产生这些解决方案的算子都可以被检查。在人工生命中，有限状态机的规则产生了具体的可观察的结果。进化算法程序的结构－行为关系是具体的、可观察的。

尽管在深度学习网络人工生命模型中寻求更多的透明度和可解释性仍然是一项研究挑战，但纽维尔和西蒙对程序构建的实验性的描述从根本上来说仍然是正确的。因此，我们可以满怀信心地继续探索人工智能程序设计者和构建者的世界观的本体论承诺和认识论立场。

通过对运行程序的解构可以发现，更纯粹的理性主义形式，尽管对于传达确实"清晰而独特"的想法很有用，但在不精确和不确定的情况下往往会失败。理性主义者的先验假设并不总是足以解决不断演变的环境的复杂性。符号基础，或者说抽象符号如何能够在重要方面是"有意义的"，也是一个挑战。

从经验主义的角度来看，基于关联或行为主义的传统为人工智能研究提供了强大的工具。示例驱动的学习可以捕捉数据中的关系并对其进行分类，而基于符号的人工智能编程往往会遗漏这些关系。但经验主义的观点并不总是适合发现更高层次的泛化和实体之间的因果关系。难以澄清联结主义和涌现计算中隐含的归纳偏差的影响，这使相关研究变得复杂。因此，在产生结果的网络环境中，结果并不总是可解释的，也不总是支持对新挑战的简单修订或扩展。

对于人工智能来说，实用主义的观点既是一项主要的资产，也是一个潜在的诅咒。它是一种资产，因为它支持找到"足够好"的解决方案，而"完美"的方案可能成本太高或无法实现。它允许研究人员在寻找解决方案的尝试中向前迈进，即使可能没有什么数学的或心理学上的理由来支持他们的努力。寻找能够产生足够成功的结果的过程是人工智能的一个重要支持理念。

实用主义的诅咒恰恰支撑着它的许多好处：准确地说，"足够好"的解决方案与"完美"的解决方案有什么关系？没有数学或心理学基础，如何能充分解释结果？如果研究没有明确地理解它的发展方向或者不清楚"它的作用"实际意味着什么，那么如何比较不同的模型呢？

接下来，我们提出一种建构主义认识论的基础。我们认为这种认识论既是人工智能持续研究和发展的基础，更是我们人类自己探索、使用和融入环境的充分模型。在第 8 章和第 9 章中，我们将介绍概率模型和推理。这些例子表明，世界上的行动可以被理解为智能体利用他们当前的知识和处置权，在一个不断发展的

环境中解释新的信息并采取行动。最后，我们将讨论这种认识论
立场如何设法解决前文中提到的各种形式的怀疑主义。

7.2　建构主义和解

我认为，所有的人类经验都受到一种期望的调节，也可以
说是一种模型，它在智能体和所谓真实感知到的事物之间起中介
作用。按照马图拉纳和维拉（1987）的观点，人类智能体不能
"直接接触"任何东西，包括他们自己的认识论辩证法。笛卡儿
（1637/1969）的简单的水中棍子的例子，即一根立在清水中并伸
出水面的棍子在水面上被看成弯曲的，这是错觉论证的众多例子
之一。这种论证的意义在于，在实际目的的驱动下进行积极的探
索，可以根据不同的背景来理解和解释这些感知。现代视觉科学
家对感知数据的分析也证明了幻觉现象（柏林和凯伊，1999；昌
吉兹等，2008；布朗，2011）。

我认为建构主义认识论是经验主义、理性主义和实用主义观
点之间的和解。建构主义者假设，所有人类的理解都是世界上的
能量模式与感知主体强加给世界的心理范畴之间相互作用的结果。
康德是"人类理解是心理范畴和环境感知的相互作用"这一观点的
早期支持者。现代发展心理学家也支持这一观点（皮亚杰，1954，
1970；冯·格拉塞斯菲尔德，1978；高普尼克，2011a）。用皮亚
杰的术语来说，我们人类根据目前的理解来同化外部现象，并使
我们的理解适应不符合先前预期的现象。

建构主义者用图式这个术语来描述一种先验结构，这种

结构调节着人类对世界的体验。图式这一术语来自英国心理学家巴特利特（1932）的著作，其哲学根源可以追溯到康德（1781/1964）。从这个观点来看，观察不是被动的、中性的，而是主动的、解释性的。在人类的感知中还有一种务实的成分，即以一种批判的方式，我们偏向于看到自己需要的、想要的和期望看到的东西——我们正在"寻找"的东西。目前有很多心理学家和哲学家支持并扩展了这种对人类感知的实用性和目标性的描述（格利莫尔，2001；高普尼克等，2004；高普尼克，2011a；库什尼尔等，2010）。

康德认为，感知到的信息是一种后验知识，很少能精确地符合我们事先形成的和先验的图式。从这种理解和行动的张力来看，主体用来组织经验的基于图式的偏见被加强、修改或替换了。试图适应无法与环境成功互动的情境推动了认知平衡的过程。建构主义认识论是一种认知演化和不断完善模型的认识论。建构主义的一个重要后果是，对任何基于感知的情境的解释都涉及将观察者的独特概念和类别强加于所感知的事物。这构成了一种归纳偏差。

当皮亚杰首次提出用建构主义的方法来研究儿童对世界的理解时，他称其为遗传认识论。当遇到新的现象时，目前的认知模式与世界的"本来面目"之间缺乏舒适的契合，这就产生了一种认知上的紧张。这种紧张推动了模式的修正过程。图式修正，即皮亚杰所谓的适应，是主体对平衡的理解的持续演变。

我认为，图式修正和向平衡的持续运动是智能体适应自我、社会和世界约束的一种遗传倾向。图式修正整合了这三种力量，代表一种具体的生存倾向。图式修正既是我们遗传特征的先验反映，也是社会和世界的后验功能。它反映了一个生存驱动的智能体的具身化，即一个存在于空间、时间和社会中的人的具身化。

这里融合了经验主义和理性主义的传统，由智能体生存的实用主义要求进行调解。因为人类是具身的，所以人类智能体无法体验到任何东西，除了那些首先通过感官的东西。作为一种适应能力，人类通过学习感官数据中隐含的一般模式而生存。所感知到的事物是由所期望的事物来调解的，所期望的事物受到所感知到的事物的影响。这两种功能只能在相互之间进行理解。第 8 章介绍的贝叶斯模型优化表示法，提供了一个适当的计算媒介，以整合这种建构主义和模型修正的认识论立场的组成部分。

我们作为智能体，很少清楚地意识到支持我们与世界互动的图式。无论是在科学上还是在社会上，偏差和偏见的来源往往是基于我们先验的图式和期望。这些偏差构成了我们与世界的平衡，通常不是我们有意识的精神生活的一个公认组成部分。

有趣的是，大卫·休谟在《人性论》（1739/1978）中承认了这种困境，他说：

> 任何科学都或多或少与人性有些关系，无论看似与人性相隔多远，它们最终都会以某种途径再次回归到人性中。即便是数学、自然哲学以及自然宗教，它们都在一定程度上依赖于人的科学；因为这些科学总是在人类的认知范围内，并且由人类的能力进行判断。

此外，我们可以问，为什么建构主义认识论可能有助于解决理解智能本身的问题？环境中的智能体如何理解它自己对该情境的理解？我相信，建构主义的立场也可以解决这个通常被称为**认识论准入**的问题。

150 多年来，在哲学和心理学两大派别之间一直存在着斗争：逻辑实证主义者提议从可观察到的物理行为中推断心理现象，以及一种更唯象的方法，这种方法允许使用第一人称报告来支持对认知现象的理解。这种派系主义的存在是因为这两种准入模式都需要某种形式的模型构建和推理。

与椅子和门等实物相比，智能体的精神状态和性情似乎特别难以描述，而这些实物通常似乎可以直接获得。我们认为，这种直接接触物理现象和间接接触心理现象的二分法是虚幻的。建构主义的分析表明，如果不使用某种模型或图式来组织这种经验，任何外部或内部世界的经验都是不可能的。在科学探索中以及在我们正常的人类认知经验中，这意味着所有对现象的访问都是通过探索、粗略估计和持续的期望完善得到的。

我认为这种基于期望的模型完善有五个重要组成部分。第一，它是连续的和有目的性的，或者说总是朝着新的目标和综合的方向努力。哲学家和心理学家都指出，即使在非常年幼的儿童中，也有持续的主动探索现象（格利莫尔，2001；高普尼克等，2004；高普尼克，2011a，b）。第二，关于世界的新知识总是以生存驱动的智能体的全部情感需要来编码。因此，习得的知识总是包括恐惧、需求、满足以及学习智能体生存和成熟的所有其他方面。

第三，我认为在智能体中表示这种复杂信息的充分编码方案是由多个继承层次结构组成的网络。有多种来源的继承或关联反映了知识是如何嵌入情感和其他人类生存能量的，正如刚才提到的那样。包括休谟（1739/1978，1748/1975）在内的哲学家描述了知识是如何通过经验驱动的关联而被定性的。

正如第 5 章所指出的，包括柯林斯和奎林（1969）以及安德森和鲍尔（1973）在内的心理学家证明了语义层次结构是如何足以解释人类关联记忆的各个方面的。此外，人工智能研究人员，特别是那些参与人类信息处理和语言理解的研究人员（威尔克斯，1972；尚克和科尔比，1973；斯特恩和卢格尔，1997），已经建议使用多个继承层次结构作为编码知识、意图、意义和相关行动的充分的心理／物理模型。

基于期望的模型完善的第四个组成部分是，对于世界上的所有知识，最好以概率方式表示。正如刚才所提到的，我们无法直接获得任何东西，所以我们对现象的感知最好被看作现象分布中的抽样。新的概率关系是交叉的，或被解释为上文中所描述的现有关联层次结构。因此，学习是积极地创造新的概率性关联。

第五，科学方法的一种形式推动了我们的理解。我们积极地努力将新的认知纳入目前的世界观，当这些认知不适应时，我们继续寻找更好的整合。用皮亚杰的话说，感知作为一种对后验信息的调适，将自我推向平衡。这种调适，尽管主体可能并没有完全意识到它的期望 - 修正过程，但它是积极寻求静止和平衡的创造性能量。

7.3　五个假设：认识论立场的基础

在这一节中，我们讨论旨在提供一个基础和一种交流语言的假设，以支持认识论科学。一个关于现象的假设是一个没有证据但有反思和直觉支持的声明。假设是一种"让我们假设这是真的"的声明。

在科学中，公理和假定被用来构建数学系统的基础。我们采取希尔伯特（1902）的立场，而他对公理和假定不加区分。希尔伯特用公理这个词作为他的数学体系的基础。假设／公理／假定首先是实用主义的承诺。它们是关于某些东西的：在我们的示例中，"假设"是关于在人类知识领域中建立进一步推理的基础。

可以说，构成数学体系基础的第一套假设是欧几里得的假设。欧几里得的五个公理奠定了传统几何学的基础，包括笛卡儿的代数几何学。为了描述和解释爱因斯坦的能量配置的宇宙，有必要对这些假设进行修改。

考虑欧几里得的第一个公理／假设：从任何一点到任何其他点都有可能画一条直线。这个假设包含"直""线"等概念的含义，以及"画""点"和"任何其他点"等含义。这些术语是有目的的人类意图、理解、交流甚至洞察力的相互理解的组成部分（罗纳根，1957）。这种理解行为从实用主义的角度肯定并接受所提出的内容及其隐含的目的。

同样，考虑我们提出的第一个假设：生存是所有有生命的智能体的动机或驱动力。假设中的"生存""动机""有生命的"和"智能体"都能被理解，当它们一起被断言，并被个人和社会所肯定时，就为理解真实的东西建立了一个逻辑上有用的基础。在这个意义上，假设系统不是"海龟，或定义，一路走来"，而是建立在创造一套有用的符号和具有隐含意义的关系之上。这种坚定的、有目的的洞察力或理解的行动回答了希腊怀疑论者塞克斯托斯·恩皮里库斯的标准回归论证。

古代和中世纪的几何学家质疑欧几里得的五公理集是否必要和充分地支持他的几何学的所有有用扩展。也许，他们曾一度认为，公理五，即平行线公理，可以从其他四个公理中推导出来。19 世纪，包括黎曼、高斯、波利亚和洛巴切夫斯基在内的数学家证明了所有五个公理都是必要的。这些数学家提出了新的、不同的第五条公理，结果支持了不同的、非欧几里得的现实。

其中有两个几何图形很重要，即双曲线和椭圆曲线。在双曲几何学中，有无数条直线经过直线 *l* 外的一点，并且与直线 *l* 平行或不相交。在椭圆几何中，所有经过直线 *l* 外一点的直线都与直线 *l* 相交。非欧几里得几何学的发展为表现 20 世纪早期物理学的新见解提供了一个重要媒介。例如，爱因斯坦的广义相对论描述的空间不是平坦的，也不是欧几里得的，而是椭圆弯曲的或黎曼的，在能量存在的区域附近。因此，欧几里得的第五条公理被证明是独立的，并且可以被有目的地加以改变，以捕捉对理解新现实（包括现代物理学）至关重要的关系。

鉴于这些对欧几里得原始假设的修订，有趣的疑问是，这些假设本身怎么会被认为是"错误的"？其实这个问题本身就是一种误导，因为，就其本身而言，假设或科学的公理既不正确也不错误。它们对于描述一个可能的世界的各个方面来说，要么足够，要么不够。正如我们所指出的，对于物理世界，要从牛顿式的理解过渡到爱因斯坦式的理解，就需要一种新的假设构想。

还需要一种新的语言来反映海森堡（2000）的概率宇宙见解。

关于假设集的问题是，作为一种支持对现象世界的理解的语言，它们是否是有用的结构。最后，我们的假设集提出了八个后续猜想，这些猜想延伸至一种认识论视野，而这种认识论视野是为进行积极的思考和获得可能的情感上的支持而创造的。

7.4 现代认识论的基础

我们现在提出五个假设，或者说推测，支持与当代人工智能技术一致的世界观，并为现代认识论提供基础。

假设 1 生存是所有活着的人的动机或驱动力。

第一个假设表明，生存直接或间接地激励、支持和支持着所有人类个体行为。人类个体可能并不总是能意识到自己的动机来源，并且不管人类可能"认为"自己的动机是什么，都会继续自己的生存方式。饮食和性等行为显然支持假设 1，甚至休闲活动也是尚存的生态系统的一个重要组成部分。自我毁灭的行为（比如自杀）是人类没有成功校准的行为。

假设 1 的另一种说法可能会用支持*自由能*或*熵最小化*的描述来代替*生存*（弗里斯顿，2009）。无论生存的特征是什么，假设 1 为每个活着的人提供了一种激励性的认识力量。

假设 2 社会的生存对人类个体的生存至关重要。

合作智能体中的个体和团体直接和间接地支撑着社会的生存。社会中的个人不需要明确地意识到他们在这种生存中所扮演的角色。在众多因素中，这种个体－社会的协同作用是由一个事实所决定的，即正常的人类需要很长的时间才能达到成熟——大约 25

年才能完成大脑皮层的生长。因此，其他智能体的存在和合作是必不可少的。很明显，智能体需要其他智能体来产生后代。

假设 3　感知是进行感知的人和感知到的刺激物的耦合。

感知耦合现象是不可分解的。特别是，对于智能体感知，没有内部 / 外部的分离，只存在耦合本身的行为。内部或外部"世界"的概念，以及这两个不同的世界可能是什么，包括对人感知到的性质的具体化，是对感知经验的任意抽象。假设 3 没有解释感知行为是如何在大脑皮层中编码信号的。在这方面有几个优秀的理论，包括预测性编码、自由能原理和大脑功能的贝叶斯模型（冯·亥姆霍兹，1925；拉奥和巴拉德，1999；费尔德曼和弗里斯顿，2010）。

感知的行为，或智能体 - 刺激物的耦合，既扰乱了智能体的状态，也只是近似于被感知的实体。正如海森堡在《物理学和哲学》中所述，"我们必须记住，我们所观察到的不是自然本身，而是暴露在我们的提问方法之下的自然"。因此，在整个感知耦合行为中，智能体既没有保持不变，感知到的刺激也不是实体的全面反映（另见马图拉纳和瓦雷拉，1987）。我们无法直接接触到任何事物的本质与存在。由于这个原因和其他原因，我们建议，感知关系最好以概率的方式来描述、测量和理解。参见科尼尔和普热（2004）的《贝叶斯大脑：不确定性在神经编码和计算中的作用》。

假设 4　个人和协作的人类创造了符号 / 标记来代表相关的感知集群。

埃莉诺·罗斯奇（1978）声称，"由于没有任何有机体可以应对无限的多样性，所有有机体最基本的功能之一就是对环境进行分类，通过这些分类，不相同的刺激可以被视为等效的"。因此，智能体对具体的符号－感知关系做出了目的驱动的承诺，例如，将一类感知到的能量模式表示为"红色"。

这种对有象征意义的名称的承诺是智能体和社会的需要和目标的一个功能。对"名称的承诺"是实用主义认识论立场的一个例子（詹姆斯，1981，第114页）。命名的过程也必然会使感知到的"对象"的某些方面得不到解释。这种"遗留物"被称为经验残留物，往往需要对模型进行修正，即猜想8。

来自认知和神经科学传统的几个有趣的研究项目，推测刺激模式是如何在人类反应系统中转导到神经和肌肉激活的。其中包括：麦克利兰和鲁梅尔哈特（1981），拉奥和巴拉德（1999），辛顿（2007），弗里斯顿（2009）。

假设 5　当社会的命名认知模式进一步与符号和符号模式相关联时，假设4得到了推广。这些系统称为模型。

假设5是一个延伸，并不独立于假设4，在假设4中，可以递归地将符号／标记分配给其他符号集。因此，我们再一次看到，智能体和社会对与感知相关的符号集之间的关系做出了有目的的承诺。符号之间的关系的名称往往是任意的，但这些关系总是功利的和有目的的，例如，"创建"整数的集合或根号2。

鉴于感知、符号／符号集或模型之间的不精确关系，这些都是最好的概率性理解。贝叶斯（1763）、珀尔（2000）、科尼尔和普热（2004）以及其他一些人提出了用概率关系进行推理的代数或语言，参见猜想6和第8章、第9章。

这五个假设为理解智能体的感知以及有目的地创造符号和符

号／模型结构提供了基础。这些假设也为以下八个猜想提供了支持，这些猜想明确了关于智能体如何感知刺激并在不断变化的世界中相互作用的观点。

猜想 1　所有的感知都是有目的的。

智能体的感知是智能体生存的一个组成部分。即使是智能体的梦想、反思和冥想，也是试图将感知信息整合到长期的或更永久的记忆中，以帮助适应新的感知和生存。另见克拉克（2015）的著作和弗里斯顿（2009）的著作。

猜想 2　符号是为实际使用而创造的，因此在本质上是有目的的。

假设 4 的核心是个体和合作的智能体创造符号。猜想 1 断言，所有感知都是有目的的，因此符号也是有目的的。符号不需要是语言上的标记。它们可以是书面的、手势的，甚至是一堆代表数字的石头。猜想 2 断言，对于智能体来说，"事物"代表"其他事物"，包括（尤其是）感知，见克拉克（2013）的著作。

猜想 3　符号系统或模型反映了智能体对感知的承诺，以及感知之间的模式和关系。

猜想 3 得到了猜想 2 的支持，即符号是为有目的的使用而创造的，并得到假设 4 和假设 5 的支持。符号系统或模型并不独立于基于使用和面向智能体的解释的上下文而存在。符号系统从根本上说是关于它们所代表的现实的各个方面。这个观点是实用主义思维的一个重要结果（詹姆斯，1981）。许多现代基于计算机的表示系统的一个问题是，实用主义者抽象地看待符号，而不是为了创建时的目的。

猜想 4　个体和社会都对基于感知的符号和符号系统（或模型）做出承诺，或有一种基于生存的联系。这种承诺的名称是让符号和符号系统具有"意义"或"依据"。

猜想 4 得到假设 2 和假设 5 以及猜想 3 的支持。符号系统是以个体和社会为基础的，通过协议建立，并基于共同的承诺使用。因此，这些系统形成了一种交流媒介、一种语言（海森堡，2000）。这种语言反映了拥有共同目的的不同群体的努力，例如，一种特定的科学或宗教。因此，符号系统被认为是有意义的，并且在个体和社会中都有基础。这种全社会的功利性关注并不能改变一个事实，即符号和符号系统的个体名称往往是任意的。

猜想 4 还表明，有许多符号只有在特定的知识系统的上下文中才能被理解，这些符号包括能量、熵、相关性、因果关系等。智能体对特定符号系统及其相关目的的承诺被称为具有该系统的知识。

猜想 5　单个符号 - 感知关联和反映符号间抽象关系的符号系统或"知识"，都最好以概率方式来描述。

猜想 5 得到了以下事实的支持：单个符号的感知归属，如"这台消防车是红色的"，以及在感知关联中感知到的模式，如"太阳明天会升起"，都最好以概率方式表示，正如假设 3 所断言的那样。正如符号被赋予感知耦合行为（假设 4），符号系统可以被赋予符号之间的感知关系 / 关联（假设 5）。

可以推测，数学系统是由基于感知耦合的符号系统中发现的规律所产生的。例如，范畴论是对抽象结构关系与进一步抽象关系的映射的研究（阿沃德，2010）。数学系统概括了来自基于感知的符号世界的属性，并建议如何解释这些系统。一个例子是，早在爱因斯坦展示椭圆几何如何完美捕捉弯曲的空间－时间－能量连续体的规律性之前，非欧几里得几何的创造。

猜想 6　智能体和智能体群体都对其他智能体或社会的符号或知识系统做出了基于生存的承诺。描述智能体的符号或知识系统对另一个符号或知识系统的这种承诺的符号，被称为**真理**的归属。

猜想 6 得到了假设 1 和假设 2 的支持，即智能体和社会的能量都集中在生存上。承认与智能体或社会对特定符号或符号系统的效用的承诺有关的能量，支持了真理的归属。

真理代表对不同符号和知识系统之间的归属关系的承诺。这些关系可以是智能体－智能体、智能体－社会或社会－社会符号／知识系统之间的关系。这种对符号对应关系的肯定，可以简单到同意"这辆消防车是红色的"或"这个冰激凌味道不错"。当然，这种对应关系可以复杂到认同一个国家的宪法的价值和关系，或者认同某个宗教的一套价值信条。

个体智能体和社会并不总是对基于感知的符号和／或符号系统的含义有一致的看法。因此，**真理**是一个智能体对知识的承诺与另一个智能体或社会对同一知识的承诺之间的关系。尽管所有个体智能体对创造知识的承诺都很重要，但每个智能体最终还是在社会对同一知识的承诺的分布中得到体现。

皮洛特问："什么是真理？"其实真理是功利性的，个人或社会需要它来实现自己的功能。圆周率是圆的周长和直径之比吗？答案是"是的"，特别是对于那些需要这种关系来充当工程师或数学家的人来说。人类，无论是个体还是群体，都愿意为他们所相信的真理而牺牲，例如，为了他们的孩子或社会的生存。除此以外还有什么"客观真理"吗？也许没有一个是我们可以独立于我们的概念和它们的关系而知道的。在9.5节中有关于这个新实用主义真理概念的进一步讨论。

猜想7　当知识结构被用于任何特定时间点的基于目的的解释时，它们是固定的随机模型。

假设4和猜想2、猜想3支持猜想7。知识系统是与感知相关的符号和关系的集合。在任何特定的时间点上，当它们作为解释上下文的组成部分时，就可以被看作固定的。根据假设4和猜想5，"固定的"解释系统可以从概率的角度得到最好的理解。最后，如前所述，知识系统主要是目的性的／功利性的，它们只有在作为解释行为的一个组成部分被部署时才能被理解。

猜想7最重要的结果是，智能体和社会使用固定的概率系统来调解解释。当这些解释性的图式偶尔不能产生有用的结果时，就必须加以修正。在前面的章节中，我们讨论了导致平衡的康德和皮亚杰的解释模式。我们将在第8章和第9章中对这一现象进行更多的计算性演示。知识系统持续地走向平衡，表明了最后的一个猜想。

猜想8　智能体的知识系统和社会的知识系统是通过一致的、持续的模型修正过程来进行修正和重新制定的。

假设3（描述了感知耦合）和猜想1（认为感知是有目的的）都支持猜想8。感知的行为永远不会是详尽的，并且总有一些现象的某些方面在行为中没有得到体现。如前所述，这种解释的剩余部分被称为经验残留物。此外，随着智能体和社会的目的和需求的变化或被澄清，目前使用的符号系统要么被加强，要么被修改。

例如，在物理学中，当人们注意到一个粒子的质量在极端加速度下而增加时，牛顿力学提供的符号系统就不再是一个充分的解释模型。同样，由海森堡观察到的测量不确定性，要求对爱因斯坦的解释语境进行修正。这两种情况都迫使人们对模型进行修正，并创造修正的语言结构来支持这些新的和必要的目的驱动的解释（爱因斯坦，1940；海森堡，2000）。

猜想 8 还表明，智能体可以对创建符号系统的整个过程进行推理。例如，哥德尔（1930）证明了任何一阶逻辑加上皮亚诺公理的系统都是不完整的。因此，在该系统中可以表述的语句不能被证明是真的或假的。图灵用停机问题表明，使用他的机器可能无法辨认语句。对于新的解释语境，可能总是需要扩展和修改正式的系统和模型。例如，伯特兰·罗素修正了他的一阶逻辑系统，并将其扩展到包括自引用元语言的公理。

通过这些例子可以看出，科学方法为模型的重新制定提供了媒介和方法。当目的驱动的解释不能满足设计者的期望时，科学方法就会提出修改建议。我们在结尾几章中将看到这样的例子。

7.5　总结

本章提出了一种建构主义和解，以解决在理性主义、经验主义和实用主义传统中发现的缺陷。有人认为，在感知主体的期望和所感知到的信息之间存在着一种基于生存的张力关系。智能体的期望可以用康德、巴特利特或皮亚杰的图式来描述，这些图式在新的信息被感知时被强化或重新调整。弗里斯顿（2009）将这种现象称为自由能量最小化，皮亚杰（1970）将其描述为持续向平衡状态发展。

我们提出了五个假设和八个后续猜想来捕捉这种活跃的主体感知辩证法。这套猜想包括对*知识*、*意义*和*真理*等元概念的定性。

在第 8 章中，我们将考虑贝叶斯定理，并看看我们的建构主义综合如何反映在许多人工智能程序中。在第 9 章中，我们最后对模型进行了进一步的标定和改进。

延伸思考和阅读。这一章为现代认识论奠定了基础。我们建议阅读辅助性的读物，推荐阅读资料的完整列表可以在书末的参考文献中找到。

对于建构主义的哲学方法：

❑ Bartlett (1932), *Remembering.*

❑ Piaget (1970), *Structuralism.*

❑ Glymour (2001), *The Mind's Arrows: Bayes Nets and Graphical Causal Models in Psychology.*

对于儿童和发展性学习：

❑ Piaget (1954), *The Construction of Reality in the Child.*

❑ Gopnik et al. (2004), "A Theory of Causal Learning in Children: Causal Maps and Bayes Nets."

❑ Gopnik, A. (2011b), "Probabilistic Models as Theories of Children's Minds."

一个物理学家对理解现代世界所必需的基于语言的范式转变

的解释：

❑ Heisenberg (2000), *Physics and Philosophy*.

有一些计算机模型，特别是来自认知科学界的模型，试图捕捉建构主义世界观的各个方面。其中一些在 3.5 节中有描述，在 9.3 节中有更多的有描述。

第8章

基于贝叶斯的建构主义计算模型

> 上帝不掷骰子……
>
> ——阿尔伯特·爱因斯坦（他对量子理论猜想的回应）
>
> 上帝不仅掷骰子，有时还把它们扔到看不见的地方……
>
> ——史蒂芬·霍金

在本章中，我们将介绍第四种方法，自20世纪90年代以来，这可以说是人工智能研究中最重要的组成部分之一。这就是所谓的概率方法，或者通常是随机方法。我们用这种方法来理解世界。它被用于人工智能领域的各类应用，包括理解、生成和翻译人类语言；它也被用于机器学习、视觉系统，以及对机器人和其他复杂过程的控制。

首先，我们介绍贝叶斯定理，并演示它如何在单一假设和单一证据的情况下发挥作用。虽然这不是该定理的完整证明，但有助于建立对概率推理的直觉和理解。其次，我们介绍贝叶斯公式的几个扩展，包括贝叶斯信念网络（BBN），作为基于数学的模型，足以说明智能人类的感知、推理和诊断技能的许多方面。最后，我们展示如何使用概率模型来诊断复杂的情况，包括一个用于监测和控制核能发电的程序。本章的目标是为第 7 章提出的建构主义和解和认识论猜想提供计算上的可说明性和认识论上的充分性。

8.1　贝叶斯立场的推导

自 20 世纪 50 年代以来，概率建模工具一直支持人工智能研究的重要组成部分。贝尔实验室的研究人员建立了一个语音系统，可以识别一个说话者所说的十个数字中的任何一个，准确率高达 90%（戴维斯等，1952）。此后不久，布莱索和布朗宁（1959）建立了一个概率字母识别系统，考虑到字符序列和特定字符的可能性，该系统使用一部大词典作为识别手写字符的语料库。后来的研究通过观察匿名文献中的词汇模式并将其与已知作者的类似模式进行比较来解决作者归属问题（莫斯特勒和华莱士，1963）。

到 20 世纪 90 年代初，人工智能中大部分基于计算的语言理解和生成是使用概率技术完成的，包括解析、词性标注、参考文献解析和话语处理。这些技术经常使用像**最大似然度量**这样的工具（汝拉夫斯基和马丁，2020），后文将详细介绍。人工智能的其他领域，特别是机器学习，变得更加基于贝叶斯（拉塞尔和诺维格，2010；卢格尔，2009a）。在许多方面，这些使用随机技术的模式识别和学习是建构主义传统的另一种体现，因为所收集的模式集被用来控制对新模式的识别。我们首先要问的是，一个认识论者如何建立一个建构主义世界观的模型。

在历史上，对大卫·休谟的怀疑论的一个重要回应来自英国人托马斯·贝叶斯（1763）。鉴于休谟声称这种"描述"无法达到"证据"的可信度，贝叶斯受到挑战。贝叶斯的回应在他死后发表在《英国皇家学会学报》上，他以数学为基础，证明了智能体的先验预期如何与当前的感知相关联。贝叶斯的方法虽然不支持奇迹的可信度，但对概率模型的设计产生了重要影响。我们接下来讨论贝叶斯的洞察，然后用几个例子猜想贝叶斯定理如何支持认识论准入的计算模型。

假设一位医生正在检查一位病人的症状，以确定可能的感染性病原体。在这个例子中，有单一的症状，即证据 e，以及一个假设的感染性病原体，即 h。例如，医生希望确定，病人头痛难忍的感觉如何能表明存在脑膜炎感染。

图 8.1 中有两个集合：集合 e 包含所有患有严重头痛的人，集合 h 包含所有患有脑膜炎感染的人。我们想确定一个患有严重头痛的人也患有脑膜炎的概率。我们称之为 $p(h|e)$，或者"假定一个人患有头痛 e（证据），则他／她患有疾病 h 的概率 p"。

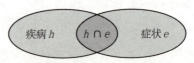

图 8.1　患有某种症状（e）和某种疾病（h）的人数表示。我们想要测量一个人在患有该症状的情况下患有该疾病的概率，即既在集合 e 又在集合 h 中的人数，或 $e \cap h$

为了确定 $p(h|e)$，我们需要确定同时具有该症状和疾病的人数，并将这个数字除以具有该症状的总人数。我们把这称为**后验**

概率，或者说，诊断者获得的新信息表明疾病的概率。由于图 8.1 中的每一组人都可以被总人数所除，我们将每个数字表示为一个概率。因此，在给定症状 e 的情况下，用 $p(h|e)$ 表示疾病 h 发生的概率：

$$p(h|e) = |h \bigcap e| / |e| = p(h \bigcap e) / p(e)$$

其中，" | | "符号表示该集合中的人数。

类似地，在这种情况下，我们希望确定**先验概率**，或诊断师的期望。这种先验信息反映了诊断师在医疗培训和过去的诊断经验中积累的知识。在这个例子中，给定疾病 h，脑膜炎患者也有头痛的概率，或已知疾病 h 的证据 e 的概率为 $p(e|h)$。如前所述：

$$p(e|h) = |e \bigcap h| / |h| = p(e \bigcap h) / p(h)$$

现在可以通过乘以 $p(h)$ 来确定 $p(e \cap h)$ 的值：

$$p(e|h)p(h) = p(e \bigcap h)$$

最后，我们可以确定在给定证据 e 的情况下，假设疾病 h 的概率的度量，根据假设疾病的证据的概率：

$$p(h|e) = p(e \bigcap h) / p(e) = p(e|h)p(h) / p(e)$$

最后一个公式是针对一个证据和一种疾病的贝叶斯定理。

让我们回顾一下贝叶斯公式实现了什么。它在给定症状的疾病的后验概率 $p(h|e)$ 和给定疾病的症状的先验知识 $p(e|h)$ 之间建立了一种关系。在这个例子中，医生的长期经验提供了在遇到一个新情况（有症状的病人）时应该期望什么的先验知识。具有症状 e 的新患者患有假设疾病 h 的概率表示为从以前的情况中收

集到的知识，其中医生已经看到患者有症状的概率 $p(e|h)$，以及疾病本身发生的概率 $p(h)$。

　　考虑更一般的情况，用同样的集合理论论证一个人在有两种症状的情况下患某种可能的疾病的概率，比如说患脑膜炎的同时又有严重的头痛和高烧。在这两种症状下，患有脑膜炎的概率是关于在发病时同时出现这两种症状的先验知识和疾病本身的概率的函数。

　　给定一组可能的多个证据 E，我们提出特定假设 h_i 的贝叶斯规则的一般形式：

$$p(h_i|E) = p(E|h_i)p(h_i)/p(E)p(h_i|E)$$

是指在证据 E 的情况下，某一假设 h_i 为真的概率。其中，$p(h_i)$ 是 h_i 可能发生的概率，$p(E|h_i)$ 是假设 h_i 为真时观察到证据 E 的概率，$p(E)$ 是证据在人群中为真的概率。

　　当贝叶斯规则从一个证据扩展到多个证据时，规则的右侧反映了多个证据与每个假设 h_i 同时出现的情况。我们对这个证据做了两个假设。首先，对于每个假设 h_i，证据是独立的。其次，所有单独的证据片段 e_i 的和（集合并），组成了完整的证据集合 E，如图 8.2 所示。

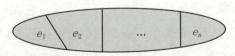

图 8.2　所有可能证据的集合 E，被每个假设 h_i 的单独证据 e_i 所分割

　　给定关于每个假设的证据，如贝叶斯定理所要求的，可以直

接计算出给定一个假设的证据的概率 $p(E|h_i)$：

$$p(E|h_i) = p(e_1, e_2, \cdots, e_n | h_i) = p(e_1 | h_i) \times p(e_2 | h_i) \times \cdots \times p(e_n | h_i)$$

在独立性假设下，贝叶斯的分母 $p(E)$ 为：

$$p(E) = \sum_i p(E|h_i) \times p(h_i)$$

在大多数现实的诊断情况下，给定一个假设，假设证据的独立性是不被支持的。一些证据可能与其他证据无关，比如句子中个别单词的出现。这违反了计算 $p(E|h_i)$ 的独立性假设。做出这种证据独立的假设，即使它是不合理的，也被称为朴素贝叶斯。

贝叶斯定理的一般形式为给定一组证据线索的特定情况发生的可能性提供了一个计算模型。贝叶斯方程的右边表示一个模式，描述了先前积累的现象知识如何与方程左边描述的新情况的解释相关。这个定理本身可以被看作皮亚杰同化的一个例子，在这个例子中，新的信息是用从先前经验中创建的模式来解释的。

如前所述，提出贝叶斯定理作为在先验知识背景下解释新数据的认知描述是有局限性的。首先，事实是，认识主体不是一台计算机器。我们只是没有用于计算假设／证据关系的所有先验数值。在像医学这样的复杂情况下，可能有数百种假设的疾病和数千种症状，这种计算是不可能的。

对"泛化数学要求"开展批评的一种回应是，赫布（1949）式的条件作用发生在时间和期望之间，直到新的后验信息触发已经构成的基于期望的解释。这对于在自己专业领域工作的训练有素的专家来说尤其如此，比如医生。休谟（1748/1975）的建议也描述了这种解释，即联想是随着时间的推移从积累的知觉经验中建立起来的。

此外，在许多应用中，所有假设中证据出现的概率 $p(E)$，即贝叶斯方程的右侧分母，只是一个归一化因子，支持 0 到 1 范围内的概率度量的计算。在给定证据的情况下，同样的归一化因子被用于确定每个 h_i 的实际概率，因此可以忽略。当分母被简单地忽略时，结果被描述为在证据积累的情况下，对任何假设 h_i 的最可能解释或最大似然度量的确定。

例如，如果我们希望确定在任何特定时间，所有 h_i 中哪一个具有最多的支持，我们可以考虑最大的 $p(E|h_i)\,p(h_i)$，并将其称为假设 h_i 的 argmax (h_i)。正如刚才提到的，这个数字不是一个概率。

$$\mathrm{argmax}(h_i) = p(E\mid h_i)\,p(h_i),\text{ 对于每个 } h_i$$

在动态解释中，随着证据随时间的变化，在特定时间给定一组证据，在该时间该假设的最大似然度被称为假设的 argmax。我们展示了这一关系，即贝叶斯最大后验概率（MAP）估计的扩展，作为时间 t 的动态度量：

$$p(h_i\mid E_t) = \mathrm{argmax}(h_i) = p(E_t\mid h_i)\,p(h_i),\text{ 对于每个 } h_i$$

当在时间 t 存在多个证据时，即 $E_t = e^1{}_t, e^2{}_t, \cdots, e^n{}_t$，朴素贝叶斯独立性假设表示为

$$p(E_t\mid h_i) = p(e^1{}_t, e^2{}_t, \cdots, e^n{}_t\mid h_i) = p(e^1{}_t\mid h_i)\times p(e^2{}_t\mid h_i)\times\cdots\times p(e^n{}_t\mid h_i)$$

这个模型既直观又简单：给定证据 E，在时间 t，对 h_i 的最可能的解释是关于在时间 t 哪种解释最有可能产生该证据以及这种解释本身发生的概率的函数。

我们现在可以问 argmax 规范是如何产生一个现象的计算认

知模型的。首先，我们看到 argmax 关系提供了一种可证伪的解释方法。如果在特定时间出现更多数据，则替代假设可以获得更高的 argmax 值。此外，当一些数据暗示一个假设 h_i 时，通常只有完整数据集的一个子集可以支持该假设。回到我们的医学假设，严重的头痛可能是脑膜炎的前兆，但随着时间的推移，收集到的更多证据更能证明这一假设，例如发烧、恶心和某些血液测试的结果。随着其他数据的获得，这也可能降低脑膜炎诊断的可能性。

我们认为不断发展的最大似然关系是一组可能的假设和随着时间推移所收集的不断积累的证据之间持续的张力关系。不断变化的数据支持了对最大似然假设的不断修正，而且，由于数据集并不总是完整的，特定假设的可能性促使人们寻找可以支持或证伪它的数据。因此，最大似然度量代表假设的一种动态平衡，它随时间演变，表明支持数据的假设以及支持特定假设的数据的存在。皮亚杰（1983）将这种感知 / 反应过程称为寻找平衡。

当数据 / 假设关系在任何时间段 t_i 内都不"足够强"，和 / 或没有特定的数据 / 假设的关系似乎占主导地位时，通过 argmax (h_i) 值来衡量，并基于模型修正寻找更好的解释变得重要起来。有两种方法通常有助于完成这项任务。第一种方式是在已知的数据 / 假设关系中寻找新的关系——也许可能性空间的一些重要组成部分被忽略了。例如，当加速粒子所需的能量以及粒子的质量在极端加速度下增加时，牛顿定律需要修正。

模型修正的第二种方法是积极干预模型的数据 / 假设关系。"如果病人的头痛消失了，是否有新的诊断？""如果发烧激增，会有什么变化？""当 2 岁的孩子把食物扔在地上时，父母应该如何应对?"随着时间的推移,证据的变化可以导致新的假设。这两种技术支持模型归纳,即建立新的模型来解释数据。模型归纳是当前机器学习研究的一个重要组成部分(田和珀尔,2001;萨哈年科等,2008;拉姆默罕,2010)。这种基于智能体的模型修正展示了皮亚杰的适应概念,在9.3节中将进一步对其展开讨论。

下一节介绍贝叶斯信念网络,考虑到随着时间推移对新数据的感知,我们展示了这些网络如何以一种被称为动态贝叶斯网络的形式,对假设的变化进行建模。在9.3节中,我们讨论了模型的修正和反证法的使用,或者说假设推理,作为理解变化世界中复杂任务的一种认识论工具。

8.2 贝叶斯信念网络、感知和诊断

在复杂环境下使用全贝叶斯推理进行诊断时,数据收集往往是一个限制因素。例如,要使用贝叶斯定理来计算医学中的概率,可能有数百种可能的诊断,以及数千种可能的症状,数据收集问题就变得不可能了(卢格尔,2009a,第185页)。因此,对于复杂的环境,执行完全的贝叶斯推理的能力可能会失去作为认识论模型的合理性。

贝叶斯信念网络(BBN)(珀尔,1988,2000)是一个图,其链接是条件概率。该图是无环的,因为没有从一个节点回到自己的链接序列。它也是有向的,因为链接是有条件的概率,旨在代表节点之间的因果关系。有了这些假设,可以证明在父节点已知时,BBN的节点是独立于其所有非子节点的。

朱迪亚·珀尔提出了使用贝叶斯信念网络，并假设其链接反映了因果关系。由于已经证明了状态独立于其非子节点，并且已知其父节点的知识，贝叶斯技术的使用就具有了全新的重要性。首先，假设这些网络是不允许存在环的有向图，这是对传统贝叶斯推理的计算成本的一种改进（卢格尔，2009a，9.3 节）。

更重要的是，独立假设将推理空间分解为独立的**分量**，这使得 BBN 成为一个透明的表示模型，并以一种在计算方面有用的格式捕获因果关系。在接下来的例子中，我们将演示 BBN 是如何支持透明度和高效推理的。

我们接下来说明 BBN 如何诊断半导体分立元件中的故障（斯特恩和卢格尔，1997；查克拉巴蒂等，2005）。考虑到数据集，半导体故障模型决定了假设的最大可能性。我们来考虑图 8.3 所示的两种不同类型的半导体故障的情况。

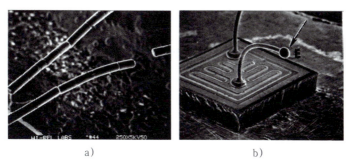

a)　　　　　　　　　　　　b)

图 8.3　两个半导体分立元件的例子，每个都表现出电流意外断路故障（卢格尔等，2002；查克拉巴蒂等，2005）

图 8.3 的例子显示了一种叫作电流意外断路的故障类型，或者说连接组件到系统其他部分的电线断裂。对于诊断专家来说，断

裂的感知方面支持许多关于断裂如何发生的替代假设。寻找对电流意外断路故障最可能的解释扩大了对证据的搜索范围：断口有多大？是否有任何与断裂有关的变色？事发时是否有任何声音或气味？系统其他组成部分的产生条件是什么？

在数据搜索的驱动下，支持多种可能的假设，可以解释电流意外断路或断裂，专家注意到图 8.3a 中断开的电线中的竹节效应。这就提出了最大似然假设，即电流意外断路是由金属结晶造成的，可能是由一连串的低频、大电流脉冲引起的。对于图 8.3b 的电线断裂，最可能的假设是由于电流过大造成电线熔化，使电线的末端呈球状。这两种诊断场景都是由一个类专家系统通过搜索假设空间来实现的（斯特恩和卢格尔，1997），也反映在贝叶斯信念网中（查克拉巴蒂等，2005）。图 8.4 展示了贝叶斯信念网捕捉到了这些和其他半导体分立元件故障的相关诊断情况。

在新数据出现之前，BBN 代表专家对这一应用领域的知识的先验状态，包括各个部件故障的可能性。这些因果关系网络通常是通过人类专家对组件及其已知故障进行数小时的分析而精心制作的。因此，BBN 记录了一个领域中隐含的先验专家知识。当给 BBN 提供新的数据时，例如，电线是竹节状的或铜线的颜色是正常的，信念网络就会利用其先验模型和给定的新信息"推断"出最可能的故障解释。

有几种 BBN 推理规则可用于得出这种最佳解释，包括后面讨论的循环信念传播（珀尔，1988）。使用 BBN 技术的一个重要结果是，当一个假设达到其最大的可能性时，其他相关的假设就会被"解释掉"，也就是说，它们在 BBN 中的似然度会降低。我们将在下一个例子中看到这一现象的进一步证明。

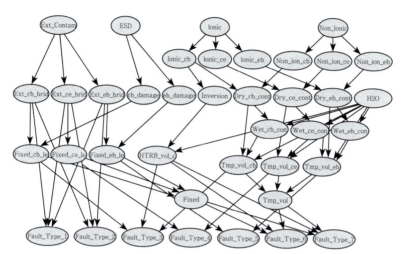

图 8.4　代表半导体分立元件领域中隐含的因果关系和数据点的贝叶斯信念网络。随
着数据被发现并呈现在 BBN 中，概率假设也会发生变化。改编自（卢格尔
等，2002）

　　最后，BBN 半导体的例子支持猜想 7 和猜想 8。猜想 7 指出，
先验知识，即在特定时间已知的数据，支持目的驱动的诊断。猜
想 8 指出，世界知识是通过模型修正过程不断重新阐述的。我们
接下来将演示，随着数据的变化，不同的假设如何提供最佳的解
释。为此，我们的模型必须随着时间的推移而改变概率，因为遇
到了新的数据。

　　动态贝叶斯网络（DBN）是一连串相同的贝叶斯网络，其网络
节点在有向时间维度上相互连接。这种表示方法将贝叶斯网络扩
展到多维环境中，并在推理中保留了同样的可溯源性，以达到最
佳解释。由于搜索空间的因子化和解决复杂问题的能力，动态贝

叶斯网络成为探索数据和时间变化的诊断情况的潜在模型。我们接下来展示 BBN 和 DBN。

图 8.5 显示了一个典型的驾驶情况的 BBN 模型。假设你在一个熟悉的地区驾驶汽车，你知道哪里有可能发生交通堵塞、道路施工和事故。你也知道，警示灯通常表示事故现场的紧急车辆，橙色锥桶表示道路上在施工作业。(在美国，加重的橙色锥桶经常被用来控制道路工程的交通流。) 我们将这些情况命名为 T、C、A、L 和 B，如图 8.5 所示。在这个例子中，这些可能性反映在图 8.5 的部分概率表中，其中最上面一行表示施工 (C) 和交通堵塞 (T) 都为真的概率 t 是 0.3。

图 8.5　驾驶示例的贝叶斯信念网络和部分概率表，其中给出了施工 (C) 和交通堵塞 (T) 的样本概率值

对于完全的贝叶斯推理，这个问题需要一个由 5 个变量组成的 32 行的概率表，每个变量可为真或假。在 BBN 推理所支持的分离或派生中 (珀尔，2000)，这变成了一个 20 行的表格，其中警示灯与施工相互独立，橙色锥桶与事故相互独立，而施工与事故也是相互独立的 (卢格尔，2009a，9.3 节)。我们在图 8.5 中展示了这个表格的一部分。

假设当你开车时，在没有任何可观察到的原因的情况下，交通开始堵塞，则交通堵塞 T 变为真。这个新的事实意味着图 8.5

中交通堵塞的概率不再为假。图 8.5 中表格的第一行和第三行的概率之和从 $t=0.4$ 上升到 $t=1.0$。然后，这个新的更高的概率会按比例分配给施工和事故的概率，因此，这两种情况都变得更有可能。

现在假设你继续开车，并注意到沿路的橙色锥桶挡住了一条车道。这意味着在另一个概率表（这里没有显示）上 B 为真，在使其概率之和为 1.0 时，施工 C 的概率变得更高，接近 0.95。随着施工的概率越来越高，在没有警示灯的情况下，发生事故的概率就会降低。你现在所经历的最可能的解释是道路施工。事故发生的可能性降低了，可以说是**通过解释消除了**。随着新数据的出现，这些更高的概率的计算被称为**边际化**，虽然这里没有显示，但可以在卢格尔和查克拉巴蒂（2008）中找到。

图 8.6 表示刚才描述的驾驶示例中不断变化的动态贝叶斯网络。所感知到的信息在三个时间段内发生变化：正常行驶、汽车减速和看到橙色锥桶。在每一个新的时刻都有新的信息，这些值反映了那个时间和情境变化的概率。这些概率变化反映了驾驶员在每个时间段所感知到的每条新信息的最佳解释。

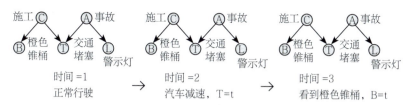

图 8.6　动态贝叶斯网络示例，在每个时间段，驾驶员都会感知到新的信息并且 DBN 的概率会发生变化以反映这些变化

在图 8.6 中，考虑诊断专家在时间为 2 时的状态。一旦交通放

缓，诊断专家可能会开始积极搜索橙色锥桶或警示灯，试图在时间为 3 之前确定什么可能是交通放缓的最可能的解释。在这种情况下，司机的期望促使他积极寻找支持信息。这些变化的情况及其解释支持猜想 8。

在另一个使用动态贝叶斯网络的例子中，查克拉巴蒂等人（2007）分析了一组分布式传感器的连续数据流。这些传感器反映了美国海军直升机旋翼系统的变速器的运行"健康"状况。这些数据包括温度、振动、压力和其他反映直升机变速器各部件状态的测量值。在图 8.7 的上半部分，连续的数据流被分解成离散的和部分的时间片。

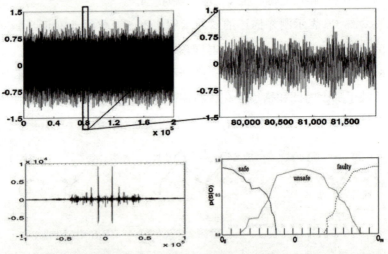

图 8.7 来自直升机旋翼系统的传动系统的实时数据。图的上半部分是原始数据流（左）和一个放大的时间片（右）。左下图是将时间片数据转换到频域的傅里叶分析结果。右下图表示旋翼系统的"隐藏"状态（查克拉巴蒂等，2005，2007）

查克拉巴蒂等人（2007）使用傅里叶变换将这些信号转化到频域，如图 8.7 的左下图所示。然后将这些频率读数在不同的时间段进行比较，以诊断旋翼系统的健康状况。用于该分析的诊断模型是图 8.8 的自动回归隐马尔可夫模型（AR-HMM）。系统的内部状态 S_t 是由频域中的分段信号序列组成的。可观察的状态 O_t 是直升机旋翼系统在 t 时刻的健康状态。"健康"建议，即传输是安全的、不安全的或有故障的，如图 8.7 右下图所示。

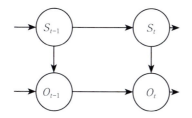

图 8.8　用自动回归隐马尔可夫模型处理图 8.7 的数据。状态 O_t 表示 t 时刻的可观测值：{ 安全的，不安全的，有故障的 }。S_t 状态捕捉 t 时刻来自旋翼系统的处理信号（查克拉巴蒂等，2007）

隐马尔可夫模型（HMM）是一种重要的概率技术，可以被看作动态 BBN 的一个变种。在 HMM 中，我们将数值归于网络的状态，而这些状态本身是不能直接观察到的，即在这种情况下，我们不能直接"看到"传输的"健康状况"。直升机上有直接观测运行系统温度、振动、油压等数据的仪器。但没有任何仪器可以直接告诉飞行员运行系统的健康状况。在给定所有其他信息的情况下，飞行员必须对这个健康值做出估计。生成这种健康信息是 HMM 的任务。

在直升机的例子中，美国海军提供了用于模型训练的数据。

来自正常运行的变速器的数据为模型提供了条件。其他包含故障的数据集，如在金属疲劳破坏了齿轮组件的齿轮后运行的变速器，也被用来训练模型。在对这些有标记的数据集进行模型调整后，测试新的无标记数据，测试人员不知道这些数据是来自无损伤的还是有故障的变速器。该模型被要求确定旋翼系统的健康状态，如果数据来自故障系统，则确定不安全状态何时发生。HMM 能够成功地完成这些任务。

在图 8.8 中，A-RHMM 的处理状态 S_t 捕捉来自传动系统的融合数据，并将这些数据结合起来，产生系统状态的最可能的假设 O_t。这个输出是在任何时刻 t 的观察状态 O_t。因为 HMM 是自动回归的，输出状态 O_t 的值也是前一时刻输出状态 O_{t-1} 的概率函数。

直升机变速器模型不是传统意义上的"基于知识"的程序。在基于知识的系统中，具体的规则将模型的参数相互联系起来，例如，"如果齿轮上的一个齿坏了，那么变速器的振动就会增加"或"如果油温升高，那么油循环组件就会失效"。这个模型中没有这样的规则，而是多个感知传感器读数的融合，这些读数随时间的变化表明了整个系统的"健康"。因此，程序可以得出"这里有问题"的结论，而不知道问题到底是什么。这是复杂的感知系统解释"危险"或"是时候采取行动"的重要例子，而没有具体了解为什么需要采取那种行动。

值得重申的是，我们在本节中展示的贝叶斯网络模型族是**数据驱动**的，从某种意义上说，网络设计者的先验知识反映在模型本身中。训练数据时，数据和模型的组合会进行调整，以对每个新数据产生最可能的解释。在许多情况下，鉴于几种可能的解释，概率模型还可以要求提供进一步的信息。最后，当关键信息缺失时——可能是由于损坏的传感器，根据模型的当前状态和感知的数据，网络也可以建议该传感器最可能的值（普莱斯和卢格尔，2003）。

贝叶斯信念网络向稳定状态的这种运动，即数据集与它们最可能的解释相联系，类似于皮亚杰的平衡概念。关于实现贝叶斯信念网络的算法的进一步细节，见珀尔（2000）和查克拉巴蒂等人（2007）。

8.3　基于贝叶斯的语音和对话建模

广泛使用 HMM 技术的一个领域是人类语音的计算分析。为了确定最可能说出的单词，在给定的声学信号流中，计算机将这些信号与一个称为**语料库**的集合进行比较，在语料库中存储了信号模式及其相关的单词。我们人类有我们自己版本的 HMM。我们根据听到的声音模式、看到的手势和当前的社会环境来解释其他人的话语。由于我们无法直接了解另一个人头脑中正在发生的事情，因此必须根据观察到的表情，对他们的意图做出最好的解释。这是隐马尔可夫模型的理想任务，也正是皮亚杰的解释理论所暗示的情况。

我们经常有一种直觉，语音识别软件系统必须将声音模式转换为文字，才能理解说话人的意图。保罗·德·帕尔玛（2010）和德·帕尔玛等人（2012）做了一个不同的假设，并制作了一个程序，在给定人类语音后，将这些声波转换为音节模式。然后，德·帕尔玛使用最大似然法确定了音节模式如何表明说话者最可能表达的概念。在德·帕尔马的研究中，并没有将声音转换成文字，而是根据所产生的声音模式，由程序将声音模式直接解释为说话者最可能的概念。

前面我们介绍了最大似然方程，用于确定在给定特定时间的证据下，哪一个假设 h_i 最有可能。设 h_i 是最有可能的，给定的证据在一个特定的时间 E_t。

$$p(h_i \mid E_t) = \mathrm{argmax}\ (h_i)，每个\ (h_i)\ 作为\ p(E_t \mid h_i)p(h_i)\ 的最大值$$

可以修改这个方程，以确定一组概念中哪一个概念最有可能（con_i），在 t 时刻给定一个特定的音节（syl_t^1）或一组音节（$\mathrm{syl}_t^1, \mathrm{syl}_t^2, \cdots, \mathrm{syl}_t^n$）。我们假设证据的朴素贝叶斯独立性：

$$p(\mathrm{con}_i \mid \mathrm{syl}_t^1, \mathrm{syl}_t^2, \cdots, \mathrm{syl}_t^n) = \mathrm{argmax}(\mathrm{con}_i)，每个\mathrm{con}_i 作为$$
$$p(\mathrm{syl}_t^1 \mid \mathrm{con}_i \times \mathrm{syl}_t^2 \mid \mathrm{con}_i \times \cdots \times \mathrm{syl}_t^n \mid \mathrm{con}_i)p(\mathrm{con}_i)的最大值$$

德·帕尔玛（2010）和德·帕尔玛等人（2012）的研究使用了科罗拉多大学 SONIC 小组提供的标准语言软件和美国国家标准和技术研究所的音节发生器，将语音转换成音节流。然后，使用声学数据语料库，其中已知的音节模式与概念相关联，用于训练音节语言模型。

这个语料库来自人类用户与一家大型航空公司呼叫中心的智能体的交谈。大多数用户试图购买飞机票。典型的请求可能是"我想从西雅图飞往旧金山"或"我需要到西雅图"。智能体创建标记语料库，其中音节模式与概念相关联。例如，"想要飞往""前往"

"到达"和"买票"的音节被归类为概念,如"顾客"……前往……"机场"。同样,描述一个城市的音节模式也被集中到机场的名称中。

德·帕尔玛(2010)和德·帕尔玛等人(2012)的研究有许多有趣的方面。首先,英语中单词的数量远远大于音节的数量。因此,人们预测,而且事实证明,在声音解码过程中,音节错误率远小于单词错误率。其次,在与航空公司服务人员一起工作的情况下,给定音节串,确定概念是很简单的,例如,"飞"有特定的预期含义。最后,人类的声音模式至少应该像他们的语言一样表明他们的意图,这似乎是完全合理的。

我们接下来考虑那些旨在与人类交流的程序。在最简单的情况下,许多计算机程序回答问题,例如,亚马逊的 Alexa、苹果的 Siri,甚至 IBM 的 Watson。在要求更高的情况下,程序的目的是进行对话,即与人类用户进行更完整和有目标的对话。这种任务的典型例子可能是人类上网修改密码,或者更有趣的是,获得金融、保险、医疗或硬件故障排除建议。

在这些更复杂的情况下,回应程序必须有一些目的论的概念或对话隐含的最终目的。查克拉巴蒂和卢格尔(2015)创建了这样一个系统,其中概率有限状态机监测计算对话系统是否满足了智能体的隐含目标,如图 8.9 所示。同时,在交流的每一步,一个被称为目标实现图的数据结构,如图 8.10 所示,包含回答特定问题所必需的知识。

这个对话管理软件展示了一种将问题领域的知识与对话的实用性约束相结合的方法。有效的对话取决于目标导向的基本过程

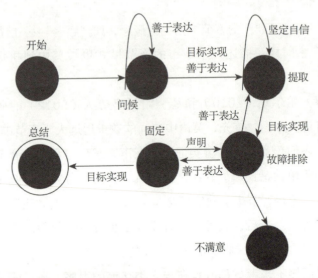

图 8.9　用于故障排除领域的对话的概率有限状态自动机，来自查克拉巴蒂和卢格尔
（2015）

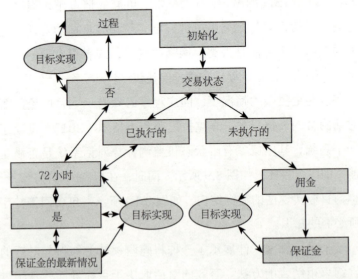

图 8.10　支持金融交易讨论的目标实现图，来自查克拉巴蒂和卢格尔（2015）

和会话，并且基于一组关于支持手头任务的知识的事实。查克拉巴蒂的方法将内容语义学（一个基于知识的系统）和实用语义学以对话引擎的形式相结合，从而产生和监控对话。

知识引擎采用专门设计的目标实现图，对驱动对话所需的背景知识进行编码。对话引擎使用概率有限状态机来模拟不同类型的对话。查克拉巴蒂和卢格尔（2015）使用图灵测试的一种形式来验证所产生的对话的成功。格瑞斯（1981）的格言被用来作为衡量对话质量的标准。计算机生成的对话文本和同一领域中人与人之间的对话记录被人类判断为大致相当（约 86%），而计算对话则明显地更专注于对话的任务或目标（<0.05）。

总而言之，表示特定问题领域知识的基于概率的模式是由目标实现状态机驱动的，它试图确定并满足发起对话的客户的关注点。值得注意的是，模式知识是关于理解和解决客户问题的，在这个例子中，支持猜想 4 和猜想 5。对话被看作专注于寻找解决方案的言语行动（塞尔，1969）。

本章介绍的随机示例旨在展示人类智能体如何解释基于感知的模式。随着时间的推移，在感知耦合意图的世界中的经验制约着人类智能体的期望。无论调节模型是赫布的、贝叶斯的还是其他的，认识论问题是，人类智能体的期望随着时间的推移被这些经验所制约。在我们的例子中，我们试图证明概率模型足以捕捉人类解释现象的各个方面。

最后一节探讨两个概率监测和诊断模型在复杂问题求解中的应用。

8.4 复杂环境中的诊断推理

接下来我们描述两个程序，它们使用不同人工智能软件工具的组合，包括知识规则、神经网络和动态贝叶斯，来解决复杂的问题。这些例子说明了如何构建和训练一个程序来"学习"世界，然后使它能够在新情况下做出适当的反应。

模型学习的第一个例子来自粒子加速器光束调谐领域。粒子加速器是一种用于将高电荷粒子从源头输送到目标的装置。光束线由许多设备组成，这些设备被设计用来改变光束的特性、方向、大小或形状，或者监测这些特性。

粒子加速器的目的是控制、聚焦和修改亚原子粒子束。光束必须通过"管道"输送到指定位置，同时保持所需的强度和焦点特性。最后一束光线到达目标时应有这样一组特征，这些特征由使用这束光线的物理学家所确定。图 8.11 显示了一个简单的加速器光束线，其中包括用于转向的微调磁铁、用于聚焦的四极磁铁、用于测量电流的法拉第杯和带状线探测器，以及用于测量光束大小和位置的剖面和弹出式监测器（克莱恩等，1999，2000）。

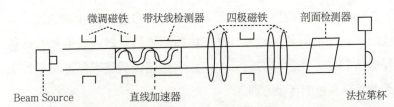

图 8.11 加速器光束或带状线的图形表示（克莱恩等，1999）。磁铁通过引导和改变粒子的方向来控制和聚焦光束。监测器（如法拉第杯）测量光束的强度和剖面

加速器光束线将这些不同的组件沿光束管放置，以产生特定的效果。好的设计将最大限度地减少维持可接受的光束条件所需的部件数量，同时仍然允许自由控制以实现一系列目标条件。不幸的是，实际系统很少完全按照设计工作。问题源于不完善的束流产生、残余的磁场、建模不佳的束流行为、错位或有缺陷的控制元件以及束流设施建成后设计和使用方面的改变。即使有内置的诊断工具，各种情况的不确定性也会使光束线控制变得困难。

克莱恩和他的同事（1999，2000）建立了一个面向对象的控制系统，该系统利用了人工智能工具，包括联结主义网络、模糊推理和远程反应（或面向目标的计划）（尼尔森，1994）。通过这种方法，他们能够成功地在布鲁克海文和阿贡国家实验室建模和控制粒子束环境。他们的主要成就之一显示了其建模工具的力量。他们的任务是在阿贡 ATLAS 设施中发现一个微调磁铁的位置。

由于时间、用途和阿贡设施本身条件的变化，磁铁的确切位置是未知的。一块几百磅重的磁铁的确切位置无法确定，这一事实并不像看起来那样不现实。这些磁铁中有许多是无法物理接触到的，它们被埋在设施下，随着地球运动和温度变化，它们可以随着时间的推移而改变位置、功率和磁场强度。

克莱恩等人的模型优化算法能够重新建立磁铁的位置和功率参数。基于模型的方法只是通过在波束线上的反复试验，简单询问组件的哪种模型或组织最有可能解释观察到的行为。更有趣的是，克莱恩和他的同事可能根本没有找到磁体的确切位置！但是，对于实验所需的所有实际目的而言，估算的位置是非常适合的。从认识论的角度来看，这是一个重要的问题：什么是真正的"存在"，在什么意义上我们能够知道和使用"它"？

最后，克莱恩的同事斯特恩（2001）扩展了这种模型改进方法。在斯坦福直线加速器中心（SLAC）工作期间，研究团队进行了模型校准，从而加深了他们对加速器的理解并改进了加速器的模型。他们通过使用加速器当前的假定模型来做到这一点，使这些模型获得与实际加速器硬件更精确适配的模型。对加速器模型本身进行更有效的校准，使得模型更符合物理学家的需要和期望。

我们的最后一个例子来自建立计算模型来监测使用钠冷却核反应堆发电的潜在问题。尽管核事故很少发生，但其后果对人类、环境和经济极其有害。琼斯等人（2016）和达林等人（2018）设计了一种基于动态贝叶斯网络的计算监测系统，以支持人体监控器的观察和知识。在这种具有挑战性的环境中使用 DBN 技术有几个原因。

首先，贝叶斯网络由节点和链接组成，这些节点和链接反映了反应堆物理领域的专家知识和判断。这一事实很重要，因为日常监测人员通常不如设计系统的专家熟练。DBN 的概率还反映了对电力系统单个组件（如传感器）的多次测试结果，以及对整个工作环境的模拟结果。因此，得到的模型既包含明确的人体物理特性和工程知识，也包含反应堆运行状况的概率解释。

其次，在非常复杂的核电发电环境中，DBN 能够产生比实时更快的分析和诊断结果。凯文·墨菲（2002）描述了基于 DBN 技术的透明的和可控制的推理能力。因此，人体监控器能够在事件实际发生时（通常是在事件实际发生之前）了解事件。监控器还从模型本身接收关于补救潜在问题的建议。

图 8.12 给出了产生电力的钠冷却核反应堆的示意图。反应堆系统及其模型有多个传感器，监测泵的状态、各种容器的温度、控制棒的位置和涡轮转速。发电系统状态的 10 个监控器如图 8.13 中的矩形框所示。图 8.13 中的圆表示 DBN 的节点，向圆外延伸的圆柱体表示每个圆的值随时间的变化。

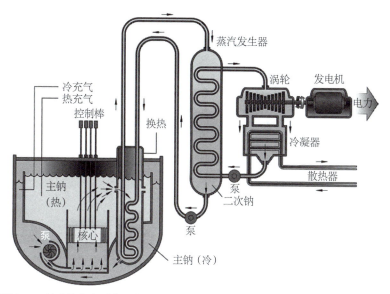

图 8.12　钠冷核发电系统示意图（达林等，2018）。对于蓄水池、泵、控制棒、涡轮等，都有传感器向 DBN 报告它们的状态

在发电系统跨越多个场景和时间周期运行时，对动态贝叶斯网络进行训练。在近正态数据上的训练建立了 DBN 模型的平衡状态。DBN 模型在接近正常运行的情况下，还可以为系统中缺失的传感器数据提供近似值。给定运行系统的当前状态，模型使用期望最大化算法最有可能确定丢失信息或损坏传感器的建议值（普

莱斯和卢格尔，2001，2003）。用于确定这些最可能值的算法是
鲍姆－韦尔奇算法，它是期望最大化的一种变体（丹普斯特等，
1977；卢格尔，2009a，13.2节）。

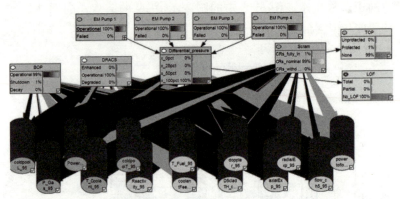

图 8.13 　图 8.12 中钠冷却核反应堆的动态贝叶斯网络模型。10 个矩形框表示从反
　　　　应堆收集传感器数据的监控器。圆形表示 DBN 的节点，从矩形到圆形的线
　　　　表示网络的连通性，从节点发出的圆柱体表示节点随时间的变化

　　一旦 DBN 模型得到训练，研究小组就使用其仿真系统生成
了多个事故序列。在每种情况下——例如，在电厂冷却系统中存
在压差或执行控制棒插入——该模型捕获"事故"演变过程中系
统的状态。这使得与每种情况相关的所有参数的可视化成为可能，
并提供补救方案。事实上，这些方案可以比实时更快地实现，这
为人工操作人员采取补救措施提供了支持。

　　达林等人（2018）的 DBN 核能发电建模项目的一个重要组
成部分是，它支持珀尔（2000）所称的**反事实推理**。这意味着系
统可以推断出反应堆中目前没有发生的情况。例如，在危险情况
下，可以问 DBN 模型"将控制棒进一步插入钠中会产生什么结

果"。类似地，当冷却剂温度达到危险的值时，监控器可能会问，
"如果在系统的当前状态中添加补充冷却剂会怎样"。这种查询的
结果是，模型向前移动到未来的时间，预测如果实际执行了这些
操作，系统的状态将是什么。考虑到反应堆当前的危险状态，这
种预测信息对于确定最佳结果至关重要。

　　这种假设推理得到了以下事实的支持：计算模型提供了发电
反应堆的准确反映。基于知识和概率的模型允许监控器尝试不同
的控制策略，并几乎立即获得关于将发生的情况以及发生的时间
顺序的反馈。检查这些可能的反应可以指导反应堆监控器在适当
的时候做出最可靠的决定。这个经过训练的计算模型捕捉了一个
知情的诊断专家在类似情况下会提供的类似人类的推理。

　　本章对研究项目的介绍是相当详细的，可以在每个项目的参
考文献中找到进一步的信息。如前所述，提出这些例子的原因是
既要证明它们作为复杂情况下人类感知、理解和决策的模型的充
分性，也要为认识论猜想提供具体的示例。

8.5　总结

　　本章首先考虑贝叶斯定理、它的扩展以及它的一些认识论
意义。在演示贝叶斯如何在简单情况下工作的过程中，我们发
展了关于其重要性的直觉：新信息，即后验信息，是在已经理
解先验知识的背景下解释的。这种先验知识可以被理解为康德
（1781/1964）、巴特利特（1932）或皮亚杰（1970）用于解决问
题的图式的一种形式。

本章还介绍了一些研究项目。提出这些问题场景的目标是展示贝叶斯系统如何足以描述人类感知和推理的重要方面。最后一个例子是监测钠冷却核能发电，使用动态贝叶斯网络来展示"如果……会发生……"的场景。可视化可能的替代方案是解决潜在问题的直接方法。本章程序示例的许多方面反映了支持现代认识论的猜想。

最后一章将简要总结本书。我们的问题是，智能体如何通过主动探索来理解它所处的环境。接下来的问题是，当世界的状态不再符合智能体的期望时会发生什么。作为一个示例，我们提出了一个贝叶斯信念网解释，用于说明由皮亚杰（1983）、鲍尔（1977）和其他学者（高普尼克，2011a，b）描述的早期儿童发展阶段的变化。然后，我们为继续研究人工智能的整体发展前景做了说明。最后，我们再次描述了以人类为中心的认识论立场，即主动的、务实的、模型修正的现实主义。

延伸思考和阅读。珀尔的书将概率推理和贝叶斯信念网络技术引入现代人工智能（推荐阅读资料的完整列表可以在书末的参考文献中找到）：

❑ Judea Pearl (1988), *Probabilistic Reasoning in Intelligent Systems: Networks of Plausible Inference.*

❑ Judea Pearl (2000), *Causality.*

为了理解概率技术在现代人工智能中的重要性，以下是一些相关的教材资源：

❑ Jurafsky and Martin (2020), *Speech and Language Processing,* third ed.

❑ Luger (2009a), *Artificial Intelligence: Structures and Strategies for Complex Problem Solving.*

❑ Nilsson (1997), *Artificial Intelligence: A New Synthesis.*

❑ Russell and Norvig, (2010), *Artificial Intelligence: A Modern Approach*, third ed.

参见斯坦福哲学百科全书中的"贝叶斯认识论"。虽然基于贝叶斯假设，但它与我们提出的不同。

丹·普莱斯博士创建了8.2节的BBN交通示例。我的许多其他博士毕业生，特别是查扬·查克拉蒂博士、迈克·达林博士、托马斯·琼斯博士、保罗·德·帕尔玛教授和罗尚·拉姆默罕博士，负责为本章中介绍的应用建立概率模型。

图8.7和图8.8是为美国海军资助的SBIR研究开发的。感谢巴塞尔的卡格出版社允许使用图8.3、图8.4和图8.8。这些出现在卢格尔等人（2002）的著作中。图8.9和图8.10来自查扬·查克拉蒂博士在新墨西哥大学的博士论文。图8.11是为美国能源部开发的，是SBIR研究的一部分。感谢桑迪亚国家实验室（DOE）创建了图8.12和图8.13，作为我们监测钠冷却核反应堆研究的一部分。我在本章中创建的所有其他图片均用于支持我在新墨西哥大学的教学需求。

程序设计支持。在互联网上可以找到许多关于贝叶斯信念网和隐马尔可夫模型的软件产品。丹·普莱斯博士在其博士论文中创建了一个名为广义环路逻辑的概率解释器。

第 9 章

走向一种主动的、务实的、模型修正的现实主义

天地间有许多事情，霍雷肖，是我们的哲学所不能想象的……

——莎士比亚，《哈姆雷特》（第一对开本），1623

计算的目的是洞察，而不是数字……

——理查德·汉明，1996 年 ACM 图灵奖得主

第 9 章重点介绍本书的任务，利用哲学史和人工智能的见解作为理解我们自己和世界的科学基础。9.1 节简要回顾人类发展至今的故事。9.2 节讨论通过探索环境来建立模型，9.3 节根据新发现提出了几种模型自适应方法。9.4 节对人工智能的未来进行推测，9.5 节对现代认识论的构建进行思考。通过分析计算中的类别错误，我们看到人类的生活、智力和责任与机器有本质上的不同。

9.1　本书概要

第 1 章阐述了计算的概念，介绍了图灵机、波斯特产生式系

统和丘奇 - 图灵论文。我们用图灵的不可判定证明描述了计算的一个重要限制。我们还讨论了编程的认识成分。对于大多数 AI 技术人员来说，编程是一个互动和迭代的优化过程，其中每一段新的计算机代码都是一个知识发现的实验。如果代码是成功的，它将被集成到更大的程序中；如果代码不能表达程序设计者的意图，它将被修改并重新测试。

这种迭代优化过程最初是通过高级计算机语言的表达能力实现的，这些高级计算机语言包括 Lisp、Prolog、Logo、Smalltalk、ML、OCaml 和 Scheme。事实上，大多数现代语言都支持这种主动的探索过程。最重要的是，迭代优化是一种认识承诺，它支持程序设计者继续接近自己所期望的目标：在探索基于用途的含义时修改自己的思想和代码。

第 2 章回顾了导致数字计算机诞生以及我们目前对世界的理解的哲学传统。第 2 章有两个重要的主题。第一个主题是怀疑论，质疑世界是否真的是可知的。这种怀疑论的另一种观点是，我们认为我们对自己和世界的了解可能永远不会被证明是正确的。第 2 章的第二个主题是使用科学方法作为理解自然世界的策略。无论一个人认为现实是水的一种形式，还是土、空气、火和水，或者是由某种原子基底形成的，这些想法都是可以被驳倒的猜想。在这种反驳中，总是有一种新的综合的希望，而这又是可以被质疑的。

第 3 章包括人工智能的早期历史和 1956 年的达特茅斯学院夏季研讨会。本次研讨会聚集了当时的人工智能从业者，采用了人工智能这个名称，并提出了适合不断发展的研究主题。随着这门学科的发展，许多哲学问题，包括试图更好地理解人类如何解决问题的想法，开始发挥作用。

第 4 章到第 6 章探讨人工智能研究和开发的代表性范式。我们重点介绍了人工智能的符号主义、联结主义和进化方法的早期例子。这些章节的目标是用早期成功的例子来表示每种方法，并描述其最近的产品。在每一章的结尾，我们总结了对应的每种人工智能问题求解方法的优势和局限性。我们还注意到理性主义、经验主义和实用主义哲学传统对人工智能项目的影响。

在第 7 章中，我们提出了建构主义认识论，作为经验主义、理性主义和实用主义哲学立场的综合。在提出了支持这一立场的论点之后，我们提出了五个假设，为现代认识论科学提供了基础，并提出了八个后续猜想，以支持对我们自己和我们所处的环境的理解。

在第 8 章中，我们提出了贝叶斯规则，并使用单个疾病和症状给出了一个提示性的证明。贝叶斯公式的关键问题是要在**先验知识**（智能体已经知道的知识）和**后验信息**（当前感知到的新数据）之间建立一种连贯的数学支持的关系。这种数学关系可以通过计算来解释，特别是在跨时间段使用时。贝叶斯规则的公式可以被视为康德、巴特利特、皮亚杰以及许多人工智能从业者的模式的解释者。8.2 节描述了几个实现这种建构主义认识论立场的人工智能程序。

最后一章对人工智能研究和发展的未来给予了乐观的支持。此外，通过分析计算中的分类错误，我们认为人类的生活、智力和责任与机器有本质上的不同。我们得出的结论是，人工智能可以提升到甚至超越人类智力的许多方面，但人类智能和决策是不同的。

通过从我们的哲学传统和人工智能努力中获得的见解，我们建议，人类最好采用一种基于实用主义、相对主义的认识论立场，并无条件地信奉科学方法，以支持逐步理解和利用不断变化的生活环境。

9.2 通过探索构建模型

我们已经详细描述了人工智能程序设计者如何使用计算机代码来探索他们的世界。人工智能社区的一个重要贡献是建立了自动机，通过探索来了解并利用环境。在 6.3 节中，我们看到人工生命设计者创造了能够生存、繁殖、在社区中互动和探索环境的实体。机器人社区已经设计和建造了许多能够实现类似目标的物理实体。

早期的机器人，类似于埃斯库罗斯的赫菲斯托斯为服务奥林匹斯众神而创造的三脚桌，被设计用于执行特定的任务。这些早期机器人在生产线组装、自动化焊接、指导精细手术和控制外太空飞行器等任务中取得了巨大成功，以致大多数机器人甚至不再被认为是人工智能技术的组成部分。

沙基是第一个能够感知和推理周围环境的移动机器人。沙基建于 20 世纪 60 年代末，由斯坦福研究所建造。它可以执行需要制定移动计划和执行简单任务的命令，例如重新排列物体。沙基项目由 DARPA 资助，其首席设计师是查尔斯·罗森。

沙基的计划项目是 STRIPS，这是斯坦福研究所的问题求解机（菲克斯和尼尔森，1971；参见卢格尔2009a，8.4.2节）。1973年，在斯坦福大学第三届人工智能国际联合会议上，我第一次看到沙基的身影，当时我在一个为展示博士研究生研究成果而举办的研讨会上发表了我的第一篇人工智能论文。

在沙基之后，许多不同的人工智能团体进入机器人领域。更著名的包括1996年开始的ROBO杯年度足球比赛中的足球机器人。同样重要的是，美国宇航局（NASA）的团队开发了火星探测器"机遇号"，该探测器在火星表面行驶了超过28英里（约45千米），于2018年报废。这些努力一直持续到今天，直到设计了自动驾驶汽车。

然而，我们接下来将采取稍微不同的策略，并描述几个早期的机器人程序，它们通过积极探索来了解自己的世界。30多年前，在麻省理工学院，罗德尼·布鲁克斯及其同事（1986，1991）设计了一个机器人探险家。布鲁克斯的目标是在没有任何先验知识或计划的环境中搜索并完成任务。布鲁克斯的方法实际上质疑任何集中表示方案的必要性。布鲁克斯采用一种**包容体系结构**，如图9.1所示，展示了一般智能机制是如何从较低的智能支持形式进化而来的。

布鲁克斯建议并通过他的机器人创造给出了例子，智能行为并不来自像STRIPS这样基于无实体的定理－证明的计划系统，也不需要全局记忆和控制。布鲁克斯声称，智能是适当设计的系统与其环境之间相互作用的产物。此外，布鲁克斯支持这样一种观点，即智能行为**涌现**于有组织的更简单行为的体系结构之间的交互。

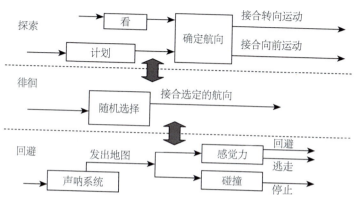

图 9.1　改编自布鲁克斯（1991）的三层包容体系结构。这三个级别由其探索、徘徊和回避行为定义

　　图 9.1 展示了一个三层包容体系结构，其中每一层都由有限状态机和"条件→行动"产生式规则的简单集合组成。各规则异步运行，其中没有中央控制点。相反，每台机器都是由它所感知到的信息驱动的。消息的到达或时间段的到期导致各种机器改变状态。

　　布鲁克斯的机器人周围有一圈 12 个声呐传感器。这些传感器每秒都会进行径向深度测量。包容体系结构的最底层是回避，它实现了一种行为，即防止机器人撞击物体，无论物体是静止的还是移动的。标记有声呐系统的机器发出一个瞬时信号，传递给碰撞和感觉力，这反过来可以为负责机器人向前运行的有限状态机产生停止信息。当感觉力被激活时，它能够产生逃走或回避指令。

　　明确机器人学习环境的方法是重要的第一步。人工智能研究人员希望机器人能够进入新的、可能危险的环境，能够探索环境，并得出一些结论，比如"这里有一个受伤的人"。然而，由于布鲁克斯的机器人在发现新的障碍物或通道时没有建立世界模型，所以无法采取下一步行动。它怎么会知道一个"受伤的人"？它是如何识别之前探索过的地方的？它怎么才能学到知识？最后，这样的机器人如何在真正复杂的环境中运行，例如，如何拥有在遍布出租车、优步或其他车辆的城市中行驶所需的知识？

接下来的几代机器人开始通过在探索策略中添加更多的记忆和当前状态信息来克服这些问题。例如，路易斯和卢格尔（2000）创造了一个机器人，该机器人基于霍夫施塔特（1995）作品中采用的架构，能够在探索环境时绘制地图并记住墙壁和导航路径，如图9.2所示。

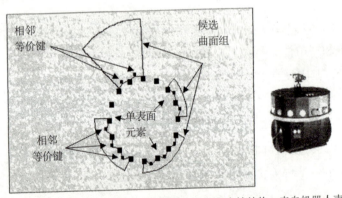

图9.2 路易斯（2001）创建了屏障发现和定位的代表性结构。来自机器人声呐传感器的反馈表明障碍物的存在与否

路易斯的机器人使用来自临近声呐传感器的信号绘制可能的墙壁结构。在图9.3中，路易斯的机器人能够识别并通过物体结构沿着通路行进，以实现目标。布鲁克斯和路易斯的例子是机器人通过探索和建立不断改进的环境模型来发现和应对环境的早期尝试。

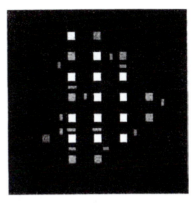

图 9.3　机器人的路径（左侧），地图或模型（右侧），用于通过声呐传感器了解障碍物和通道。改编自路易斯（2001）

谷歌大脑社区（福斯特等，2018）为这种"通过探索了解世界"的研究创造了一个更加现代和强大的解决方案。名为 PRM-RL 的机器人系统使用深度神经网络学习和强化学习来发现目标聚焦的路径组件。然后，PRM-RL 机器人可以应用这些"知识"在全新的环境中发现解决路径。

本节的目标是演示几个人工智能问题解决方案，它们使用主动搜索来构建计算模型，以模拟所探索的世界。布鲁克斯的包容方法使用有限状态机的层次结构来探索环境，但没有内存来记录成就。路易斯和他的同事添加了有限的记忆结构来学习探索到的世界的不变量，包括坚实的障碍和通道，并在之后的搜索中重复使用这些发现。最后，福斯特和她的同事使用概率规划算法以及强化学习，训练机器人在以前未探索的领域中发现新的路径。

9.3 模型修正和适应

在 3.5 节中，基于认知科学界的建模传统，我们介绍了几个程序，这些程序演示了如何将新信息同化为适当条件化的认知系统。这些程序提供的机制足以描述皮亚杰（1983）和其他发展心理学家所描述的儿童学习行为中的许多守恒任务。

在爱丁堡大学人工智能系，杨（1976）使用产生式规则展示了儿童的系列化技能。在系列化任务中，儿童被要求按大小组织积木块，这需要理解部分排序和全部排序的关系（1976）。

此外，在爱丁堡，卢格尔（1981）和卢格尔等人（1983）根据儿童心理学家鲍尔（1977）最初注意到的行为，创建了一个用于解释儿童中关于客体永久性的产生式系统。客体永久性是其在时间上的持续存在，尽管不在眼前。德雷舍尔（1991）在麻省理工学院的项目也展示了婴儿在客体永久性阶段的反应。最后，华莱士等人（1987）在卡内基·梅隆大学开发了 BAIRN 项目，该项目使用产生式规则来证明数字守恒。

刚刚提到的项目描述了处于不同发展阶段的儿童。然而，很少有人解释儿童在成熟过程中是如何在这些阶段之间移动的。本节讨论模型修正的问题。如果当前系统的先验世界观无法解释基于感知的数据，我们能做些什么？这是一个难题：考虑到人们当前对新数据的期望，当新数据无法被解释时，如何进行"调整"。

图 9.4 给出了这方面的概述。上方的认知模型要么提供对新数据的解释，要么不提供。皮亚杰将这些情况描述为同化和调整的例子。首先，通过同化，数据符合预期，可能需要调整其概率

度量。否则，通过调整，模型必须重新对自身进行配置，可能会添加新的组件。图 9.4 的下方显示了为解决这两项任务而创建的 COSMOS 体系结构（萨哈年科等，2008）。

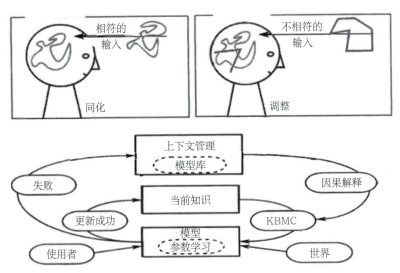

图 9.4　上方是认知模型的使用和失败；下方是一个模型校准算法，用于同化和调整新数据。改编自（萨哈年科等，2008）

COSMOS（萨哈年科等，2008）模型选择和模型校准算法在复杂环境中接受了测试，包括液体通过泵、管道和过滤器的流动。该模型解释了实时压力测量、管道流量、过滤器堵塞、振动和对准。当新的数据到达时，程序必须决定它是否符合当前的世界模型，或者是否需要从模型库中选择另一个模型，例如适应一个堵塞的过滤器。

让我们考虑模型选择和校准问题的一个简单示例。假设我们正在构建一个监控家庭防盗警报的程序。概率式家庭防盗监控程序被部署在特定位置以在现实情况下进行训练和测试。特别是，它监控误报，即在不存在问题的情况下发出警报。

由于该系统在冬季成功训练，因此可以学习报警报告的概率值。日常部署产生了影响系统的数据。训练结束后，数据被吸收到模型中，由此产生的训练程序成功地监测了虚假警报和实际的入室盗窃。

接下来，假设在春季有多次强烈的干燥风，使安装在门窗上的报警传感器振动，并使它们的安装松动。因此，当监测程序出现更多的虚假警报时，需要重新调整模型的概率，并增加新的模型参数以反映春季的天气状况。其结果将是一个新的扩展系统，以支持春季的警报监控。

此外，当报警系统在新的城市销售时，有必要确定哪种型号最适合这种情况。可能还有其他重要的扰动，如小型地震，因此，需要表示更多的变量。尽管模型归纳的问题通常很难解决，但在大多数情况下，可以创建有用的新模型。搜索模型约束之间的新因果关系通常足以完成这项任务。

模型归纳问题是当前概率模型发展研究的重要组成部分。对这项任务的描述表明，给定新数据，最有可能解释该数据的模型是什么。朱迪亚·珀尔等人（珀尔，2000；田和珀尔，2001）开始了这项研究。在模型归纳的应用中有许多令人兴奋的挑战。其中包括，给定与某些精神障碍相关的功能性磁共振成像（fMRI）数据，找到最有可能解释这一数据的一组皮层连接（伯奇等，2007）。拉姆默罕（2010）和欧因（2013）创建了算法，用于在这种结构搜索环境中调查变量及其可能的关系。

深度学习与强化学习相结合也为模型构建提供了技术支持。在 DeepMind 和 Alpha Zero 程序中，问题的合法移动被用来搜索问题空间，以发现和加强部分解决方案。福斯特等人（2018）的机器人项目也使用了强化学习，能够通过发现和链接路径的较小成功组件，为机器人创建成功的路径。这些强化学习的例子展示了搜索和组装解决方案的部分组件如何导致一种情境的成功模式。

我们的下一个模型修正搜索的例子来自儿童的认知发展。在皮亚杰（1965）的守恒实验中，4 至 7 岁的儿童错误地将一个玻璃杯中液体的容量与装有这些液体的玻璃杯的高度相混淆。随着儿童逐渐成熟，他们看到自己的想法在现实世界中失败了，也就是说，更高更细的杯子里实际上没有更多的果汁，于是修正了自己关于容积的模型。新的变量，如容器的周长或直径，扩展了儿童对容积的理解。儿童开始明白，无论容器的形状如何，液体的量都是恒定的。

图 9.5 显示了一个儿童看到两个液体容器的实验情况，每个容器的液体量相似。然后将一个容器中的液体倒入一个更高的容器中，并询问儿童哪个容器容纳的液体最多。非守恒儿童表明，更高、更细的玻璃杯可以容纳更多。

一个简单的贝叶斯信念网络足以对不同时间上的守恒行为阶段进行建模。在图 9.6a 中，许多感知值与儿童观察装有液体的容器有关。这些感知值记录了高度、厚度、颜色等。

图 9.6b 表示 BBN，其中容器的高度和宽度（或直径）的感知线索被组合在一起。当老师或家长指出容器的高度和宽度对于测量液体的量或体积都是必要的时，儿童能够将这两个感知线索结

合起来。或者，聪明的儿童可以通过实验，或者通过询问一个更高更细的容器能容纳多少液体，自己学习这种联系。

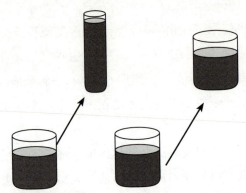

图 9.5 皮亚杰液体守恒实验示意图。将左下角的玻璃杯中的液体倒入较高较细的玻璃杯中，而右下角的玻璃杯保持不变，然后问 4 到 7 岁的孩子哪个杯子里的液体更多

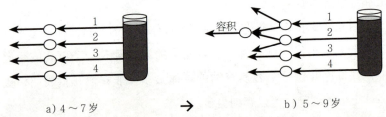

图 9.6 图 a 给出了一个贝叶斯网络，表示儿童看到了感知线索。1 表示容器的高度，2 表示宽度或直径，3 和 4 可以是液体的颜色，等等。在图 b 中，儿童关联容器的高度和宽度来创建关于容积的度量

后来，当逐渐成熟的儿童接近形式运思发展阶段（12～16岁）时，他们意识到公式可以精确地计算容积。对于圆柱形容器，容积是高度乘以容器直径乘以 π。通过这些容积守恒阶段的运动通

常是出于务实的考虑，例如"我想得到尽可能多的果汁"或"我的老师告诉我我不懂容积"。

许多已经确定人类早期认知发展阶段的实证研究，包括皮亚杰、鲍尔、杨、高普尼克等（皮亚杰，1954，1983；鲍尔，1977；杨，1976；高普尼克等，2004；高普尼克 2011a），揭示了人类理解和使用环境的中介过程。这些发展阶段表明一个逐步接近复杂平衡的过程。在许多这种情况下，动态贝叶斯模型（例如我们的皮亚杰守恒示例）可以提供所涉及现象的充分表征。即使是非人类灵长类动物，当它们学会按大小和形状组织物体时，似乎也经历了类似的发展阶段（麦戈尼格尔和查尔默斯，2002）。

自然科学的重大进展也可以被视为通过质疑旧的、以前所学的关系的假设来发现新的不变量。达尔文、爱因斯坦、海森堡和霍金的见解都可以从这个角度进行分析。这些见解体现在新的模型中，而这些模型将适时地再次进行修正。这些模型并不像笛卡儿或莱布尼茨所说的那样是对神圣真理的"发现"，而是在环境中发现了新的、有用的调整。这些发现可以表达为新的模型，正如海森堡（2000）所建议的，通常会产生新的语言结构。这些代表了通过实验开发的概念，并扩展了当前对环境的理解和实际应用。

模型校准、扩展和修正仍然是人工智能的重要研究领域。当出现新的令人困惑的情况时，如何在人工智能模型或人类主体已经知道的情况下更好地理解和解释这些情况？对于我们人类如何学习新关系，最好的解释是什么？实际需求如何影响对新现象的理解？我们的认知和计算研究界面临着继续解决这些问题的挑战。

9.4　人工智能从业者的项目是什么

我们必须学会做，我们通过做来学习……

——亚里士多德，《伦理学》

我们在信息中丢失的知识在哪里？

——T. S. 艾略特，《磐石》中的合唱词

人工智能界是否会继续取得成功？答案是毫无疑问的。在基于计算机解决问题的所有领域中，很少有人工智能技术没有触及的领域。一些人所谓的"第一代人工智能"或者我们更喜欢称为的"基于符号的人工智能"，是这一成功故事的关键组成部分。包括外太空旅行控制器、火星探测器、复杂手术的引导系统、医疗保健的咨询系统，以及辅助产品销售的语言交流程序等应用，都是这个早期成功故事的一部分。事实上，基于符号的人工智能技术的许多组件被集成到常用的软件应用程序中，以至于人们不再记得它们的人工智能起源。

基于符号的人工智能的成功也导致了对其局限性的更深入的理解。迭代优化过程对于创建成功的软件非常重要，它也揭示了特定方法的不足之处。创建符号、符号结构和类似逻辑的控制算法所需的抽象（理性主义）任务限制了旨在在不断变化的环境中捕捉模式的程序设计。对于许多任务来说，符号太不灵活，算法过于死板，这些导致人工智能界尝试采用新的方法。这里不应该承认失败，而应该承认对科学方法的负责任的使用，已经使人工智能界获得了新的见解、技术和成功。

对于基于符号的人工智能的一些局限性的一个重要回应，是应用联结主义网络或神经网络方法解决问题。1985 年玻耳兹曼机和反向传播算法的发明克服了老式感知机的局限性。随着对服务器场和基于向量的处理器的访问的增加，深度学习技术通过添加多个隐藏层而被添加到神经网络方法中。这种新方法大大改善了许多问题求解领域，包括图像分类、面部识别、语言翻译、文本分类器，以及在新游戏中学习专家技能——只要给定游戏规则。

深度学习和基于关联（经验主义）的问题求解方案的成功再次表明了它们的局限性。在使深度学习系统更加透明和更好地解释其决策方面，研究仍在继续。在利用程序提出个人、隐私、医疗或财务建议的领域，这种透明度非常重要。研究还继续关注深度学习网络的元参数，以更好地了解哪些学习率、网络规模和体系结构最适合特定的问题。

在第 6 章中，我们介绍了人工智能的遗传和涌现方法。虽然这种方法的成功不像符号主义或联结主义那样明显，但它们确实提供了一个完全不同的视角。遗传算法和编程能够仅使用复制算子和适应度函数来进化出新视角的解决方案。

人工生命算法产生了新一代的个体和社会。包括人工化学、物理学和生物学在内的领域仍有希望产生有用的新生命形式。这些技术对于更好地理解复杂系统——包括人类基因组和抗体疗法的发展——可能至关重要。人工生命界还面临着一个挑战，即如何深入了解生命本身的起源以及在人工生命世界中产生新物种的过程。6.4 节讨论了人工智能涌现方法的优势和局限性。

在第三部分中，我们介绍构建人工智能解决方案的随机方法。我们在第三部分开始时提出了一种妥协，一种哲学立场的综合。

这种妥协认识到，智能体当前的、先验的知识在整合新感知到的、后验的数据时所起的作用。这种基于贝叶斯的方法论与康德、巴特利特、皮亚杰等人在第 2 ～ 4 章中提出的期望或模式相呼应。

也许对贝叶斯方法最重要的贡献是朱迪亚·珀尔的见解。贝叶斯信念网络（Pearl 1988，2000）允许贝叶斯表示被视为因果关系，当被分解时，这些因果关系变得更易于处理，也就是说，它们的求解算法实际上是可计算的。我们在第 8 章中介绍了许多贝叶斯解决方案的示例，包括动态贝叶斯的使用。

人工智能和认知科学界的一项特别重要的成就，就是为身心二元论问题提供了一个答案。从笛卡儿时代开始，哲学家就一直在要求通过人类的思想、意识和肉体解释智能反应的交互和整合。哲学家提供了一切可能的回应，从全面的唯物主义到主观和客观的唯心主义以及对物质存在的否定。人工智能和认知科学研究拒绝笛卡儿二元论，而支持对智能的物质解释。

牛津哲学家吉尔伯特·赖尔（1949）将笛卡儿的二元论描述为"机器中的幽灵"。赖尔遵循当时心理学的传统，建议通过行为主义的假设消除这个幽灵。人工智能已经采取了另一种方法来消除赖尔的幽灵。人工智能和认知科学从业者假设智能（包括人类智力）是基于处理系统中表示法的物理实现或实例化。算法在解决问题的过程中操纵这些表示。人工智能研究项目的持续成功表明了这一假设的有效性。

有了人工智能，赖尔的幽灵从问题求解程序那里被移除或"套现"，取而代之的是支持决策的表示和算法。例如，最佳优先搜索算法对于在搜索情况下选择下一步给出了一个估计的"最佳判断"。

在深度学习中，在强化结构中开发的经调整的微决策可以在新环境中控制机器人。在最近几章中，我们看到了许多基于推算的判断和适当行动的例子。

人工智能界不断取得成功的一个原因是聪明、年轻、兴奋的研究人员涌入了该领域。这些新的合作者也是一个非常多样化的群体，包括语言学家、心理学家、计算机科学家、物理学家、社会学家、医生以及来自其他领域的贡献者。重要的是，不要试图限制成为一名人工智能从业者的意义。当挑战似乎是无限的时，精力和承诺是重要的，唯一的要求是保持在科学方法的限制和承诺之内。

当然，也有人工智能寒冬，这个词在过去 60 多年里被人工智能界多次使用，用来表示对特定项目的财务支持发生了深刻变化。人工智能领域的大部分研究资金都是由政府机构提供的，在美国，主要是由国家科学基金会和国防部提供。随着不同的人工智能项目显示出它们的前景，或者随着时间的推移显示出不足之处，资助目标也会发生变化。人工智能界的目标也可以改变：资助对人类语言理解、外语翻译或自动驾驶汽车重要吗？作为物理符号系统假设的一部分的项目重要吗？为什么对深度学习神经网络没有更多的支持？在不同时期，人工智能从业者也曾因过度承诺结果而感到内疚。当这些结果令人失望时，往往会丧失兴趣和资金。

对于构建智能系统，仍存在许多随之而来的挑战。当我们继续在机械设备中构建更多智能时，我们提出了三个需要解决的问题。

1. 具身化和文化在智能中的作用是什么？

计算假说的主要假设之一是符号或网络系统的特定实例化是

无关紧要的，重要的是表示和算法。这一观点受到了许多思想家的挑战（塞尔，1980；约翰逊，1987；阿格雷和查普曼，1987；瓦雷拉等，1993），他们从根本上认为，世界上的智能行为需要一种物理的和社会的体现，使智能体能够融入那个世界。

现代计算机体系结构不支持这种程度的情境，这需要人工智能的智能体通过输入 / 输出设备的极其有限的窗口与世界进行交互。如果这一挑战是正确的，那么，尽管某些形式的机器智能也许是可能的，但正如我们人类所经历的那样，完全智能将需要一种与当代计算机所提供的机器截然不同的机器，这正如塞尔（1980）所建议的那样。

此外，正如我们在第 7 章中所指出的，知识必须被视为一种社会结构和一种个体结构。在基于迷因的智力理论（埃德尔曼，1992）中，社会本身包含着知识的基本组成部分。对知识和人类行为的社会背景的理解，对于智力理论来说，可能与对个人思想 / 大脑动态的理解一样重要。

2. 解释的本质是什么，或者人工智能如何解决基础问题？

传统人工智能中的大多数计算模型都在一个已经解释的领域内运行。通过这种方法，系统设计者对程序的一组"含义"做出了隐含的和先验的承诺。一旦做出了这一承诺，随着问题求解情况的发展，就没有多少灵活性来改变背景、目标或表示法。

人工智能研究语义的一种方法是阿尔弗雷德·塔斯基（1944，1956）的可能存在的世界。在一个域中的符号集和对象之间进行映射的塔斯基方法足以解释推理规则的真值。然而，它不足以解释一种反应如何根据具体的实际目标而有不同的解释。

语言学家试图通过添加语用学理论来弥补语义的局限性（奥斯汀，1962）。由于语篇分析从根本上依赖于语境中的符号使用，所以近年来语篇分析也在研究这些问题。然而，这个问题更为广泛，因为它涉及了一般参考工具的不足（雷夫，1988）。

实用主义传统由皮尔斯（1958）和詹姆斯（1981）开创，由伊希欧（1976）、格莱斯（1981）、塞博克（1985）等人延续，对语言和智能采取了更激进的方法。它将符号表达置于符号和解释的更广泛的语境中。正如皮尔斯（1958，第 45 页）所指出的，"……被我们归结为有形的和实际的东西，作为思想中每一个真正区别的根源，无论它有多么微妙；除了可能的实践差异之外，没有任何意义上的细微差异"。

这种作为实际目的表达的意义表明，符号只能在其作为*解释者*的角色的上下文中被理解，也就是说，在与其环境有目的的相互作用的上下文中。目前的人工智能研究领域对人类和社会创造意义和改变解释的过程理解不足。我们将在 9.5 节讨论新实用主义时再次探讨这些问题。

3. 人工智能界和认知科学界能否设计出可证伪的计算模型？

波珀（1959）和其他人认为科学理论必须是可证伪的。这意味着一定存在这样的情况，即该模型不能成功地近似该现象。显而易见的原因是，任何数量的确认实验实例都不足以证实一个模型。更重要的是，新的研究是对现有理论或模型失败的直接回应。

大多数计算模型的一般性质可能使其难以证伪，因此作为科学用途有限。一些人工智能数据结构，例如语义或联结主义网络，它们非常通用，以至于几乎可以建模任何东西。像通用图灵机一样，它们可以描述任何可计算的函数。当人工智能或认知科学研究人员被问及在什么条件下其对智能行为的描述不起作用时，答案可能很难给出。

最后，必须指出的是，大多数人工智能研究项目并不是专注于构建人工通用智能（Artificial General Intelligence，AGI）。AGI 的可能性似乎是许多热点追逐者的梦魇。即使是试图赢得年度图灵竞赛的项目也不会假装创建 AGI。这个 AGI 是什么样子的？它是否相当于人类的智力？人工智能资助者和大多数人工智能研究人员对这种 AGI 不感兴趣。研究更多地致力于扩大我们目前有限的知识，为个人和社会解决重要问题。

人工智能工作最令人兴奋的方面是，要做到连贯一致并努力做出贡献，我们必须解决这些问题。为了理解问题求解、学习和语言，我们必须理解表示法和知识的哲学层面。我们被要求解决亚里士多德的理论和实践之间的张力关系，形成理解和实践以及理论和实践的统一，以便在科学与艺术之间得以生存。

人工智能领域的研究人员，作为创建表示法、算法和语言的实践者和工具制作者，能够设计和构建展现智能行为的机制。通过实验，我们既测试他们解决问题的计算能力，也测试我们自己对智能现象的理解。

这是有传统的：笛卡儿、莱布尼茨、培根、帕斯卡、霍布斯、布尔、巴贝奇、图灵，以及其他在第 2 章中介绍的研究者。工程、科学和哲学，思想、知识和技能的本质，形式主义和机制的力量及局限性，这些都是人工智能愿景继续蓬勃发展的期望和张力，也是我们继续探索的基础。

9.5 现代认识论的意义、真理和基础

我们只是一颗普通恒星旁的一颗小行星上的一种高级猴子。但我们可以理解宇宙。这让我们变得很特别。

——斯蒂芬·霍金

本节有四个主题。首先，我们介绍新实用主义，这是 2.8 节所介绍的哲学传统的延续。其次，我们讨论计算机科学家的范畴概念：将实体划分为独立的不可约的分组。再次，我们探讨神经科学界的发现，这些发现支持我们目前对人类感知和表现的理解。最后，我们对现代认识论提出了一个建议，并对人的存在、解决相对主义和科学方法的使用进行了思考。

9.5.1 新实用主义、库恩、罗蒂和科学方法

许多关于人工智能传统的评论家，包括维诺格拉德和弗洛里斯（1986）、塞尔（1980，1990）和魏岑鲍姆（1976），声称智能最重要的方面不是而且原则上也不能用任何计算表示来建模。这些领域包括学习、理解人类语言和产生有意义的言语行为。

这些怀疑性的担忧深深植根于西方哲学传统。例如，维诺格拉德和弗洛里斯的批评是基于胡塞尔（1970）、德里达（1976）和其他人在现象学和后现代怀疑论中提出的问题。这种后结构主义观点质疑我们现代知识传统的基础和发展，并质疑是否可以建立任何真理。后结构怀疑论质疑知识积累的可能性、历史过程以及人文主义和启蒙运动的文化进步。

海德格尔（1962）代表理解知识和进步的另一种方法。对海

德格尔来说，反思意识存在于一个具身经验的世界，一个生命世界。维诺格拉德和弗洛里斯、塞尔、德雷福斯以及其他许多人都认同这一观点，他们认为，一个人对事物的理解植根于利用它们来应对日常世界的实践活动。这个世界本质上是一个社会组织的角色和目的的环境。

在 20 世纪早期，实用主义立场是哲学世界观的一个重要组成部分。实用主义者认为假设的意义是通过追踪它们在特定情境下的实际后果和含义来验证的。威廉·詹姆斯、查尔斯·桑德斯·皮尔斯和约翰·杜威都是这一实用主义立场的主要支持者。

随着 20 世纪的发展，逻辑实证主义或"科学哲学"传统应运而生，现代人工智能也随之兴起。现代人工智能的大多数技术假设和工具都可以从卡尔纳普、弗雷格、罗素、塔尔斯基和图灵的逻辑实证主义立场追溯到康德、莱布尼茨、霍布斯、洛克、休谟，甚至一直可以追溯到柏拉图和亚里士多德。这一传统认为，智能过程符合可量化的规律，原则上是可以理解的。

但实用主义的世界观肯定不会随着逻辑实证主义而终结。它的复兴，通常被称为新实用主义，包括希拉里·普特南、W. V. O. 奎林、路德维希·维特根斯坦、托马斯·库恩和理查德·罗蒂的立场。以语言和意义为主要焦点的新实用主义从谈论"思想"和"理念"转向考虑语言的使用。新实用主义者认为，分析语言的作用可以为意义、客观性和真理的概念带来新的理解。

普特南在《言语与生活》（1994，第 152 页）中提倡易谬主义，这是一种声称可以对任何信仰提出怀疑的理论。普特南声称，哲学怀疑主义需要和其他哲学立场一样多的理由。他还声称，没有任何哲学上的保证不需要修改信仰，积极参与世界是哲学的首要内容，这与胡塞尔 / 海德格尔的世界观相呼应。

维特根斯坦在《哲学研究》（2009）中提出了他的语言游戏，修改了他在《逻辑哲学论》（1922）中描述的一些早期立场。维特根斯坦（2009，第 23 页）认为语言的使用主要是为了在社会环境中完成任务，他认为：

> 语言交流所需要的不仅是定义上的一致，而且是判断上的一致（尽管听起来很奇怪）。

> 这里使用"语言游戏"一词是为了强调这样一个事实，即说语言是一种活动或一种生活形式的一部分。

> 考虑以下示例和其他示例中的各种语言游戏：
> - 下达命令并付诸行动
> - 通过物体的外观或尺寸来描述物体
> - 根据描述（图形）构造一个对象
> - 报告一个事件
> - 推测一个事件
>   ……
> - 从一种语言翻译成另一种语言
> - 请求，感谢，诅咒，问候，祈祷

由于这种语言游戏，不同的社会群体可以有特定的规则来管理他们的交流，并限定他们的语言可以指代的对象，正如第 7 章的"猜想"所反映的那样。因此，与其他社会群体的交流往往受到严格的限制。沃纳·海森堡（2000）在他对物理学进化的分析中描述了这种语言的不兼容性。

　　奎林在《语词与对象》（2013）中主张**本体论相对主义**，声称语言永远不会支持对现实的非主观描述。此外，本体论相对主义声称，人们认为存在的事物完全依赖于用来描述它们的主观心理语言，并受其限制。与维特根斯坦（2009）类似，作为一名严格的行为主义者，奎林（2013）认为，特定语言产生的单词将概念映射到世界上的对象。同样，与维特根斯坦一样，奎林认为，没有客观的方法来映射不同族群语言之间的交流。

　　在《科学革命的结构》一书中，库恩（1962）还利用了语言游戏，认为我们对现实的描述只有在足以产生观察和相关实验从而扩展我们的知识时才是可接受的。库恩将这些语言描述为**范式**，其中"常态"科学的运作是为了更好地理解该范式中的约束。对于库恩来说，重要的一步是，当一个普遍接受的范式被一种新的世界观所抛弃时，采用一种支持新的关系和实验的修订语言。

　　库恩（1962）的著作表明，模型不能与正在被建模的现象相混淆。模型使人类能够捕捉到现象的有用属性：必然会有无法用经验解释的"残留物"。模型用于探索、预测和确认；当一个模型能够协调这些目标时，它就是成功的。此外，不同的模型可以解释一种现象的不同方面，例如光的波动理论和粒子理论。

　　我们主张，与胡塞尔和现代现象学家可能提出的观点相反，当任何人提出智能现象的某些方面超出了科学传统的范围和方法时，这种说法只能通过使用科学传统和方法来证实。科学方法是我们所拥有的唯一工具，用来解释在何种意义上问题可能仍然超出我们目前的理解。每一种观点，即使是从现象学传统来看，如果要有任何意义，就必须与我们当前的解释观念相关联，甚至要与现象无法得到解释的程度保持一致。

以库恩为例，他将中微子视为一种语言结构构造，物理学家可以使用它来更好地解释物质和反物质之间的关系，以及为什么存在物理现实。在更简单的意义上，电子或 π 也是有用的心理结构，因此只有作为特定解释或范式的一部分才有意义。

库恩并不认为连续的范式会像莱布尼茨或笛卡儿，或像现代法国哲学家夏尔丹（1955）所推测的那样，走向某种绝对"真理"。相反，库恩将修正后的范式理解为简单地创造新的观点，这些观点以新的方式描述世界，无法与他们的前辈相比较。根据库恩的说法，所有的科学范式都应该被认为是有用的，因为它们目前支持科学，但也可能是错误的，因为不断出现取代它们的新的范式。

理查德·罗蒂被许多人视为新实用主义世界观的主要代言人。在《哲学和自然之镜》一书中，罗蒂（1979）认为，现代认识论的主要问题是，人类的思想被视为试图准确地表现或反映外部现实。既然这个现实世界被看作独立于思想之外的，那么这种方法必然被看作错误的。作为一名反基础主义者，罗蒂认为，在感官知觉中没有给定的或不言自明的前提，可以作为现代认识论的固定基础。

罗蒂（1989）在《偶然、反讽与团结》一书中认为，意义是社会语言一致性的产物，真理只与对事物的描述有关。罗蒂表示：

> 真理不可能存在，也不可能独立于人的思想而存在，因为句子不可能如此存在或存在于那里。世界在那里，但对世界的描述却不在那里。只有对世界的描述可以是真的或是假的。如果没有人类的描述活动的帮助，世界

本身就无法做到这一点。

这种真理观使罗蒂被认为是一位后现代主义和解构主义哲学家。当一种语言的表达仅限于描述人类的活动时，许多传统哲学的假设就会被削弱。这种相对论观点的一个例子是罗蒂在《偶然、反讽与团结》（1989）中的陈述，即"任何事物都可以通过重新描述而变得好或坏"。

在生命即将结束时，罗蒂在其许多早期的立场中加入了更人性化的一面，写下了民主传统和自由世界观支持的生活质量的重要性。在一篇题为《生命之火》（2007）的文章中，罗蒂用更丰富的词汇和"作为人"来谈论文化："我现在希望我能多花些时间在诗歌上……当男人和女人的记忆中充满了诗句时，他们就更像一个完整的人。"

如果有一种哲学传统支持人工智能领域，就像逻辑实证主义似乎支持人工智能的工具制造要求一样，我认为这是新实用主义。"小"是有道理的，这是一种捕捉特定情况的重要参数的表示，例如支持钠冷却核反应堆决策的模型。我们要讨论的话题中没有绝对的真理。如果一个人工智能程序按照其规格执行，那么它就是"成功的"。没有要求程序必须泛化其结果，将其转换到相关情况，或者除非其规格要求，否则必须对其人类用户透明。

此外，由程序设计者和构建者组成的人工智能界依赖于托马斯·库恩（1962）所阐述的科学方法。这一传统检查数据、构建模型、运行实验并评估结果。实验可以为进一步的实验完善模型。这种科学方法为人工智能以及许多其他的人类努力带来了重要的理解、解释和预测能力。

9.5.2 一种类别错误

现代计算机科学的一个重要比喻是：事物，包括重要的抽象概念，如 π 和真与假的真值，属于不同的类别。不同类别的其他示例包括整数集和字符串或多维数组和控制指令。这种类别差异确实是一种实际的区别，因为这些不同的"事物"不能结合在一起：在不改变类别的情况下添加、减去或整合。例如，**强制转换**可以将真值转换为 1 或 0，以便将其添加到整数中。这些变化从根本上来说是实用主义的：出于某种功利目的而改变类别。

我们主张并承认一种关键的类别区别，即人类和机器从根本上说是不同的。人类和机器是独立类别的成员，不能相互化简。当然，人类和机器有共同的特性，就像岩石和汽车有相同的硬度或者鸟类和飞机都可以飞行一样。但与元素周期表上的不同元素相似，人类和机器属于不同的不可约的类别，只有出于某种实际目的才会改变，例如，以千克为单位确定它们的总质量。人类和适当编程的计算机共同具有的一个特性是，拥有知识渊博的观察者可称之为智能的技能和反应。

要指出类别所带来的差异，需要再次考虑7.4节的假设和猜想。这些假设和猜想支持这样一个事实，即人类的意义是通过承诺来实现的。我们通过一种存在主义的肯定来**创造现实**，即一个感知的符号或模型足以满足我们的一些实际需求和目的。塞尔（1969）认为语言现象就像人类有意图和目的的行为一样。为了支持不同类别的观点，考虑计算的基础问题。符号基础是我们反复讨论的人工智能挑战：具体来说，符号和符号系统在计算环境中是如何具有意义的？

为人类奠定基础或创造意义既是个体的，也是社会的。因此，在社会中，意义对不同的个体和群体可能不同。这些差异通常可以用实用主义的方法来解决，即发现哪些意义上的承诺会带来更令人满意的结果。但具有不同意义的事实并不是这里的关键问题：这是意义本身的现象。

基础问题只是计算机在智能表达方面存在根本问题的一个原因，包括它们理解人类语言和学习的能力。赋予计算机什么样的配置才能支持适当而灵活的目的和目标？尽管有些人（丹尼特，1991）可能将基础归咎于计算机解决问题和使用"智能"的问题，但缺乏足够的基础很容易从计算机的简单化、脆弱性以及对不断变化的环境的有限理解中看出。

看上去有生命的智能体对于符号的使用和基础意味着更多。人类身体的特殊性质和社会环境调和了我们与世界的互动。我们的听觉和视觉系统对特定的带宽很敏感。我们是直立的两足动物。我们有胳膊、腿和手。我们属于一个有天气、季节、阳光和黑暗的世界。我们是一个个的个体，从出生到生育、繁殖再到死亡。我们所处的社会本身就有不断变化的目标和目的。所有这些属性都是支持关于理解、学习和语言的隐喻的关键组成部分，它们调节了我们对艺术、生活和爱的理解。

总之，人类和计算机只是在不同的搜索空间中"生活"和"做决定"：简单地说，构成复杂决策的许多要素是不同的。亚里士多德在他的《理性行为论》中指出，"为什么我不觉得有必要去做那些必须做的事"？对人类来说，合理的推理只是成熟判断的一部分。我们必须得出结论，在负责任的人际交往、行为和判断中，有许多人类活动起着至关重要的作用；这些责任不能由机器来复制或废止。

9.5.3　认知神经科学：关于人类加工的见解

3.5 节介绍了认知科学研究领域的许多早期研究。即使是对物理符号系统假说的微弱解释，即表示法和搜索为智能行为提供了**充分的**模型，也在认知科学和心理学中产生了许多强大而有用的结果。尽管许多早期的研究受到物理符号系统假设的启发，但各种关联的和联结主义的表示法已被证明对人类语言、感知和性能的计算建模有价值。

尽管目前心理学和神经科学的研究为人类处理的各个方面提供了许多可能的解释或模型，但仍有许多更开放和更有趣的问题。考虑大脑皮层的反应系统，它是由其社会和生存需求所塑造和制约的。例如，在大脑皮层，杏仁体和边缘系统与人类感知和理解的各个方面相连，负责情绪反应、生存本能和记忆。

认知神经科学的研究（加扎尼加，2014）大大增加了我们对参与智力活动的皮层成分的理解。认知神经科学中开放研究问题的简要总结包括：

- ❏ 在感知、注意力和记忆形成方面，存在着**绑定**问题。感知表示依赖分布式神经代码来将对象的各个部分和属性相互关联。需要什么机制来"绑定"与每个感知对象相关的信息的各个组成部分，并将该对象与其他对象区分开来？

- 在视觉搜索领域，什么样的神经机制支持对嵌入大型复杂场景中的对象的感知？实验表明，抑制来自无关对象的信息在视觉焦点的选择中起着作用（卢克，1998）。

- 在考虑感知的可塑性时，吉尔伯特（1998）、马图拉纳和瓦雷拉（1987）以及其他人认为，我们所看到的并不是严格意义上场景物理特征的反映。相反，感知高度依赖于我们的大脑对场景的解释过程。

- 皮质系统如何表示和索引与时间相关的信息序列，包括感知的解释和运动活动的产生？

- 在记忆研究中，在情绪激动的情况下释放的应激激素调节记忆过程（卡希尔和麦戈高夫，1998）。这涉及基础问题：通过什么物理过程，思想、言语和感知以及它们的情感蕴涵对一个人有意义？

我们还可以从哲学家伊曼努尔·康德（1781）和心理学家弗雷德里克·巴特利特（1932）的著作中看到人类发展的过程。康德提出了先验知识的概念，以图式的形式表示，协调了对世界的新的认知和理解。巴特利特在他关于人类记忆的研究中提出了类似的观点。皮亚杰的遗传认识论（1965，1983）通过对儿童在不同发展阶段的大量研究证明了这一方法，其中包括同化和适应结构，从而实现系统平衡。

现代哲学家和心理学家已经拓展了巴特利特和皮亚杰的观点，他们认为人类通过对环境的持续和有目的的探索来获得发展（格利莫尔，2001；高普尼克等，2004；格利莫尔，2011a，b）。对这一观点进行的补充必须是一种严肃的实用主义：人类的行动是有意义的，每一项任务通常都具有隐含意义和情绪效价。我们已经提出将这些哲学和心理学传统整合到一个足以捕捉人类问题求解行为的重要方面的计算建模媒介中。

9.5.4　论人的存在：现代认识论立场

7.4 节提供了五个假设和八个后续猜想，为现代认识论提供了基础。这种认识论立场将生存驱动的人类智能体置于不断进化的环境中。这种背景的范围是社会的，因为所有个体不仅需要一个社会来生存，而且一起创造我们的现实。相互作用的行为创造了符号、模式和符号网络，我们使用它们来解码环境并在其中茁壮成长。我们共同成为知识、意义和真理的媒介。

我们介绍了贝叶斯定理、隐马尔可夫模型、贝叶斯网络和动态贝叶斯网络，以提供充分的建模工具来理解信息如何在个人和社会中进行编码。不同的概率技术和示例展示了贝叶斯技术如何支持条件反应、感知学习以及知识的同化、整合和使用。

随着时间的推移，在概率网络中学习和强化的信息模式在很大程度上是经验主义传统，遵循大卫·休谟（1748/1975）的深刻见解。网络中编码的一般原则和关联反映了理性主义传统（莱布尼茨，1887）。最后，生存的实用主义需求反映在网络对令人满意的均衡条件（皮亚杰称之为均衡）的搜索中。

我们建议，集成的动态贝叶斯网络集合可以被解释为人类感知、知识和性能方面的充分模型。这些网络整合了不同的感知模式，将感知与基于杏仁体的情绪反应和人类系统的认知成分联系起来。它们还控制前额叶皮层的聚焦机制。

　　类似贝叶斯的反应在人类中无处不在，例如，在人类感知的触觉方面。人类如何能在"太热"的信号从手指传递到大脑皮层之前，将手从热炉子上缩回，做出"移动"的决定，并将该决定返回到手上？人手本身就是一个条件反应系统。这些贝叶斯网络的动态方面整合了不同时期的感知、情感和智能。

　　动态贝叶斯网络的各组成部分相互作用，积极寻找可能导致系统均衡的"缺失"信息。我们在发展心理学和皮亚杰的简单守恒实验中看到了这一点。发现均衡也推动了更复杂的故障检测、补救和反事实推理场景，如钠冷却反应堆的例子所示。在诊断情况下，动态贝叶斯网络中均衡的驱动力支持发现和整合缺失数据的搜索过程，并为这些搜索和结果的正当性提供解释。

　　人工智能在模型构建、优化和修正方面的研究仍然活跃。尽管概率模型在设计上确实寻求均衡，但识别新参数并将其集成到模型中的技术仍然是一个挑战。赫布类型的调节可以增强模型的组件。包含强化学习的联结主义网络试图识别和整合解决方案的微小部分，从而发现更大的解决方案。寻找优化和扩展模型的方法，就像人类在面对模型失败时所做的那样，仍然是一个开放的研究问题。答案可能来自对人类智能体的技能的更好理解以及对其环境进行的有目的的探索。

　　7.4节中提出的假设和猜想为现代认识论提供了基础。关于这五种假设是如何从生理学方面在人类主体中得以实现的，有多种猜想。例如，英国神经科学家卡尔·弗里斯顿（2009）的**自由能最小化理论**可以被视为等同于我们的"生存"假设。自由能最小化也解释了人类如何将先验预期与相关的感官输入（即皮亚杰的适应）结合起来。

　　卡尔·弗里斯顿（2009）和杰弗里·辛顿（2007）也为关于如何将网络激活的符号和模式整合到人类处理系统中提供了见解。科尼尔和普热（2004）描述了贝叶斯大脑和神经编码对解决不确定性的支持。尽管这些研究人员描述了以人为中心的认识论立场的组成部分的可能实现细节，但他们没有将自己的想法扩展到为现代认识论奠定基础。

　　创作这本书有三个目标，每个目标都受到人工智能界和认知科学界研究进展中所获得的见解的启发。第一个目标是探讨和批判人工智能技术的基本假设。第二个目标是建议将人工智能界创建的若干数据结构、网络和搜索算法，作为捕捉人类感知、理解和以问题为中心的行为的重要组成部分的充分模型。

　　撰写本书的第三个也是最重要的目标是提出现代认识论的基础。第 7 章描述了这一目标，提出了五个假设和一小部分后续猜想。这五个假设肯定了个体的生存以及社会的生存是所有行为的动机。生存促成了符号和模型的创建。

　　接下来的猜想旨在捕捉我们人类如何在世界上生存、理解和繁荣的本质。这些符号系统之所以有意义，是因为使用它们的人对这些符号的含义以及如何使用这些符号达成了共同的协议和承诺。如在猜想 3 和猜想 5 中，个体和社会在创造和赋予符号意义方面进行合作，并采用符号系统来表示支持人类共同目的的知识和科学。

　　只有极端的唯我论者或者智障人士才会否认主体外世界的存在。但这个所谓的"真实世界"是什么呢？除了是硬东西和软东西的复杂组合之外，正如帕特南（1987）所指出的："……桌子、椅子和冰块。还有电子、时空区域、素数和威胁世界和平的人。"还要补充一点，存在原子、分子、夸克、引力、相对论、不确定性、细胞、DNA，甚至超弦组成的系统。所有这些解释性结构都只是由均衡驱动的人类的实际需求驱动的探索性模型。这些探索性模型不仅仅是关于"外部"世界的，相反，它们捕捉到了社会智能体的动态平衡张力，以及物质智能在空间和时间的连续范围内不断进化和不断自我校准的动态平衡张力。

7.4 节的假设和猜想只是一个理性主义的近似值，以及对我们自己在这个不断发展的和生存驱动的世界中的运作的初步理解。人类经验的完全动态整合是通过在环境中积极互动，并在互动中创造我们自己而实现的。

我们也可以通过艺术和文学传统来发现人类成熟的重要表现。理查德·罗蒂是正确的，他认为文学是一种新的认识论，意义正在与我们自己和社会达成一致，艺术家有帮助我们理解这种关系的任务。史诗诗人，包括荷马、维吉尔、但丁和弥尔顿，在他们的作品中都引用了历史、智慧和诗歌的缪斯。阿尔贝·加缪（1946）在《局外人》中提出"小说是我们讲述真相的谎言"。琼·迪丹（1979）在《白色专辑》中提出"我们给自己讲故事是为了生存"。

来自我自己的文学背景的三个例子表达了这种人类智力和情感上的支持/需求。首先，在他深爱的特洛伊城被希腊人摧毁后，维吉尔的埃涅阿斯抵达迦太基。在进入迪多的宫殿时，他看到了一幅描绘特洛伊战争和他的同胞的死亡的壁画。埃涅阿斯看到这一幕时感到很悲伤，他说："……万事皆堪垂泪，死亡动人心魄。"人类的视觉、记忆、理解和情感如何融合在一起，才能让一幅简单的壁画引起这样的反应？

第二个例子是莎士比亚十四行诗中的诗句：

> 我能否把你比作夏季的一天？
>
> 你可是更加可爱，更加温婉；
>
> 狂风会吹落五月的娇花嫩瓣，
>
> 夏季出租的日期又未免太短……

这几句话捕捉了几种复杂的人类情感。莎士比亚质疑将他的情人比作夏日，并立即对他的比较进行了限定，说她"更加可爱、更加温婉"。在描述人际关系时，情人与夏日的对比意味着什么？此外，弥漫在最后两行的爱、情感和死亡的极限又是什么？

作为关于人类调解解释的最后一个例子，考虑迪兰·托马斯对他即将去世的父亲的恳求，这首诗道出了所有人的心声：

> 不要温柔地走进那良宵。
>
> 愤怒吧，愤怒吧，反对光明的消逝。

意义是人类创造的产物。它是人类个体和群体生存需求的衍生产物。真理是人类创造的社会规范。真理是一个人或一群人的意义与另一个人或一个社会的目标相关的意义的一致性。不同的社会，实际上，同一社会的不同组成部分，将具有不同的含义和真理，这在宗教、政治和文化团体中经常可见。在科学杂志的文章中，在关于男性和女性角色的信仰中，或者在一个政党宣布的立场中，都可以看到社会不同的真理。关于谁的真理会导致多重冲突的问题往往只能通过其使用的实际结果来调和。

尽管真理可能与个体和社会所确立的特定意义的集合有关，但所有相对主义都局限于自我、社会和科学的范围内，以衡量什么是真实的。每个人都承担着对知识的负责的同化，以及对真理的可衡量的承诺。社会提供了调节个体成员的方法，包括学校、监狱、精神病院，以及经常发生的战争。总有一种危险的可能性，即恐惧、信念和不切实际的希望会创造出一种不可持续的"现实"，比如在一些普遍接受的文化、神话、政治立场和宗教中发现的那种现实。

我们推测，由于智能体的需求和成熟度的需要，这种"相对主义"立场将继续演变（皮亚杰，1983；海森堡，2000；霍金和蒙洛迪诺，2010）。正如猜想8所暗示的那样，个人、社会和科学都在不断地重新创造和重新校准模型以及表达可知事物的语言。这种科学方法不仅是我们在这个世界上生存的最好保证，而且是理解和享受这个世界的最好保证。

探索驱动的相对主义可能会对许多人构成威胁。但是，对完全相对主义批评的回应集中在人类在创造符号、符号集、信仰、真理和判断时所承担的责任上，无论是个人还是集体。我们对人类成熟的描述是一个人和一个社会在一个从未被完全理解的世界面前，是开放的和谦逊的。

这个人和这个社会随时准备学习，总是对不断变化的现实所预示的一切持开放态度，最重要的是，随时准备承认无知和错误。这个人以他人为导向，认为完全成熟是其社会环境的一个组成部分。这种成熟的人将所有人都视为与自己相似的追寻者，并将社会视为发现、表达和承担共同责任的媒介。

我认为，利用谦逊、自我意识和自我保护的启发性和实用性约束来认识自己、科学和社会，我们都可以理解并具身化主动的、务实的、模型修正的现实主义的认识论立场。

延伸思考和阅读。哲学家罗素·古德曼和克拉克·格利莫尔的著作，以及发展心理学家艾利森·高普尼克的深刻见解，启发了最后一章的许多方面。发展心理学家已经证明，对人类在成熟过程中如何学习的理解，有助于深入了解更成熟的人在欣赏和享受他们的世界时是如何体验、探索和修正自己的理解的。

❑ Glymour, C. (2001). *The Mind's Arrows: Bayes Nets and Graphical Causal Models in Psychology*.

❑ Gopnik et al. (2004). *A Theory of Causal Learning in Children: Causal Maps and Bayes Nets*.

❑ Gopnik, A. (2011a). *A Unified Account of Abstract Structure and Conceptual Change: Probabilistic Models and Early Learning Mechanisms*.

❑ Gopnik, A. (2011b). *Probabilistic Models as Theories of Children's Minds*.

感谢我才华横溢的研究生约瑟夫·路易斯博士和尼基塔·萨哈年科设计了本章的项目，感谢我的朋友莉蒂亚·塔皮亚教授向我介绍谷歌的 PRM-RL 机器人项目。感谢罗素·古德曼教授对本章的评论，同时向大家推荐古德曼教授的书：

❑ Goodman (1995). *Pragmatism: A Contemporary Reader*.

❑ Goodman (2002). *Wittgenstein and William James*.

❑ Goodman (2015). *American Philosophy Before Pragmatism*.

感谢卡格出版社允许使用图 9.1。这幅图出现在卢格尔等人（2002）的著作中。图 9.2 和图 9.3 来自新墨西哥大学约瑟夫·路易斯博士的计算机科学博士论文。图 9.4 来自新墨西哥大学尼基塔·萨哈年科博士的计算机科学博士论文。

参 考 文 献

Ackley, D.H. and Ackley E.S. 2016. The *ulam* programming language for artificial life. Artificial Life 22:431-450. Cambridge, MA: The MIT Press.

Adami, C., & Brown, C.T. 1994. Evolutionary learning in the 2D artificial life system "Avida" Adaptation, noise, and self-organizing systems. Report No. MAP-173, Cornell, Cornell University.

Adleman, L. M. 1994. Molecular computation of solutions to combinatorial problems. Science 266 (5187): 1021–1024.

Agre, P. and Chapman, D. 1987. Pengi: An implementation of a theory of activity. Proceedings of the sixth national conference on artificial intelligence, pp. 268–272. CA: Morgan Kaufmann.

Anderson, J.R. and Bower, G.H. 1973. Human associative memory. Hillsdale, NJ: Erlbaum.

Arbib, M. 1966. Simple self-reproducing universal automata. Information and Control 9: 177–189.

Arulkumaran, K., Antoine, C., & Togelius, J. 2020 AlphaStar: An evolutionary computation perspective. *Proceedings of the genetic and evolutionary computation conference companion.*

Austin, J.L. 1962. How to do things with words. Cambridge, MA: Harvard University Press.

Awodey, S. 2010. Category theory, Oxford Logic Guides 49. London: Oxford University Press.

Bacon, F. 1620. Novum organum. Londini: Apud (Bonham Norton and) Joannem Billium.

Baker, Stephen 2011. Final jeopardy: Man vs. machine and the quest to know everything. Boston, New York: Houghton Mifflin Harcourt.

Balestriero, R. and Baraniuk, R.G. 2018. A spline theory of deep networks. Proceedings of the 35th International Conference on Machine Learning, vol. 80 pp. 383-392.

Barkow, J.H., Cosmides, L., and Tooby, J. 1992. The adapted mind. New York: Oxford University Press.

Bartlett, F., 1932. Remembering. London: Cambridge University Press.

Bayes, T. 1763. Essay towards solving a problem in the doctrine of chances. Philosophical Transactions of the Royal Society of London. London: The Royal Society, pp. 370-418.

Ben-Amram, A.M. 2005.The Church-Turing thesis and its look-alikes. SIGART News, 36(3): 113-116.

Bender, E.M and Koller, A. 2020. Climbing towards NLU: On meaning, form, and understanding in the age of data. Proceedings of the 58th Meeting of the Association for Computational Linguistics. ACL: 5185-5198.

Bengio, Y., Ducharme, R., and Vincent, P. 2003. A neural probabilistic language model. Journal of Machine Learning Research 3 pp. 1137-1155.

Berlin, B. and Kay, P. 1999. Basic color terms: Their universality and evolution, 2nd Ed. Stanford: CSLI Publications.

Bishop, C.M. 2006. Pattern recognition and machine learning. Springer, New York.

Black, M. 1946. Critical thinking, New York: Prentice-Hall.

Blackburn, S. 2008. The Oxford dictionary of philosophy, 15th edn. London: Oxford University Press.

Bledsoe, W.W. and Browning, I. 1959. Pattern recognition and reading by Machine Proceedings of the eastern joint computer conference. New York: IEEE Computer Society.

Boole, G. 1847. The mathematical analysis of logic. Cambridge: MacMillan, Barclay & MacMillan.

Boole, G. 1854. An investigation of the laws of thought. London: Walton & Maberly.

Boden, M. 2006. Mind as machine: A history of cognitive science. Oxford University Press.

Bower, T.G.R. 1977. A primer of infant development. San Francisco: W.H. Freeman.

Brachman, R.J. and Levesque, H. J. 1985. Readings in knowledge representation. Los Altos, CA: Morgan Kaufmann.

Bradshaw, G. L., Langley, P., & Simon, H. A. 1983. Studying scientific discovery by computer simulation. Science, 222, 971-975.

Brooks, R.A. 1986. A robust layered control system for a mobile robot. IEEE Journal of Robotics and Automation. 4:14–23.

Brooks, R.A. 1991. Intelligence without representation. Proceedings of IJCAI–91, pp. 569–595. San Mateo, CA: Morgan Kaufmann.

Brooks, R.A. 1997. The cog project, *Journal of the Robotics Society of Japan, Special Issue (Mini) on Humanoid*, Vol. 15(7) T. Matsui, (Ed).

Brown, P. 2011. Color me bitter: Crossmodal compounding in Tzeltal perception words. The Senses and Society, 6(1). 106-116.

Brown, T.B. et al. (31 co-authors). 2020. *Language models are few-shot learners*. https://arxiv.org/abs/2005.14165.

Bruner, J.S., Goodnow, J., and Austin, G.A 1956. A study of thinking, New York: Wiley.

Buchanan, B.G. and Shortliffe, E.H. eds. 1984. Rule-based expert systems: The MYCIN experiments of the Stanford heuristic programming project. Reading, MA: Addison-Wesley.

Bundy, A. 1983. Computer modelling of mathematical reasoning. New York: Academic Press.

Bundy, A., Byrd, L., Luger, G., Mellish, C., Milne, R., and Palmer, M. 1979. Solving mechanics problems using meta-level inference. *Proceedings of IJCAI-1979*, pp. 1017–1027.

Burge, J., Lane, T., Link, H., Qiu, S., and Clark, V. P. 2007. Discrete dynamic Bayesian network analysis of fMRI data. Human Brain Mapping 30(1), pp 122–137.

Burks, A.W. 1971. Essays on cellular automata. University of Illinois Press. Illinois

Cahill, L. and McGaugh, J.L. Modulation of memory storage. In Squire and Kosslyn 1998.

Camus, A. 1946. The stranger. New York: Vantage Books.

Carlson, N.R. 2010. Physiology of behavior, 10th edn. Needham Heights, MA: Allyn Bacon.

Carnap, R. 1928. Der Logische Aufbau der Welt (The Logical Structure of the World). Leipzig: Felix Meiner Verlag.

Castro, F.M., Marin-Jimenez, M.J., Guil, N., Schmid, C., & Alahari, K., 2018. *End-to-end incremental learning*. https://doi.org/arXiv:1807.09536v2.

Ceccato, S. 1961. Linguistic analysis and programming for mechanical translation. New York: Gordon & Breach.

Chakrabarti, C. and Luger, G.F. 2015, Artificial conversations for customer service chatter bots: Architecture, algorithms, and evaluation metrics. Expert Systems with Applications 42(20), 6878–6897.

Chakrabarti, C., Pless, D. J., Rammohan, R., and Luger, G. F. 2005. A first-order stochastic prognostic system for the diagnosis of helicopter rotor systems for the US navy, In Proceedings of the FLAIRS-05, Menlo Park, CA: AAAI Press.

Chakrabarti, C., Pless, D. J., Rammohan, R., & Luger, G. F. 2007, Diagnosis using a first-order stochastic language that learns, Expert systems with applications. Amsterdam: Elsevier Press. 32: 3.

Changizi, M.A., Hseih, A., Nijhawan, R., Kanai, R. and Shimojo, S. 2008. Preceiving the present and a systematization of illusions. Cognitive Science, 32(3): 459-503.

Chen, L. and Lu, X., 2018. Making deep learning models transparent. Journal of Medical AI, 1:5.

Chomsky N. 1959. A review of B.F. Skinner's verbal behavior. Language 35 (1): 26-58.

Church, A. 1935. Abstract No. 204. Bull. Amer. Math. Soc. 41: 332-333.

Church, A. 1941. The calculi of lambda-conversion. Annals of mathematical studies. Vol. 6. Princeton, NJ: Princeton University Press.

Clark, A., 2013. Whatever next? Predictive brains, situated agents, and the future of cognitive science. The Behavioral and Brain Sciences, 36 (3), 181-204.

Clark, A., 2015. Radical predictive processing. The Southern Journal of Philosophy, 53 S1.

Codd, E.F. 1968. Cellular automata. New York: Academic Press.

Codd, E.F. 1992. Private communication to J. R. Koza. In Koza.

Collins A. and Quillian, M.R. 1969. Retrieval time from semantic memory. Journal of Verbal Learning and Verbal Behavior, 8: 240–247.

Cosmides, L., & Tooby, J. . 1992 *Cognitive adaptations for social exchange*. In Barkow et al.

Cosmides, L., & Tooby, J. 1994 *Origins of domain specificity: The evolution of functional organization*. In Hirschfeld and Gelman.

Crutchfield, J.P., & Mitchell, M. 1995. The evolution of emergent computation. *Working Paper 94-03-012*. Santa Fe Institute.

D'Amour, A. et al. (40 co-authors) 2020. *Underspecification presents challenges for credibility in modern machine learning*. https://arxiv.org/abs/2011.03395.

Darling, M.C., Luger, G.F., Jones, T.B., Denman, M.R., & Groth, K.M. (2018). Intelligent monitoring for nuclear power plant accident management. *Int. J. of AI Tools*. World Scientific Pub.

Darwin, C. 1859. On the origin of species. New York: P.F. Collier & Son.

Davis, M. (ed.) 1965. The undecidable, basic papers on undecidable propositions, unsolvable problems and computable functions. New York: Raven Press.

Davis, L. 1985. Applying adaptive algorithms to epistatic domains. Proceedings of the International Joint Conference on Artificial Intelligence, 1985: 162-164.

Davis, K.H., Biddulph, R., & Balashek, S. 1952. Automatic recognition of spoken digits. Journal of the Acoustical Society of America, 24(6), 637-642.

Dawkins, R. 1976. The selfish gene. Oxford: The University Press.

De Chardin, P.T. 1955. The phenomenon of man. New York: Harper and Brothers.

De Palma, P. 2010. *Syllables and Concepts in Large Vocabulary Speech Recognition.* PhD Thesis University of New Mexico, Department of Linguistics.

De Palma, P., Luger, G.F., Smith, C., & Wooters, C. 2012. Bypassing words in automatic speech recognition. MAICS-2012.

Dechter, R. 1986. Learning while searching in constraint-satisfaction problems. Proc. of the 5th National conference on artificial intelligence. AAAI Press, New York.

Deerwester, S., Dumais, S.T., Furnas, G.W., Landauer, T.K., and Harshman, R. 1990. Indexing by latent semantic analysis. Journal of the American Society for Information Science 41 (6): 391-407.

Dempster, A.P., Laird, N.M., and Rubin, D.B. 1977. Maximum Likelihood from Incomplete Data via the EM Algorithm. Journal of the Royal Statistical Society, B, 39, p 1-38.

Dennett, D.C. 1991. Consciousness explained. Boston: Little, Brown.

Dennett, D.C. 1995. Darwin's dangerous idea: Evolution and the meanings of life. New York: Simon & Schuster.

Dennett, D.C. 2006. Sweet dreams: Philosophical obstacles to a science of consciousness. Cambridge: MIT Press.

Derrida, J. 1976. Of grammatology, Baltimore, MD: Johns Hopkins University Press.

Descartes, R. 1637/1969. Discourse on method: Meditations on the first philosophy. New York: Duton.

Descartes, R. 1680. Six metaphysical meditations, wherein it is proved that there is a God and that man's mind is really distinct from his body. W. Moltneux, translator. London: Printed for B. Tooke.

Devlin, J., Chen, M., Lee, K., & Toutanova, K. (2019). *BERT: Pre-training of deep bidirectional transformers for language understanding.* https://arxiv.org/abs/1810.04805.

Dewey, J. 1916. Democracy and education. New York: Macmillan.

Didion, J. 1979. The white album. New York: Simon and Schuster.

Dittrich, P., Ziegler, J, and Banzhaf, W. 2001. Artificial Chemistries - A Review. Artificial Life 7: p. 225-275 Cambridge: MIT Press.

Drescher, G.J., 1991. Made-up minds. Cambridge, MA: MIT Press.

Dreyfus, H., 1972. What computers can't do: The limits of artificial intelligence. New York: Harper and Row.

Dreyfus, H., 1992. What computers still can't do: A critique of artificial reason. Cambridge MA: Mit Press.

Duda, R.O., Hart, P.E., Konolige, K. and Reboh, R 1979. A computer based consultant for mineral exploration, Palo Alto, CA: SRI International.

Eco, U. 1976. A theory of semiotics. Bloomington, Indiana: University of Indiana Press.

Edelman, G.M. 1992. Bright air, brilliant fire: On the matter of the mind. New York: Basic Books.

Einstein, A. 1940. On science and religion, Nature. Edinburgh: Macmillan Publishers Group 146 (3706): 605–607.

Elman, J.L., Bates, E.A., Johnson, M.A., Karmiloff-Smith, A., Parisi, D., and Plunkett, K. 1998. Rethinking innateness: A connectionist perspective on development. Cambridge, MA: MIT Press.

Euler, L. 1735. *The seven bridges of Konigsberg*. In Newman (1956).

Faust, A., Ramirez, O., Fiser, M., Oslund, K., Francis, A., Davidson, J., & Tapia, L. (2018). PRM-RL: Long-range robotic navigation by combining reinforcement learning with sampling-based planning. *Proceedings of ICRA-18*.

Feigenbaum, E.A. and Feldman, J., eds. 1963. Computers and thought. New York: McGraw-Hill.

Feldman, H. and Friston, K., 2010. Attention, uncertainty, and free-energy. Frontiers in Human Neuroscience 4, 215.

Ferrucci, D., Brown, E., Chu-Carroll, J., Fan, J., Gondek, D., Kalyanpur, A.A., Lally, A., Murdock, J.W., Nyberg, E., Prager, J., Schlaefer, N., and Welty, C. 2010. Building WATSON: An overview of the DeepQA project. AI Magazine 31: 3.

Ferrucci, D., Levas, A., Bagchi, S., Gondek, D., and Mueller, E.T. 2013. Watson: Beyond Jeopardy!. Artificial Intelligence 199: 93–105.

Feynman, R. P. 1982. Simulating physics with computers (PDF). International Journal of Theoretical Physics 21 (6): 467–488.

Fikes, R.E. and Nilsson, N.J. 1971. STRIPS: A new approach to the application of theorem proving to artificial intelligence. Artificial Intelligence, 1: 2.

Finn, C., Abbeel, P., & Levine, S. (2017). *Model-agnostic meta-learning for fast adaptation of deep networks*. https://arxiv.org/abs/1703.03400.

Fillmore, C.J. 1968. The Case for Case. In Bach, E. and Harms, R. (eds.) Universals of Linguistic Theory, New York: Holt, Rinehart, and Winston.

Fillmore, C.J. 1985. Frames and the Semantics of Understanding. Quaderni di Semantica, 6, p.222-254.

Fodor, J.A. 1983. The modularity of mind. Cambridge, MA: MIT Press.

Fontana, W., & Buss, L. W. 1996. The barrier of objects: From dynamical systems to bounded organizations. *International Institute for Applied Systems Analysis*.

Freeman, C., Merriman, J., Beaver, I., and Mueen, A. 2019. Experimental comparison of online anomaly detection algorithms, Proceedings of the 32nd International flairs conference, Palo Alto: AAAI Press.

Frege, G. 1879. Begriffsschrift, eine der arithmetischen nachgebildete Formelsprache des reinen Denkens. Halle: L. Niebert.

Frege, G. 1884. Die Grundlagen der Arithmetic. Breslau: W. Koeber.

Friston, K., 2009. The free-energy principle: A rough guide to the brain. Trends in Cognitive Sciences, 13 (7), 293-301.

Fukushima, K. 1980. Neocognitron: A self-organizing neural network model for a mechanism of pattern recognition unaffected by shift or position. Biological Cybernetics (Springer-Verlag) 36, pp. 193-202.

Gardner, M. 1970. Mathematical games. *Scientific American* (October 1970).

Gardner, M. 1971. Mathematical games. *Scientific American* (February 1971).

Gazzaniga, M.S. ed. 2014. The new cognitive neurosciences (4th edn). Cambridge: MIT Press.

Gazzaniga, M.S., Ivry, R.B., and Mangun, G.R. 2018, Cognitive neuroscience 5th edn. New York: W.W. Norton and Co.

Gelernter, H. 1959. Realization of a geometry-theorem proving machine. Proceedings of the International Conference on Information Processing. Paris: UNESCO House.

Gelernter, H. and Rochester N. 1958. Intelligent behavior in problem-solving machines. IBM Journal of Research and Development, 2(4):336-345.

Gilbert, C.D. 1998. Plasticity in visual perception and physiology. In Squire and Kosslyn (1998).

Gilpin, L.H., Bau, D., Yuan, B.Z., Bajwa, A., Specter, M., & Kagal, L. (2019). *Explaining explanations: An approach to evaluating interpretability of machine learning.*https://arxiv.org/abs/1806.00069.

Glymour, C. 2001. The mind's arrows: Bayes nets and graphical causal models in psychology. Cambridge: MIT Press.

Goddard, C. 2011. Semantic analysis: A practical introduction. Oxford, UK: The University Press.

Gödel, K. 1930. Die Vollstandigkeit der Axiome des Logischen Funktionenkalkuls. Monatshefte fur Mathematick und Physik, 37: 349-360.

Goldberg, A., & Kay, A. 1976. Smalltalk-72 instruction manuel. Xerox Palo Alto Research Center, CA: Palo Alto.

Goldin, G.A. and Luger G.F. 1975. Problem structure and problem solving behavior. Proceedings of IJCAI-75. Cambridge, MA: MIT-AI Press.

Goodfellow, I., Pouget-Abadie, J., Mirza, M., Xu, B., Warde-Farley, D., Ozair, S., Courville, A., & Benjio, Y. 2014. Generative adversarial nets. Advances in Neural Information Processing Systems, 2014: pp. 2672-2680.

Goodman, R.A. 1995. Pragmatism: A contemporary reader. New York: Routledge.

Goodman, R.A. 2002. Wittgenstein and William James. New York: Cambridge University Press.

Goodman, R.A. 2015. American philosophy before pragmatism. Oxford, UK: The University Press.

Gopnik, A. 2011a. A unified account of abstract structure and conceptual change: Probabilistic models and early learning mechanisms. Commentary on Susan Carey "The Origin of Concepts" Behavioral and Brain Sciences 34 (3):126-129.

Gopnik, A. 2011b. Probabilistic models as theories of children's minds. Behavioral and Brain Sciences 34(4):200-201.

Gopnik, A., Glymour, C., Sobel, D.M., Schulz, L.E., Kushnir, T. and Danks, D., 2004. A theory of causal learning in children: Causal maps and Bayes nets. Psychological Review, 111(1): 3-32.

Gotlieb, A. 2000. The dream of reason: A history of western philosophy from the greeks to the renaissance. New York: W.W. Norton and Company.

Gotlieb, A. 2016. The dream of enlightenment: The rise of modern philosophy. New York: W.W. Norton and Company.

Gould, S.J. 1977. Ontogeny and Phylogeny. Cambridge MA: Belknap Press.

Gould, S.J., 1996. Full House: The Spread of Excellence from Plato to Darwin. NY: Harmony Books.

Grice, H.P. 1981. Presupposition and conversational implicature, in P. Cole (ed.), Radical pragmatics, Academic Press, New York, pp. 183–198.

Gristo, D. 2019. Google AI beats top human players at strategy game StarCraft II. Cham: Springer Nature.

Grossberg, S. 1982. Studies of mind and brain: Neural principles of learning, perception, development, cognition and motor control. Boston: Reidel Press.

Harnad, S. 1990. The symbol grounding problem, Physica D, 42, pp 335-346.

Haugeland, J. 1985. Artificial intelligence: The very idea. Cambridge/Bradford, MA: MIT Press.

Haugeland, J., ed. 1997. Mind design: Philosophy, psychology, artificial intelligence, 2nd edn. Cambridge, MA: MIT Press.

Hawking, S. and Mlodinow, L., 2010. The grand design. New York: Bantam Books.

Hayes, J.R. and Simon, H.A. 1974. Understanding written problem instructions. In Knowledge and cognition, L.W. Gregg (Ed.) Hillside, NJ: Erlbaum.

Heaven, W.D. (2020a). OpenAI's new language generator GPT-3 is shockingly good—And completely mindless. In *MIT Technology Review*, July.

Heaven, W.D. (2020b). The way we train AI is fundamentally flawed. In *MIT Technology Review*, November.

Hebb, D.O. 1949. The organization of behavior. New York: Wiley.

Hecht-Nielsen, R. 1989. Theory of the backpropagation neural network. Proceedings of the international joint conference on neural networks, I, pp. 593–611. New York: IEEE Press.

Hecht-Nielsen, R. 1990. Neurocomputing. New York: Addison-Wesley.

Heidegger, M. 1962. Being and time. Translated by J. Masquarrie and E. Robinson. New York: Harper & Row.

Heisenberg, W. 2000. Physics and philosophy. New York: Penguin Books.

Helmers, L., Horn, F., Biegler, F, Oppermann, T, and Muller, K-R. 2019. Automating the search for a patent's prior art with a full text similarity search. PLoS One 14 (3).

Hightower, R. 1992. *The Devore universal computer constructor*. Presentation at the Third Workshop on Artificial Life, Santa Fe, NM.

Hilbert, D. 1902. Open Court edition, 1971. In *Foundations of Geometry* (*Grundlagen der Geometrie*), (1862–1943).

Hinton, G.E., 2007. Learning multiple layers of representation. Trends in Cognitive Sciences, 11 (10), 428-434.

Hinton, G.E., & Sejnowski, T.J. 1983. Analyzing cooperative computation. In Proceedings of the 5th Annual Congress of the Cognitive Science Society, Rochester, New York.

Hinton, G.E., Osindero, S., Teh, Y.W. 2006. A fast learning algorithm for deep belief nets. Neural Computation 18 (7): 1527–1554.

Hirschfeld, L.A. and Gelman, S.A., ed. 1994. Mapping the mind: Domain specificity in cognition and culture. Cambridge: Cambridge University Press.

Hobbes, T. 1651. Leviathan. London: Printed for A. Crooke.

Hofstadter, D. 1995. Fluid concepts and creative analogies, New York: Basic Books.

Holland, J.H. 1975. Adaptation in natural and artificial systems. Michigan, University of Michigan Press.

Holland, J.H. 1986. Escaping brittleness: The possibilities of general purpose learning algorithms applied to parallel rule-based systems. In Michalski et al. 1986.

Holland, J.H. 1995. Hidden order: How adaptation builds complexity. Reading, MA: Addison-Wesley

Hopfield, J.J. 1984. Neural networks and physical systems with emergent collective computational abilities. Proceedings of the National Academy of Sciences, 79: 2554-2558.

Hsu, F.-H. 2002. Behind deep blue: Building the computer that defeated the world chess champion. Princeton, NJ: Princeton University Press

Hubel, D.H, and Wiesel, T.N. 1959. Receptive fields of single neurones in the cat's striate cortex. The Journal of Physiology, 148, pp. 574-591.

Hugdahl, K. and Davidson, R.J. (eds) 2003. The asymmetrical brain. Cambridge: MIT Press.

Hume, D. 1739/1978. A treatise on human nature. L.A. Selby-Bigge (ed.), 2nd edn. London: Oxford University Press.

Hume, D. 1748/1975. Inquiries concerning human understanding and concerning the principles of morals. L.A. Selby-Bigge (ed.), 3rd edn. London: Oxford University Press.

Husserl, E. 1970. The crisis of European sciences and transcendental phenomenology. Translated by D. Carr. Evanston, IL: Northwestern University Press.

Iyer, R., Li, Y., Li, H., Lewis, M., Sundar, R., & Sycara, K. (2018). *Transparency and explanation in deep reinforcement learning neural networks*. AAAI, https://arxiv.org/abs/1809.06061.

Jaderberg, M., Czarnecki, W.M., Dunning, I., Marris, L., Lever, G., Castañeda, A.G., Beattie, C., Rabinowitz, N.C., Morcos, A.S., Ruderman, A., Sonnerat, N., Green, T., Deason, L., Leibo, J.Z., Silver, D., Demis Hassabis, D., Kavukcuoglu, K., and Graepel, T. 2019. Human-level performance in 3D multiplayer games with population-based reinforcement learning. Science 364 859-865.

James, W. 1902. The varieties of religious experience. London: Longmans Green and Co.

James, W. 1909. The meaning of truth: A sequel to "Pragmatism". Buffalo, NY: Prometheus Books.

James, W. 1981. Pragmatism. B. Kuklick, ed. Indianapolis, IN: Hackett.

Johnson, M. 1987. The body in the mind: The bodily basis of meaning, imagination and reason. Chicago: University of Chicago Press.

Jones, T.J., Darling, M.C., Groth, K.M., Denman, M.R., & Luger, G.F. 2016. A dynamic Bayesian network for diagnosing nuclear power plant accidents. In Proceedings J. Experiments in Chess FLAIRS Conference-16, New York: AAAI Press.

Jurasky, D., & Martin, J.H. (2020). Speech and language processing, 3rd edn, Upper Saddle River, NJ: Prentice Hall-Pearson.

Kant, I. 1781/1964. Immanuel Kant's critique of pure reason, Smith, N.K. translator. New York: St. Martin's Press.

Karmiloff-Smith, A. 1992. Beyond modularity: A developmental perspective on cognitive science. Cambridge, MA: MIT Press.

Kavraki, L. E., Svestka, P., Latombe, J.-C., and Overmars, M. H. 1996, Probabilistic roadmaps for path planning in high-dimensional configuration spaces, IEEE Transactions on Robotics and Automation, 12 (4): 566–580.

Kister, J., Stein, P., Ulam, S., Walden, W., & Wells, M. (1956). Experiments in chess. In Feigenbaum, E.A., Collected Papers, 1950–2007, Stanford University Libraries. Department of Special Collections and University Archives.

Klahr, D., Langley, P. and Neches, R. (eds.) 1987. Production system models of learning and development. Cambridge, MA: MIT Press.

Klein, W.B., Westervelt, R.T., and Luger, G.F. 1999. A general-purpose intelligent control system for particle accelerators. Journal of intelligent & fuzzy systems. New York: John Wiley.

Klein, W.B., Stern, C.R., Luger, G.F., and Pless, D. 2000. Teleo-reactive control for accelerator beamline tuning. Artificial intelligence and soft computing: Proceedings of the IASTED international conference. Anaheim: IASTED/ACTA Press.

Knill, D.C. and Pouget, A., 2004. The Bayesian brain: The role of uncertainty in neural coding and computation. Trends in Neurosciences, 27 (12) pp. 712-719

Kolmogorov, A.N. 1957. On the representation of continuous functions of one variable and addition. DOKL.Akad.Nauk USSR, 114, pp. 953-956.

Kolmogorov, A.N. 1965. Three approaches to the quantitative definition of information. Problems in Information Transmission, 1(1):1-7.

Kolodner, J.L. 1993. Case-based reasoning. San Mateo, CA: Morgan Kaufmann.

Koza, J.R. 1992. Genetic programming: On the programming of computers by means of natural selection. Cambridge, MA: MIT Press.

Koza, J.R. 1994. Genetic programming II: Automatic discovery of reusable programs. Cambridge, MA: MIT Press.

Krizhevsky, A., Sutskever, I., and Hinton, G.E. 2017. ImageNet classification with deep convolutional neural networks. Communications of the ACM. 60(6): 84

Kuhn, T.S. 1962. The structure of scientific revolutions. Chicago: University of Chicago Press.

Kushnir, T., Gopnik, A., Lucas, C., & Schulz, L. 2010. Inferring hidden causal structure. Cognitive Science 34:148-160.

Laird, J.E. 2012. The soar cognitive architecture. Cambridge, MA: MIT Press.

Lakoff, G, and Johnson, M., 1999. Philosophy in the flesh, New York: Basic Books.

Langley, P., Simon, H.A. and Bradshaw, G.L. 1987a. In Computational models of learning, E. Bloc (ed.), Berlin: Springer Verlag.

Langley, P., Simon, H. A., Bradshaw, G. L., & Zytkow, J. M. 1987b. Scientific discovery: Computational explorations of the creative processes. Cambridge, MA: MIT Press.

Langton, C.G. 1995. Artificial life: An overview. Cambridge, MA: MIT Press.

Lave, J. 1988. Cognition in practice. Cambridge: Cambridge University Press.

LeCun, Y. 1989. Generalization and network design strategies. In Pfeifer, S., Fogelman, S. (eds.), Connectionism in perspective, Elsevier, Amsterdam.

LeCun, Y., & Bengio, Y. 1995. Convolutional networks for images, speech, and time series. *The Handbook for Brain theory and Neural Networks* (10).

Leibniz, G.W. 1887. *Philosophische Schriften*. Berlin.

Levy, S. 2010. Hackers. Sebastopol, CA: O'Reilly.

Levy, D., & Newborn, M. 1991. How computers play chess. *Computer Science Press*.

Lewis, J.A. 2001. *Adaptive representation in a behavior-based robot: An extension of the copycat architecture*. PhD Dissertation, Computer Science Department, University of New Mexico, Albuquerque NM.

Lewis, J.A., & Luger, G.F. 2000. A constructivist model of robot perception and performance. In Proceedings of the Twenty Second Annual Conference of the Cognitive Science Society. Hillsdale, NJ: Erlbaum.

Locke, J. 1689. *An essay concerning human understanding*.

Lonergan, B.J.F. 1957. Insight: A study of human understanding. New York: Longmans.

Lovelace, A. 1961. *Notes upon L.F. Menabrea's sketch of the analytical engine invented by Charles Babbage*. In Morrison and Morrison (1961).

Luck, S.J. 1998. Cognitive and neural mechanisms in visual search. In Squire and Kosslyn (1998).

Luger, G. 1978. A state-space description of transfer effects in isomorphic problem situations International Journal Man-Machine Studies. London: Academic Press 10, p. 613-623.

Luger, G.F. 1981. Mathematical model building in the solution of mechanics problems: Human protocols and the MECHO trace. Cognitive Science, 5 (1), p. 55-77. New Jersey: Ablex Publishing.

Luger, G.F. (ed.) 1995. Computation and intelligence. Menlo Park: AAAI/MIT Press.

Luger, G.F. 2009a. Artificial intelligence: Structures and strategies for complex problem solving. New York: Addison Wesley-Pearson.

Luger, G.F. 2009b. AI algorithms, data structures, and idioms in prolog, lisp, and java. New York: Addison Wesley-Pearson.

Luger, G.F. and Bauer, M.A. 1978. Transfer effects in isomorphic problem solving. Acta Psychologica, 42, 121-131.

Luger, G.F., & Chakrabarti, C. 2008. Chapter 23: Expert systems. Tamas Rudas (Ed.) Handbook of probability: Theory and applications. Los Angeles, CA: Sage Publications.

Luger, G.F., & Chakrabarti, C., 2016. From Alan turing to modern AI: Practical solutions and an implicit epistemic stance. AI and Society: Knowledge, Culture and Communication, Springer. 31(1): 1-18.

Luger, G.F., & Goldin, G.A. 1973. *The use of artificial intelligence techniques for the study of problem-solving behavior*. Free session on research in problem solving and psychology. Third International Joint Conference on Artificial Intelligence, Stanford University.

Luger, G.F., Bower, T.G.R, and Wishart, J.G. (1983). A computational description of the stages of development of object identity in infants. In Proceedings of the fifth annual conference of the cognitive science society. Rochester, NY: The Cognitive Science Society.

Luger, G.F., Wishart, J.G., and Bower, T.G.R., 1984. Modeling the stages of the identity theory of object-concept development in infancy. Perception, 13, p. 97-115. Englewood Cliffs, NJ: Prentice Hall.

Luger, G.F., Lewis, J. and Stern, C. 2002. Problem solving as model refinement: Towards a constructivist epistemology. Brain, Behavior and Evolution. 59(1–2), pp. 87-100. Basel: Karger.

Mao, J., Gan, C., Kohli, P., Tenenbaum, J.B., & Wu, J. 2019. *The neuro-symbolic concept learner: Interpreting scenes, words, and sentences from natural supervision.*

Marechal, E. 2008. Chemogenomics: A discipline at the crossroad of high throughput technologies, biomarker research, combinatorial chemistry, genomics, cheminformatics, bioinformatics and artificial intelligence. Combinatorial Chemistry and High Throughput Screening, 11(8): 583-586.

Masterman, M. 1961. Semantic message detection for machine translation, using interlingua. *Proceedings of the 1961 International Conference on Machine Translation.*

Maturana, H.R. and Varela, F.J. 1987. The tree of knowledge: The biological roots of human understanding. Boston, MA: Shambhala Publications, Inc.

McCarthy, J. 1968. Programs with common sense. Minsky 1968, pp. 403–418.

McCarthy, J., & Hayes, P.J. 1969. Some philosophical problems from the standpoint of artificial intelligence. In *Meltzer and Michie*

McClelland, J.L. and Rumelhart, D.E., 1981. An interactive activation model of cortex effects in letter perception: 1. An account of basic findings. Psychological Review 88 (5) pp. 375-405.

McCorduck, P. 2004. Machines who think: A personal inquiry into the history and prospects of artificial intelligence. Taylor and Francis Group LLC.

McCulloch, W.S. and Pitts, W. 1943. A logical calculus of the ideas immanent in nervous activity. Bulletin of Mathematical Biophysics, 5:115–133.

McGonigle, B.O. and Chalmers, M. 2002. The growth of cognitive structure in monkeys and men. In Fountain, B., Danks, M. Animal cognition and sequential behaviour: Behavioral, biological, and computational perspectives. Boston: Kluwer Academic, 269-314.

Meltzer, B. and Michie, D. 1969. Machine intelligence 4. Edinburgh: Edinburgh University Press.

Michalski, R.S., Carbonell, J.G., and Mitchell, T.M. 1986. Machine learning: An artificial intelligence approach. Vol. 2. Los Altos, CA: Morgan Kaufmann.

Mikolov, T., Sutskever, I., Chen, K., Corrado, G., & Dean, J. (2013). Distributed representations of words and phrases and their compositionality. In *Advances in neural Information Processing Systems*.

Miller, G.A. 2003. The cognitive revolution: A historical perspective. Trends in Cognitive Science, 7, 141-145.

Miller, G. A., Galanter, E., & Pribram, K.H. 1960. Plans and the structure of behavior. New York: Holt, Rhinehart, and Winston, Inc.

Miller, G.A, Beckwith, R., Fellbaum, C.D., Gross, D., and Miller, K. 1990. WordNet: An online lexical database. International Journal of Lexicography 3, 4, pp. 235–244.

Minsky, M., ed. 1968. Semantic information processing. Cambridge, MA: MIT Press.

Minsky, M. 1975 A framework for representing knowledge. In *Brachman and Levesque* (1985).

Minsky, M. 1985. The society of mind, New York: Simon and Schuster.

Minsky, M. and Papert, S. 1969. Perceptrons: An introduction to computational geometry. Cambridge, MA: MIT Press.

Mitchell, M. 1996. An introduction to genetic algorithms. Cambridge, MA: The MIT Press.

Mithen, S. 1996. The prehistory of the mind. London: Thames & Hudson.

Morrison, P. and Morrison, E.. 1961. Charles Babbage and his calculating machines. NY: Dover.

Mosteller, F. and Wallace D.L. 1963. Inference in an Authorship Problem. Journal of the American Statistical Association vol. 58, (302) pp. 275-309.

Murphy, K. P. 2002. *Dynamic Bayesian networks: Representation, inference and learning.* PhD Dissertation, Computer Science Department, University of California, Berkeley.

Newell, A. 1990. Unified theories of cognition. Cambridge, MA: Harvard University Press.

Newell, A. and Simon, H.A. 1956. The logic theory machine. IRE Transactions of Information Theory, 2:61–79.

Newell, A., & Simon, H.A. 1963.GPS: A program that simulates human thought. In *Feigenbaum and Feldman* 1963.

Newell, A. and Simon, H.A. 1972. Human problem solving. Englewood Cliffs, NJ: Prentice Hall.

Newell, A. and Simon, H.A. 1976. Computer science as empirical inquiry: Symbols and search. Communications of the ACM, 19(3): 113–126.

Newell, A., Shaw, J.C., and Simon, H.A. 1958. Elements of a theory of human problem solving. Psychological Review, 65:151–166.

Nilsson, N.J. 1971. Problem-solving methods in artificial intelligence. New York: McGraw-Hill.

Nilsson, N.J. 1980. Principles of artificial intelligence. Palo Alto, CA: Tioga.

Nilsson, N.J. 1994. Teleo-reactive programs for agent control. The Journal of Artificial Intelligence Research, 1. 139-158.

Nilsson, N.J. 1997. Artificial intelligence: A new synthesis. San Francisco: Morgan Kaufmann.

Norman, D.A., Rumelhart, D.E., and the LNR Research Group (1975). Explorations in cognition. San Francisco: Freeman.

Olazaran, M. 1996. A sociological study of the official history of the perceptions controversy. Social Studies of Science, 26 (3): 611-659.

参 考 文 献

Oliver, I.M., Smith, D.J., and Holland, J.R.C. 1987. A study of permutation crossover operators on the traveling salesman problem. Proceedings of the Second International Conference on Genetic Algorithms, pp. 224–230. Hillsdale, NJ: Erlbaum & Assoc.

Oyen, D. 2013. *Interactive exploration of multitask dependency networks.* PhD Thesis, Department of Computer Science, University of New Mexico.

Papert, S. 1980. Mindstorms. New York: Basic Books.

Parisi, G.I., Kemker, R., Part, J.L., Kanan, C., & Wermter, S., 2019. Continual lifelong learning with neural networks: A review. *Neural Networks.* https://arxiv.org/abs/1802.07569.

Pascal, B. 1670. Pensees de M. pascal sur la religion et sur quelques autre Sujets. Paris: Chez Guillaume Desprez.

Paun, G. 1998. Computing with membranes. Journal of Computer and System Sciences, 61, 108–143.

Pearl, J. 1984. Heuristics: Intelligent strategies for computer problem solving. Reading, MA: Addison-Wesley.

Pearl, J. 1988. Probabilistic reasoning in intelligent systems: Networks of plausible inference. Los Altos, CA: Morgan Kaufmann.

Pearl, J. 2000. Causality. New York: Cambridge University Press.

Peirce, C.S. (1931–1958). Collected papers: 1931–1958. Cambridge: Harvard University Press.

Pesavento, U. 1995. An implementation of von Neumann's self-reproducing machine. Artificial Life 2: 337-354, Cambridge: MIT Press.

Piaget, J. 1954. The construction of reality in the child. New York: Basic Books.

Piaget, J., 1965. The child's conception of number. New York: W. Norton Company.

Piaget, J. 1970. Structuralism. New York: Basic Books.

Piaget, J., 1983. Piaget's theory. Handbook of Child Psychology, 1983: 1.

Plato. 1961. The collected dialogues of Plato, Hamilton, E., & Cairns, H. eds. Princeton: Princeton University Press

Plato. 2008. *The Republic,* translated by B. Jowett. Digireads.com Publishing.

Pless, D., & Luger, G.F. (2001). Towards general analysis of recursive probability models. In Proceedings of unncertainty in artificial conference—2001. San Francisco: Morgan Kaufmann.

Pless, D., & Luger, G.F. (2003). EM learning of product distributions in a first-order stochastic logic language. Artificial intelligence and soft computing: Proceedings of the IASTED international conference. Anaheim: IASTED/ACTA Press.

Polya, G. 1945. How to solve it. Princeton, NJ: Princeton University Press.

Popper, K.R. 1959. The logic of scientific discovery. London: Hutchinson.

Porphyry. (1887). Isagoge et in Aristotelis categorias commentarium. In A. Busse (Ed), *Commentaria in Aristotelem Graeca,* 4(1).

Post, E. 1943. Formal reductions of the general combinatorial problem. American Journal of Mathematics, 65:197–268.

Poundstone, W. 1985. The recursive universe: Cosmic complexity and the limits of scientific knowledge. New York: William Morrow and Company.

Proctor, R.W. and Vu, K.P.L. 2006. The cognitive revolution at age 50: Has the promise of the information processing approach been fulfilled? Journal of Human-Computer Interaction, 23: 253-284.

Purcell, O. and Lu, T.K. 2014. Synthetic analog and digital circuits for cellular computation and memory. Current Opinion in Biotechnology, Cell and Pathway Engineering, 29: 146-155.

Putnam, H. 1987. The many faces of realism. Chicago, IL: Open Court.

Putnam, H. 1994. Words and Life. Cambridge MA: Harvard University Press.

Quillian, M.R. 1967. Word concepts: A theory and simulation of some basic semantic capabilities. In *Brachman and Levesque* (1985)

Quine, W.V.O., 2013. Word and object. Cambridge, MA: MIT Press.

Quinlan, J.R., 1986. Induction of decision trees. Machine Learning, 1(1): 81-106.

Rammohan, R. (2010). *Three Algorithms for Causal Learning*. PhD Thesis, Department of Computer Science, University of New Mexico.

Rao, R.P.N. and Ballard, D.H., 1999. Predictive coding in the visual cortex: A functional interpretation of some extra-classical receptive-field effects. Nature Neuroscience. Nature America Inc. 1999: 79-87.

Raphael, B. (1968). SIR: A computer program for semantic information retrieval. In Minsky (1968).

Ray, T.S. (1991). Evolution and optimization of digital organisms. In Billingsley, K.R. et al. (eds.) Scientific excellence in supercomputing: The IBM 1990 contest papers. Athens, GA: The Baldwin Press.

Reitman, W.R., 1965. Cognition and thought. New York: Wiley.

Ribeiro, M.T., Singh, S., & Guestrin, C. (2016). *Model-agnostic interpretability of machine learning*. https://arxiv.org/abs/1606.05386.

Roberts, D.D. 1973. The existential graphs of Charles S. Pierce. The Hague: Mouton.

Rorty, R. 1979. Philosophy as the mirror of nature. Princeton, NJ: Princeton University Press.

Rorty, R. 1989. Contingency, irony, and solidarity. Cambridge: The University Press.

Rorty, R. 2007. The fire of life. Poetry. Chicago, IL: The Poetry Foundation.

Rosch, E. (1978). *Principles of categorization*. In Rosch and Lloyd (1978).

Rosch, E. and Lloyd, B.B., ed. 1978. Cognition and categorization, Hillsdale, NJ: Erlbaum.

Rosenblatt, F. 1958. The perceptron: A probabilistic model for information storage and organization in the Brain. Psychological Review, 65 (6): 386-408.

Rosenblatt, F. 1962. Principles of neurodynamics. New York: Spartan.

Rumelhart, D.E., McClelland, J.L., & The PDP Research Group. (1986a). Parallel distributed processing. Cambridge, MA: MIT Press.

Rumelhart, D.E., Hinton G.E., and Williams, R.J. 1986b. Learning representations by representing errors. Nature 323, pp. 533-536.

Russell, S.J. 2019. Human compatible. New York: Viking Press. (Penguin Random House).

Russell, S.J. and Norvig, P. 2010. Artificial intelligence: A modern approach, 3rd edn Englewood Cliffs, NJ: Prentice-Hall.

Ryle, G. 1949. The concept of mind. London: Hutchinson.

Sakhanenko, N.A., Rammohan, R.R., Luger, G.F., & Stern, C.R. (2008). A new approach to model-based diagnosis using probabilistic logic. *Proceedings of the 21st Florida International Artificial Intelligence Research Society Conference (FLAIRS-21)*.

Samek, W., Montavon, G., Vadeldi, A., Hansen, L.K., & Muller, K.R. (eds.) 2019. Explainable AI: Interpreting, explaining and visualizing deep learning. New York: Springer.

Samuel, A.L. 1959. Some studies in machine learning using the game of checkers, IBM Journal of R& D, 3:211–229.

参 考 文 献

Schank, R.C, and Tesler, L. 1969. A Conceptual Dependency Parser for Natural Language. In proceedings of the International Conference on Computational Linguistics (COLING). Stockholm: Research Group for Quantitative Linguistics.

Schank, R.C. 1980. Language and memory. Cognitive Science, 4, 243-284.

Schank, R.C. 1982. Dynamic memory: A theory of reminding and learning in computers and people. London: Cambridge University Press.

Schank, R.C. and Abelson, R. 1977. Scripts, plans, goals and understanding. Hillsdale, NJ: Erlbaum.

Schank, R.C. and Colby, K.M., ed. 1973. Computer models of thought and language. San Francisco: Freeman.

Searle, J. 1969. Speech acts. London: Cambridge University Press.

Searle, J.R. 1980. Minds, brains and programs. The Behavioral and Brain Sciences, 3: p. 417–424.

Searle, J.R. 1990. Is the brain's mind a computer program? Scientific American, 262, p. 26-31.

Sebeok, T.A. 1985. Contributions to the doctrine of signs. Lanham, MD: University of Press of America.

Sejnowski, T.J., and Rosenberg, C.R. 1987. Parallel networks that learn to pronounce English text. Complex Systems, 1, 145-168.

Selz, O. 1913. Uber die Gesetze des Geordneten Denkverlaufs. Stuttgart: Spemann.

Selz, O. 1922. Zur Psychologie des Produktiven Denkens und des Irrtums. Bonn: Friedrich Cohen.

Shannon, C. (1948). A mathematical theory of communication. *Bell System Technical Journal*.

Shapiro, S.C., 1971. A net structure for semantic information storage, deduction, and retrieval. Proceedings of the Second International Joint Conference of Artificial Intelligence, 1971: 512-523.

Shephard, G.M. 2004. The synaptic organization of the Brain, 5th edn. New York: Oxford University of Press.

Siegelman, H. and Sontag, E.D. 1991. Neural networks are universal computing devices. Technical Report SYCON 91-08. New Jersey: Rutgers Center for Systems and Control.

Silver, D., Schrittwieser, J., Simonyan, K., Antonoglou, I., Huang, A., Guez, A., Hubert, T., Baker, L., Lai, M., Bolton, A., Chen, Y., Lillicrap, T., Hui, F., Sifre, L., van den Driessche, G., Graepel, T., and Hassabis, D. 2017. Mastering the game of Go without human knowledge, Nature, vol. 550, p. 354-359.

Silver, D., Schrittwieser, J., Simonyan, K., Antonoglou, I., Huang, A., Guez, A., Hubert, T., Baker, L., Lai, M., Bolton, A., Chen, Y., Lillicrap, T., Hui, F., Sifre, L., van den Driessche, G., Graepel, T., and Hassabis, D. 2018. A general reinforcement learning algorithm that masters chess, shogi, and go through self-play, Science, vol. 362, p. 1140-1144.

Simmons, R.F. 1966. Storage and retrieval of aspects of meaning in directed graph structures. Communications of the ACM, 9:211–216.

Simon, H.A. 1975. The functional equivalence of problem-solving skills. Cognitive Psychology, 7, 268.

Simon, H.A. 1981. The sciences of the artificial, 2nd edn. Cambridge, MA: MIT Press.

Simon, H.A. and Hayes, J.R. 1976. The understanding process: Problem isomorphs. Cognitive Psychology, 8, 165.

Singh, S. 2017. Learning to play Go from scratch. Nature, 550 p. 336-337. Macmillan.

Skinner, B.F. 1957. Verbal behavior. Acton, MA: Copley Publishing Group.

Smith, B.C. 1985. *Prologue to reflection and semantics in a procedural language*. In Brachman and Levesque (1985).

Smith, B.C. 2019. The promise of artificial intelligence: Reckoning and judgment. Cambridge, MA: MIT Press.

Sowa, J.F. 1984. Conceptual structures: Information processing in mind and machine. Reading, MA: Addison-Wesley.

Spinoza, B. 1670. *Tractatus theologico-politicus.*

Spinoza, B. 1677. *Ethica Ordine Geometrico Demonstrata.*

Squire, L.R., & Kosslyn, S.M. eds. 1998. Findings and current opinion in cognitive neuroscience, Cambridge: MIT Press.

Stern, C. and Lee, M. 2001. Proceedings of the International Conference on Accelerator and Large Experimental Physics Control Systems-99. Trieste, Italy.

Stern, C. and Luger, G. 1997. Abduction and abstraction in diagnosis: A schema based account. In K. Ford et al. eds. Situated cognition: Expertise in context. Cambridge, MA: MIT Press.

Sutton, R.S. and Barto, A.G. 2018. Reinforcement learning: An introduction, 2nd Edn. Cambridge, MA: MIT Press.

Tarski, A. 1944. The semantic conception of truth and the foundations of semantics. Philosophy and Phenomenological Research, 4:341–376.

Tarski, A. 1956. Logic, semantics, metamathematics. London: Oxford University Press.

Thrun, S., Brooks, R., and Durrant-Whyte, H. eds. 2007. Robotics Research: Results of the 12th International symposium. Tracts in Advanced Robotics, Vol 28. Heidelberg: Springer.

Tian, J., & Pearl, J. 2001. Causal discovery from changes: A Bayesian approach, *Proceedings of UAI 17.*

Turing, A.M. 1936. On computable numbers, with an application to the Entscheidungsproblem. Proceedings of the London Mathematical Society, 2nd Series, 42, p 433-460.

Turing, A.M. 1948. *Intelligent Machinery. Tech Report, National Physical Laboratory.*

Turing, A.A. 1950. Computing machinery and intelligence. Mind, 59: 433–460.

Urey, H.C. 1982. The Planets: Their Origin and Development. Yale University Press.

van Noord, N., & Postma, E. 2016. *Learning scale-variant and scale-invariant features for deep image classification.* https://arxiv.org/pdf/1602.01255.pdf.

Varela, F.J., Thompson, E., and Rosch, E. 1993. The embodied mind: Cognitive science and human experience. Cambridge, MA: MIT Press.

von Glaserfeld, E. 1978. An introduction to radical constructivism. The invented reality, Watzlawick P, ed., pp. 17–40, New York: Norton.

von Helmholtz, H. 1925. Psychological optics, Vol. III: The perceptions of vision. J.P. Southall, Trans, Rochester, NY: Optical Society of America.

von Neumann, J. 1928. Zur Theorie der Gesellschaftsspiele. Mathematische Annalen, 100, 295-320.

von Neumann, J. and Burks, A.W. 1966. Theory of self-reproducing automata. Urbana, IL: University of Illinois Press.

Wadler, P. 1990. Comprehending Monads. *Proceedings of the 1990 ACM Conference on LISP and Functional Programming, LFP '90.*

参 考 文 献

Wallace, I., Klahr, D., & Bluff, K. 1987. A self-modifying production system of cognitive development. Klahr, D., Langley, P. and Neches, R.. Production system models of learning and development. Cambridge, MA, MIT Press359–435

Wang, Z., Balestriero, R., & Baraniuk, R.G. 2019. A max-affine spline perspective of recurrent neural networks. *Proceedings of the Internal Conference on Learning Representations (ICLR)*.

Weizenbaum, J. 1966. ELIZA—A computer program for the study of natural language communication between man and machine. Communications of the ACM, 9(1), 36-45.

Weizenbaum, J. 1976. Computer power and human reason. San Francisco: W. H. Freeman.

Wellhausen, R. and Oye, K. 2007. Intellectual property and the commons in synthetic biology: Strategies to facilitate an emerging technology. Atlanta conference on science, technology and innovation policy. New York: IEEE.

Whitehead, A.N. and Russell, B. 1950. Principia mathematica, 2nd edn. London: Cambridge University Press.

Widrow, B. and Hoff, M.E. 1960. Adaptive switching circuits. 1960 IRE WESTCON convention record,96–104. New York: IEEE.

Wilks, Y.A. 1972. Grammar, meaning and the machine analysis of language. London: Routledge & Kegan Paul

Williams, L.R. 2016. Programs as polypeptides. Artificial Life 22,451-482.

Williams, B.C. and Nayak, P.P. 1996. Immobile robots: AI in the new millennium. AI Magazine 17(3), 17–35. AAAI Press.

Williams, B.C. and Nayak, P.P. 1997. A reactive planner for a model-based executive. Proceedings of the International Joint Conference on Artificial Intelligence, Cambridge, MA: MIT Press.

Winograd, T. and Flores, F. 1986. Understanding computers and cognition. Norwood, NJ: Ablex.

Winston, P.H. 1977. Artificial intelligence. Reading, MA: Addison-Wesley.

Wittgenstein, L. 1922. Tractus logico-philosophicus. London: Kegan Paul.

Wittgenstein, L. 2009. Philosophical investigations. Malden, MA: Blackwell.

Woodger, M. 1986. A. M. Turing's ACE Report of 1946 and Other Papers. Cambridge MA: MIT Press.

Wos, L. 1988. Automated reasoning, 33 basic research problems. New Jersey: Prentice Hall.

Wos, L. 1995. The field of automated reasoning. Computers and Mathematics with Applications, 29(2): xi–xiv.

Wu, Y., Schuster, M., Chen Z., Le Q.V., & Norouzi, M. 2016. *Google's neural machine translation system: Bridging the gap between human and machine translation*. https://arxiv.org/pdf/1609.08144.pdf. Retrieved 20 January 2020.

Young, R.M. 1976. Seriation in children: An artificial intelligence analysis of a Piagetian task. Basel: Birkhauser.

Young, R.M. and O'Shea, T. 1981. Errors in children's subtraction. Cognitive Science 5, 153-177.

Zaman, M.M.A., & Mishu, S.Z. 2017. Convolutional recurrent neural networks for question answering. 3rd International Conference on Electrical Information and communication Technology: IEEE, New York.